JN232467

土木教程選書

土木文明史概論

合田良實=著

鹿島出版会

まえがき

　土木工学は，英語ではシビルエンジニアリング（Civil Engineering）といわれる。直訳すれば「市民のための工学」である。本来，工学は民生・軍事の区別がなく，そのいずれにも同じ技術が用いられた。船の建造技術は，基本的には現代でも民・軍共用である。また本文で述べるように，ローマ帝国の道路建設の大半を担ったのはローマの軍団であり，その将校たちが測量，計画，施工を指導した。

　こうした民・軍共用の技術から分かれ，公共土木施設の設計施工を専門とする技術者が出現したのは18世紀以降である。英国では1771年に指導的立場の土木技術者が集まって，シビルエンジニア協会（Society of Civil Engineers）を結成した。この協会は初代のリーダーの没後，その名を顕彰するためにスミートン協会（Smeatonian Society）と改称した。しかし，この協会は有名人のクラブ的性格が強まったため，技術の研鑽を目的とする新たな土木技術者協会（Institution of Civil Engineers）が1818年に結成された。この協会は以後発展を続けて，現在は会員8万人強を擁し，土木技術者のための活動を続けている。

　この英国の土木技術者協会（英国土木学会とも呼ばれる）の発足時には機械技術の専門家も参加しており，すべてシビルエンジニア（Civil Engineer）と自称していた。鉄道機関車などを専門とする技術者が分離して機械技術者協会が設立されたのは1847年のことである。

　こうした事情は日本でも同じであり，近代技術を西欧から導入した明治初期の1879（明治12）年に日本工学会が結成され，そこから日本鉱業会，造家学会などが分離していき，最後に土木学会が1914（大正3）年に誕生したのである。

　土木工学の英語名の最初の語であるシビル（Civil）は市民を意味するラテン語のシビリス（Civilis）から出ており，野蛮人を意味するバーバリアン（Barbarian）と対立する言葉である。市壁の外の森林・草原に住む部族に比べ，都市に住む市民の生活，文化などの水準の高さを誇る市民たちが文明（Civilization）の概念を生み出したといえる．その意味で，土木工学と文明とは基本概念のところで共通である．人類の歴史のなかで検証されるように，土木技術の発展なしには文明も発達せず，また文明の発展につれて土木技術も発達してきた．

　この書物は，そうした土木工学と文明との関わりを歴史的に概観したものである．やや誇張して言えば，「土木が支えてきた文明の歴史」である．著者は先に『土木と文明』と題する書物を鹿島出版会から刊行した．幸いにして多くの方からご好評を頂いた．当初は教科書として使われることも想定していたが，実際に自分の講義で使ってみると記述内容が多すぎるきらいがある．そのため，大学や高等専門工業高校などの教科書として使っていただけるよう，取り上げる事項を精選したのが本書である．したがって，記述が不十分あるいは割愛されている事項については拙著『土木と文明』その他を参照していただければ幸いである．

　最近は土木の歴史への関心が高まりつつある．工学と歴史は相容れないように思われるかもしれないが，技術の発展はその多くが先人の苦労を乗り越えてもたらされたものである．工学の歴史を学ぶことにより，それぞれの技術の生み出された背景が浮かび上がり，新たな課題に対する解決策の示唆が得られることも少なくない．

　上に述べたように，工学のなかでも土木工学は最も文明との関わりが深い．土木史の勉強は，世界の文明史のおさらいでもある．これからの国際化社会においては，土木技術者も世界各国の人々との連携を深めていかなければならない．そうしたとき，相手国の歴史を少しでも知っていると，相手も好感を持って対応してくれる．また，海外で仕事をしていても，歴史を知っていることでその土地の人々との交際に厚みが生まれる．

　現代の日本では，受験競争のひずみで世界の歴史を十分に学ばずに進学する若者が少なくない．この本は文明の歴史の書ではない．しかし，この本で学ぶことによって歴史への関心が少しでも高まり，世界史をもう一度読み返す気持ちになっていただければ著者としての何よりの喜びである．

　2001 年 1 月

　　　　　　　　　　　　　　　　　　　　　　　　　　　　　著　　者

土木文明史概論

目　次

まえがき

1. 古代国家の成立と宗教遺跡 ……………………… 1
宗教の成立／マルタ島の巨石神殿とイングランドのストーンヘンジ／
エジプトのピラミッド／ピラミッドの建造技術／
メソポタミアのジグラッド／メソアメリカのピラミッド／日本の巨大古墳

2. 農業開発による人口増大 ……………………… 10
農耕の起源／エジプトとメソポタミアの灌漑農耕／
中国の秦の都江堰と鄭国渠／古代日本の農地開拓／中世日本の農地開拓／
戦国武将の治水事業による農地開発／江戸時代の農地開発／
オランダの干拓事業／オランダの高潮対策事業

3. 都市の発展と城壁による防御 ……………………… 22
集落防御の起源／メソポタミアの古代都市の攻防戦／古代地中海の諸都市／
古代都市ローマ／コンスタンティノープルの大城壁とその陥落／
ヨーロッパの中世都市／中世・近世のパリ／中世・近世のロンドン／
中国の囲郭都市の起源／漢・唐代の長安／都城としての開封・杭州・北京／
古代日本の宮都—藤原京と平城京—／古代日本の宮都—長岡京と平安京—／
日本における囲郭都市の一次的発達／京都・大坂の都市改造／
江戸の第一次建設／江戸の第二次建設／江戸の第三次建設／
世界の都市人口の推移

4. 都市を支える水道と下水 ……………………… 48

インダス文明都市の井戸と下水施設／最古の水道とカナート／
古代ギリシャの水道と下水道／都市ローマの上水道と下水道／
ニームとセゴビアの水道橋／日本の江戸時代の上水道／
ヨーロッパ都市の上水道／アメリカ都市の上水道／日本の近代水道／
欧米都市の下水道／日本の下水道

5. 物資輸送のための水運開発──港と運河── ……………………… 67

重量物を遠く安く運ぶ水上輸送／先史時代から古代にかけての港と運河／
アレクサンドリア港／オスティア港とチビタ・ベッキア港／
中国の水路網と大運河／古代・中世日本の港／土佐湾沿岸の掘込み港湾／
近世日本の水運／水運のための河川の付替え工事／
中世・近世ヨーロッパの港湾都市／ヨーロッパの内陸運河の開発／
イギリスの運河狂時代／水運で発達した開拓時代のアメリカ／
植民地貿易で発展したヨーロッパの諸港湾／
汽船の登場による港湾の大型化／
スエズ運河の開削とエジプトによる国有化／パナマ運河の建設

6. 情報通信路としての帝国道路 ……………………… 101

自然の道と人為の道／メソポタミアの王の道／インカの道路／
ローマの道路網／中国の道路網と駅伝制／古代日本の道／江戸時代の道路／
ヨーロッパ大陸の道路／イギリスのターンパイクと郵便馬車

7. 世界を変えた鉄道 ……………………… 117

蒸気機関車とレールの結合／専用軌道から公共鉄道の時代へ／
世界最初の旅客鉄道の誕生／イギリスにおける鉄道建設ブーム／
ヨーロッパ諸国の鉄道建設／アメリカ合衆国における鉄道の普及／
植民地における鉄道／鉄道の隆盛と凋落／日本における鉄道の発展／
日本の新幹線による高速鉄道の復活

8. 日本の近代化に貢献した土木事業 ……………………… 129
黒船で破られた日本の鎖国体制／明治政府の土木事業への取組み／
疏水事業による民生安定—安積疏水と琵琶湖疏水—／
貿易振興のための港湾整備／海を運河に変えた臨海工業地帯の開発／
河川の水運利用から洪水制御への転換／都市基盤施設の整備／
都市内および近郊の交通施設／関東大震災とその復興／電力の開発

9. 自然災害の克服 ……………………………………………… 143
黄河と長江の治水／木曽三川の分離工事／大河津分水工事とその影響／
洪水を太平洋に導いた利根川改修工事／ダムによる洪水制御／
長江の三峡ダムの建設／高潮・津波対策

10. 現代の自動車道路と空港の建設 ………………………… 153
自動車と飛行機が主役となった20世紀／アメリカでの道路舗装の開始／
アメリカの道路建設の進展／ドイツの高速道路—アウトバーン—／
アメリカの高速道路—インターステート・ハイウェー—／
日本の道路整備事業／日本における高速道路の整備／大型化する空港建設／
海上につくった関西国際空港

11. 都市の巨大化と環境問題 …………………………………… 164
19世紀以降の都市人口の膨張／地下鉄の登場／地下鉄の発展／
都市内交通機関のさまざま／世界の人口増加問題／巨大ダムとその影響／
地球環境と建設プロジェクト

12. 橋梁の発達 …………………………………………………… 173
橋の諸形式／木橋で支間を広げるには／アーチの起源とその伝播／
円形アーチから偏平アーチの石橋へ／日本の石橋／鉄の橋の登場／
最初の近代的吊橋—メナイ橋—／長大鉄道橋の発展／
鋼鉄ワイヤーで張り渡す長大吊橋／鉄筋コンクリート橋の発展

13. トンネル掘削技術の発達 ……………………………………… 189
世界最古のトンネル／トンネルの測量技術／トンネルの掘削技術／
長大トンネルの掘進／さまざまなトンネル工法／シールド工法とその発展／
沈埋工法によるトンネル建設

14. 建設材料の開発 …………………………………………………… 198
土と木／煉瓦／セメント／鉄筋コンクリート／鉄と鉄鋼

15. 地図と測量技術の発達 ………………………………………… 206
測量と地図の始まり／古代の測量器具／測量の算法／
子午線長と経緯度の測定／測量機器の発達／全国地図の作製／
伊能図と日本の地図測量／水準測量と高度測定／写真測量と測距儀の発達／
宇宙からの測量

付図　世界の諸文明の変遷と古代の土木遺跡 ……………………………… 218
付表　主要土木事績年表 ………………………………………………………… 220

索引 ……………………………………………………………………………………… 228

1
古代国家の成立と宗教遺跡

宗教の成立

　人間と動物を分け隔てるものはいろいろある。道具の使用や言語の発達は，人類が類人猿から分かれて独自の進化の道を歩むのに不可欠であった。人類学ではその進化を原人，旧人，新人と分けており，現代人の先祖であるクロマニョン人は約10万年前に出現した。クロマニョン人とある時期まで併存したネアンデルタール人も大きくは新人の範疇に入るが，現代人にはその遺伝子が伝わっていないといわれる。しかし，ネアンデルタール人は死者を悼み，埋葬の儀礼を行っていた。約6万年前の北部イラクの洞窟遺跡で発見された人骨は，その周辺の土に多量の花粉を含んでいた。死者への供花であると判断されている。

　先史考古学で最も貴重な遺跡は墳墓である。人骨から人類学的な知見が得られ，また死者へ供えられた遺物から当時の生活や文化の様相が浮かび上がる。2万数千年前の旧石器時代の遺物の中には，豊満な女性の姿を刻んだ小さなヴィーナス像が世界各地で発見されている。生存に不可欠な食料が豊富に得られるよう，そして子孫が数多く生まれるよう祈ったのであろう。

　原始時代には，種族が生き残る上で多くの危険が待ち受けていた。狩りの獲物の減少，天変地異，疫病など多難であった。自然のなかに超越的な霊の存在を信じ，加護を願ったに違いない。自然神への畏怖である。

　自然神信仰は新石器時代から，金属器時代に入り，古代国家が成立した以降もいっそう強まった。狩猟採集から農耕を主体とする暮らしに変わり，農作物が天候の順，不順に大きく左右されるため，宗教は人々の暮らしを大きく支配するようになった。

　作物の栽培は，部分的なものであっても暮らしを安定させる。集団の規模も拡大する。青森市で発掘された約5,000年前の三内丸山遺跡では同時に500人以上が集落をつくっていたと推定されるが，この人々は栗の林を育て，管理していた。また，ヒエその他を栽培していた可能性も指摘されている。

マルタ島の巨石神殿とイングランドのストーンヘンジ

　集団の規模が大きくなると，神をまつる祭壇も大きなものをつくれるようになる。これまでに発掘された宗教遺跡のなかで最古の巨石神殿は，地中海中部の島，マルタ島にある。ハガール・キムの神殿は紀元前3100年頃に建造された。一辺2〜3mのほぼ正方形の厚い石版を石灰岩から切り出し，これを立て並べて径30数mの卵形の周壁で全体を囲んでいる。その中は6個の楕円形の部屋に仕切られていて，それぞれに祭殿が設けられていたのであろう。こうした神殿は，マルタ島と隣のゴゾ島の16カ所で発見されている。しかし，これらを建造した人々がどこから来たのかは不明であり，どこへ消え去ったのかもわからない。

　巨石遺跡は世界各地にある。イングランド南西部，ソールズベリー市の北にあるストーンヘンジは観光地として著名である。高さ約6m，質量約25tの巨石30個が直径約30mの円周上に立ち並んでいる。その立石の上には，質量約7tの横長の石が乗せられている。今は脱落しているものが多いが，建立当時は全部に横石が乗っていて円輪状に連結していた（図-1参照）。また，この列柱の内部には質量約45tの巨石で組んだⅡ字型の組石（トライリソンと呼ばれる）5組が立てられていた。

図-1　ストーンヘンジの再現推定図（提供：English Heritage）

　ストーンヘンジには，紀元前3100年頃に直径約100mの浅い円周溝が掘られ，その土を盛り上げて円形の土塁が築かれていた。今残る巨石列柱は，紀元前2000年頃の建造である。当初から月を女神としてあがめた聖地であり，列柱を利用して月や太陽の昇る位置を観測し，作物の植え付け時期を判断したのではないかと推測されている。

巨石列柱の内側には，1個約4tのブルーストーンを立て並べた同心円の列石もある。外側の円柱列とトライリソンの巨石は約30 km 北の丘陵地から，ブルーストーンは西へ400 km 近いウェールズの山地から運ばれてきた。巨石は頑丈なそりに載せ，500人以上がロープを引いてゆっくりと運んだと考えられる。ブルーストーンの場合には山から海岸へ降ろし，船に乗せて沿岸を航行し，川をさかのぼって運んだのであろう。

運ばれた巨石を立てるには，図-2 のような方法が使われたと推定される。立石の上に別の石を乗せるには，まず立石のそばで木材を井桁に組んで床を張り，その上に横石を置く。その石の端を持ち上げて新しい角材を差し込み，角材を次々に差し込んで第2層の井桁を組む。この操作を幾度も繰り返して，横石を少しずつ高い所に持ち上げる。横石が最後に立石の上の高さに揃ったところで，てこでずらして立石の上に乗せる。なお，立石の頂部にはほぞとなる突起を設け，横石の下面には浅いほぞ穴が彫り込まれていて，簡単には落下しないように工夫されていた。

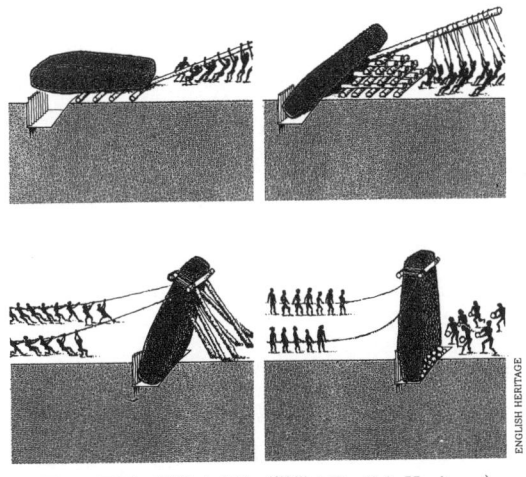

図-2　巨石の建込み方法（提供：English Heritage）

エジプトのピラミッド

古代文明の遺跡のなかで最もよく知られているのはエジプトの首都カイロの郊外，ギザ地区にそびえる3個のピラミッドである。いずれも正四角錐の形状をし

ており，最大のクフ王のピラミッドは底辺が 230.0 m，高さが 146.6 m あり，斜面は水平面から 52 度の急角度である。このピラミッドを建造させたクフ王の治世は紀元前 2553～2530 年であり，生前に完成させていたので，今から 4,500 年以上も前のことである。エジプトの主要ピラミッドの寸法などは，**表-1** のとおりである。

表-1　エジプトの主要ピラミッドの一覧表

建造者	名称	底辺	高さ	場所	備考
第3王朝ジェセル王 （前 2650～10）	階段ピラミッド	121 m×109 m	60 m	サッカラ	
第4王朝スネフル王 （前 2578-53）	方錐ピラミッド	144.4 m	92 m	メイドゥーム	完成直前に崩壊
同　上	屈折ピラミッド	188.6 m	101.2 m	ダハシュール	上半が緩傾斜
同　上	赤色ピラミッド	219.3 m	104.4 m	ダハシュール	勾配 43 度 36 分
第4王朝クフ王 （前 2553～30）	大ピラミッド	230.0 m	146.6 m	ギザ	容積 260 万 m³ 勾配 51 度 52 分
第4王朝カフラー王 （前 2521～2495）	第2ピラミッド	215.3 m	143.5 m	ギザ	勾配 51 度 52 分
第4王朝メンカウラー王 （前 2488～70）	第3ピラミッド	108.4 m	66.5 m	ギザ	同　上

注：第5王朝以降はピラミッドが矮小化する。［数値は平凡社『世界大百科事典』（1988 年）による］

　ピラミッドは王の墓であるというのが通説である。ただし，遺体が発見された例はないので，王の死後の霊であるカーの住み処と考える学者もいる。

　ギザの大ピラミッドは突然に出現したものではない。クフ王は第四王朝であり，その約 100 年前の第三王朝のジェセル王が高さ約 60 m の階段状ピラミッドを建造している。

　エジプトのナイル川流域で農耕・牧畜が始まったのは紀元前 5000 年頃であり，やがて部族国家，地方国家の段階を経て，ナイル川上流の上エジプト，下流の下エジプトの王国が成立する。紀元前 2950 年頃に上エジプトが下エジプトを征服して統一国家が誕生し，これを第一王朝と呼んでいる。しかし，王国が真に統一されたのは第三王朝のときであり，その始祖のジェセル王は上・下エジプトの国家統一の記念碑としてピラミッドを築かせた。その設計監督に当たったのは宰相であったイムヘテップである。彼は，メソポタミア都市国家の象徴であるジグラッドに触発されて階段状ピラミッドを考案したと伝えられている。その技術的天才ぶりから，イムヘテップは後に技術をつかさどる神として信仰を集めるようになった。

ピラミッドの建造技術

　階段状ピラミッドは単に立方体の石を並べて積んだものではない。石を水平に積むのではなく，内向きに約15度傾けて積んである。石がもたれあい，その重さがピラミッドの中心へ向かうようにしてある。このため石を高く積み上げても外へ滑り落ちる心配がない。これを控え壁構造という。この石の積み方は，それ以降のピラミッド建設技術として伝承された。

　図-3はクフ王のピラミッドの内部のスケッチであり，控え壁構造が示されている。ピラミッドの中には上と下へ向かう歩廊，王と王妃の空の棺を納める玄室がある。こうした内部空間は，石を積むときにあらかじめ石をずらして形成したものであり，ピラミッドは綿密な設計に基づいて建造されたのである。

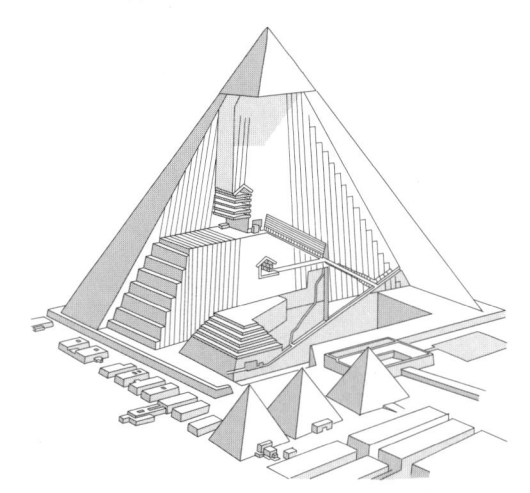

図-3　クフ王のピラミッドの内部構造
(吉村作治・栗本薫『ピラミッド・ミステリーを語る』朝日出版社，1987年，p.165-166を簡略化)

　個々の石は，基壇が一辺1.5mの立方体（質量約9t），大部分は一辺0.9mの立方体（質量約2t）の石灰岩である。全体で約320万個を数える。これらの石は，土と石で築いた緩斜面の上を何十人もの人々によって引き上げられたと考えられる。緩斜面は，石が積み上がるとともに増築され，ピラミッドの完成後に取り崩された。毎年，農作業が停止するナイル川の氾濫期には，数万～十数万の農民たちが呼び集められ，神と同一視されたファラオ（王）のために働いたであろう。クフ王のピラミッドが建造されたころのエジプトについては，人口160万

程度との推計がある（湯浅赳男『文明の人口史』新評論, 1999年, 58頁）。ピラミッド建造は，国家挙げての大事業であった。

メソポタミアのジグラッド

現在のイラクの地には，ティグリス川とユーフラテス川の下流域に，紀元前3000年頃からシュメール文明の諸都市が栄えた。エジプトのナイル川のように毎年一度，定期的に増水するのに比べ，ティグリス川とユーフラテス川の洪水は不定期に，急激に増水する。このため，洪水を制御し，湿原を農地に変えるための集団作業が不可欠であり，そうした労働共同体としての集落から都市が成長した。過酷な自然の試練のなかに生きる人々は，神々への信仰を深め，巨大な神殿（ジグラッドと呼ばれる）を築くようになった。

図-4 は，シュメール都市群のなかでも代表的なウルの第三王朝時代に建造されたジグラッド（紀元前2100年頃）の復元図である。基部は幅60m，奥行き45mの大きさで，高さは約20mであったと推定される。王は祭司長を兼ね，豊作に恵まれ災害から免れるよう神へ祈る祭祀を執り行った。シュメール文明では人口数万規模の都市が覇権を競い合い，各都市の権力の象徴としてジグラッドがそびえ立っていた。

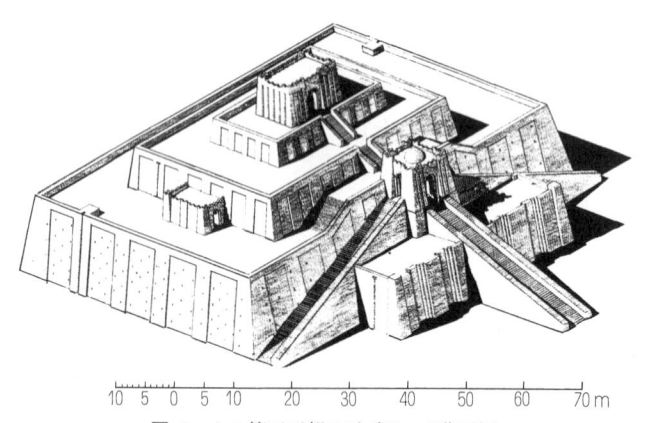

図-4 ウル第三王朝のジグラッド復元図
(Sir Wooley " UR of the CHARDEES " The Herbert Press, 1982, p. 148 より)

石材の得られないメソポタミア地方では，ジグラッドも日乾煉瓦で築かれた。しかし，表面には焼成煉瓦を用い，雨による崩壊を防いでいる。また，各基壇

の頂部にはアスファルトを敷いて雨水の浸透を防ぐとともに，外壁には一定間隔で水抜き穴を設けるなどの工夫がなされている．

メソアメリカのピラミッド

巨大神殿や王墓を建造したのはオリエント世界に限られない．旧世界と隔絶して独自の文明を発達させた中央アメリカでも，巨大なピラミッドが築かれた．現存するメソアメリカ最大のピラミッドは，メキシコ市の北東約 50 km のテオティワカンにある．太陽の神殿と呼ばれ，底辺が 225 m の正方形，高さ 65 m の方錐形であって，容積は約 100 万 m³ である．これよりもやや小型の月の神殿と一対をなしている．

太陽と月の神殿は紀元 1 世紀にやや小型の神殿として築かれ，100〜200 年後にその上を覆う形で現在の大きさに拡大された．内部は日乾煉瓦であり，表面を石混じりの漆喰（しっくい）で覆っている．

テオティワカン文化を支えたのは，チナンパ農法と呼ばれる灌漑農耕技術，および黒曜石と塩の独占的交易であった．人口は，最盛期に 20 万近かったとの推定がある．

また，メキシコ南部からグアテマラにかけてのマヤ地方には，無数の石造神殿があることで著名である．急角度の階段を上った頂部に神殿が設けられ，生贄（いけにえ）が捧げられた．そうした祭祀が部族の繁栄・存続に欠かすことができないと信じられていたのである．

日本の巨大古墳

古来から日本人の信仰は自然崇拝であり，また石材に恵まれないこともあって，巨大神殿は現存しない．それに代わるものとして，畿内をはじめとして全国各地の古墳が挙げられる．なかでも，前方後円墳には巨大なものが多い．**表-3** に主要な前方後円墳の寸法その他を掲げる．

最大の前方後円墳は，仁徳天皇陵に比定されている大山（だいせん）古墳である．大阪府堺市にあり，現在は都市域の中であるが，建造当時は**図-5**のように海岸近くに位置していた．前方後円墳は雨で土盛りの斜面を崩されるのを防ぐため，川原から集められた丸い石でびっしりと葺かれていた．このため，大阪湾を渡って入江に入る船からは，この墳墓は白く輝いて見えたはずである．

表-2 主要な前方後円墳の一覧表（体積30万m³以上）

古墳名	所在地	時期	墳長(m)	後円部 径(m)	後円部 高(m)	前方部 幅(m)	体積(万m³)
箸墓	奈良県桜井市	前	280	160	26	135	30
渋谷向山(景行陵)	奈良県天理市	前	300	168	24	170	39
行灯山(崇神陵)	奈良県天理市	前	258	156	28	87	30
五社神(神功陵)	奈良県奈良市	前	275	194	25	155	36
仲津山(仲津媛陵)	大阪府藤井寺市	中	286	170	26	193	48
誉田山(応神陵)	大阪府羽曳野市	中	415	267	36	330	143
大山(仁徳陵)	大阪府堺市	中	475	245	30	300	141
石津丘(履仲陵)	大阪府堺市	中	363	203	25	236	61
土師ニサンザイ	大阪府堺市	中	290	156	21	226	47
造山	岡山県岡山市	中	350	224	33	230	87
作山	岡山県総社市	中	286	174	23	174	34
見瀬丸山	奈良県橿原市	後	310	210	21	210	47
河内大塚山	大阪府羽曳野市	後	335	185	20	230	34

注：1) 上記の数値は，石川昇『前方後円墳築造の研究』六興出版（1989年）による．
2) 大山古墳の墳丘長を486mとみなすと体積は167万m³と算定される（小澤一雅『前方後円墳の数理』雄山閣出版（1988年）による）．

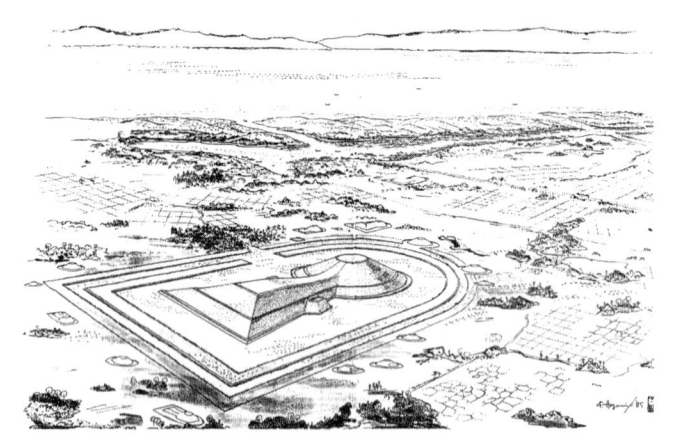

図-5 大山古墳の復元推定図
（森浩一『巨大古墳』草思社，1985年，表紙より．イラストレーション：穂積和夫）

　体積141万m³の大山古墳を築くための労働力は莫大なものであった．(株)大林組のプロジェクトチームの試算では，土工として延べ680万人日を要し，ピーク時に2,000人を動員して15年8カ月を費やしたと推定された．さらに，前方後円墳の基部，小段，ならびに方形丘と円形丘の縁に沿っては埴輪15,000本以上が並べられたので，それらを製作する大勢の職人も働いた．エジプトのピラミッド建造と同様に，そうした大勢の人間を無駄なく働かせるには的確な指揮命令

が必要であり，熟達した組織能力が育まれていたに違いない。

　前方後円墳の造営目的について，考古学者の森浩一教授は次のように推測している。すなわち，地域の支配者の交替を天と地に報告し，逝去した前の支配者同様に加護を賜るよう祈る儀式が執り行われた。円形丘は天を象徴し，方形丘は地を表したと考えられる。

　巨大古墳の造営は西暦3世紀末から7世紀中頃まで続いた。墳丘の盛土は版築工法と呼ばれる方法で築かれた。土を一度に盛るのではなく，厚さ10 cm前後の薄い層状に敷き均して締め固める方法である。また，粘土分の多い土の層と砂分の多い層を順に重ね合わせ，前者には強度，後者には排水機能を期待した。前方後円墳が地方に普及した中期以降には，同一設計で寸法のみを縮小した墳墓が全国各地で築造された。専門技術者のグループが形成され，そこから各地に派遣されたことも考えられる。

【検討課題】
① 多くの古代文明においては巨大な神殿や王墓が築かれた。それはどのような理由であったのかを考察せよ。
② 巨石の運搬には，木のそり（修羅）やコロが使われた。質量100 tの巨石を曳くのにどれだけの人間が必要か，地面の条件や摩擦係数その他をいろいろ仮定して試算せよ。なお，1人の人間が引く力は体重の半分程度が限度である。
③ 巨大構造物の建造のために1万人が同時に働くとして，毎日必要とされる食糧および調理に必要な人員を試算せよ。

2
農業開発による人口増大

農耕の起源

　人類は，新石器時代に入って人口を持続的に増加させることに成功する。農耕の技術を習得したことによる。中近東のレバノン山脈からティグリス・ユーフラテス両川の上流域を経てイランのザクロス山脈に至る丘陵地帯は，「肥沃な三日月地帯」と呼ばれる。紀元前1万年頃からこの地域で，野生種の穀物を集約的に採集し，種子をまいて収穫するようになった。紀元前8000年頃には改良種の大麦や小麦が栽培された。これによって，最初の村落共同体がヨルダン渓谷のイェリコその他に出現する。

　中国では紀元前6000年頃から黄河中流域で粟の農耕，長江（揚子江）下流域で水稲を主体とする農耕が始まる。また，ほぼ同じころ，南アメリカでトウモロコシの栽培が始まり，やや遅れて栽培された中央アメリカのトウモロコシとの間で交配が繰り返されて品種が改良されていった。

　最初の農耕は水稲を除き，雨だけに頼る天水農耕であった。例えば「肥沃な三日月地帯」では，冬の雨で湿った大地に種子をまいておけば，春から夏の高温・乾燥期に作物が成長してくれた。しかし天水に加えて，山間部あるいは山麓の渓流の雪解け水を用いて一次的に灌漑することで，収穫量が確実に増加する。そうした，一次的でも灌漑が可能な場所に，集落が成立したと考えられる。

エジプトとメソポタミアの灌漑農耕

　人々は，やがて地味の肥えた平野部に降りて大規模な灌漑を行うようになり，そうした大規模灌漑の共同作業のなかから古代文明が成立した。メソポタミアでは紀元前3500年頃，エジプトでは紀元前3000年頃，インダス川流域では紀元前2500年頃のことである。中国では，黄河文明の発祥が紀元前1800年頃である。ただし，近年の考古学的発掘によれば，長江流域では良渚文明をはじめとしてさらに早い時期から文明が成立していたらしい。

エジプトの灌漑方式はベイスン（溜池）農法と呼ばれる。ナイル川の流路と直交して長い土手を何本も築き，面積が数百～2万haのベイスンに区画しておく。毎年，ナイル川が定期的に増水するとき，その水をこれらのベイスンに引き入れ，40～60日の間貯留する。ナイル川の水位が下がるとベイスンに貯められた水は排水路を通って自然に流下し，大地には十分な水分と肥料分を含んだ泥土が残される。このため，ナイル川はエジプトの母と呼ばれ，歴代の王朝はナイル川の岸に設けた量水標（ナイル・メーター）で水位を測定し，その年の収穫を占った。洪水時期の水位が低い年が続くと飢饉が発生した。

　これに対して，ティグリス川とユーフラテス川では規則的な増水・減水が期待できない。このため，両河川の流域では大小さまざまな運河や用水路を開削して灌漑する方式が発達した。こうした灌漑水路の底には洪水時の流下土砂が溜まり，浚渫せずに放置すれば水路機能を失う。このため，灌漑水路の維持管理はシュメール文明の諸都市の最大の関心事であった。ウル第三王朝のウルナンム王が制定した世界最古の法典（紀元前2100年頃）には，灌漑水路の毀損あるいは管理を怠った者への罰則が規定されている。また，メソポタミアの最初の統一王国であるバビロニアのハンムラピ（ハンムラビ）王は，灌漑水路網を大規模に拡大してバビロニア王国を繁栄に導いた。この王の制定したハンムラピ法典はその全容が伝えられており，全282条の規定のうちの4条が灌漑に関するものである。

　メソポタミア南部の灌漑農耕は，土壌の塩化現象という大きな問題を内蔵していた。ティグリス・ユーフラテス両河川の上流域には石灰岩などが広く分布し，流出水に多量の塩基類が含まれる。耕地に水を流して蒸発するままに放置すると，塩基分が土壌に残ってしまい，やがて耕作不能となる。これを避けるためには十分な量の水を灌漑し，排水時に塩基分を洗い流す必要がある。長年にわたる支配者や土地支配者の努力にもかかわらず，土壌の緩慢な塩化は避けられず，耕地の生産力は次第に低下した。

中国の秦の都江堰と鄭国渠

　中国においても，治水と灌漑は為政者の最大の責務であった。夏王朝の開祖と伝えられる禹は，伝説的な帝王舜に大洪水を治めることを命じられ，13年もの間各地を奔走してようやくに治水に成功し，その功績によって帝位の禅譲を受け

た。この禹に始まり，治水や灌漑の治績は史書に数多く伝えられている。そのなかでも事業内容が比較的よくわかっているのが，秦国の李冰が築いた都江堰である。

秦国は西の辺境から興隆し，現在の陝西省の渭河平原を本拠地として戦国時代（紀元前453〜221）に力を強め，最後に始皇帝が最初の統一国家を樹立した。秦は紀元前316年には秦嶺山脈と大巴山脈を越えた南の四川盆地を征服し，蜀郡を置いた。その中心である成都は，西方を流れる岷江の氾濫に悩まされていた。この岷江は，最大高水流量が毎秒9,000 m³を超える長江の主要支川の一つであり，治水は容易でなかった。

この蜀の郡守として赴任した李冰は，紀元前250年頃，次男の李二郎と力を合わせ，**図-6**に示す都江堰を築くことに成功した。まず，巨石で築いた都江魚嘴によって岷江を内江と外江に分流し，次に灌県城の西隅の岩山を切り開いて宝瓶口を設け，内江の水を灌漑水路に導いた。この水路に洪水が流れ込むのを防ぐため，宝瓶口の対岸に飛沙堰を築いた。この堰は石を詰めた竹籠を数段に積み重ねたもので，洪水時に内江の水量が多くなると流水の大半が堰を越流する。さらに

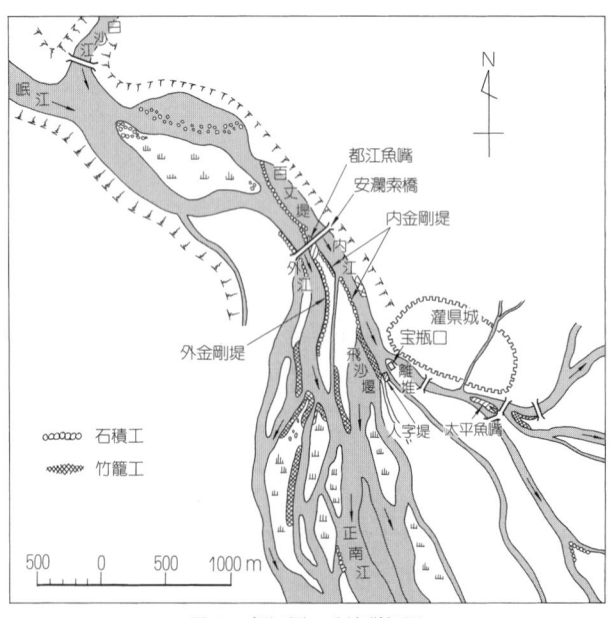

図-6 都江堰の分流詳細図

増水すると，竹籠工は押し流され，灌漑水路へ洪水流が流入することはない。
　この治水・灌漑事業によって，成都平原は「飢饉知らずの天府の国」と称され，後代に至るまで多くの人口を支えることができた。
　秦国の本拠地である渭河平原は豊かな穀倉地帯であったが，さらに国力を充実させるため，紀元前240年頃，秦王の政（後の始皇帝）は**図-7**に示す鄭国渠を開削させた。これは，涇水から洛水に至る延長約120 kmの灌漑水路である。本水路は幅約25 m，深さ1.2 mの大きさであり，本水路から無数の支線・枝線の水路が分かれていた。この灌漑水路の完成によって，約18万haの新しい農地が生み出された。

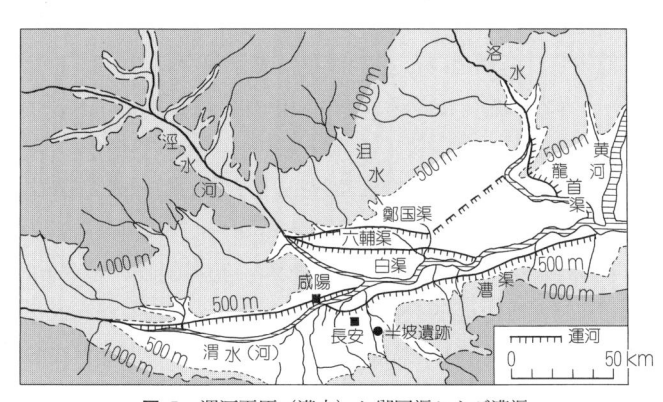

図-7　渭河平原（漢中）と鄭国渠および漕渠
（藤田勝久「中国古代の漢中開発」『中国水利史論叢』国書刊行会，1984年，p.39に加筆）

　灌漑水路による農地の増大は，新しい人口を支えることができる。始皇帝が春秋戦国時代の諸国を打ち破り，天下統一に成功した背景には，人口増大による国力増強があったのである。
　渭河平原の灌漑事業は，秦の次に統一国家を築いた漢の時代にも精力的に続けられた。武帝が紀元前129年に修築した漕渠は，灌漑水路であるとともに，物資を首都長安へ運び入れるための運河としての役割が大きかったため，漕渠と呼ばれた。

古代日本の農地開拓
　『日本書紀』には，歴代天皇の治績として溜池や灌漑水路の開削が数多く挙げ

られている．それらの建設年代は記述よりは後年のものと考えられるけれども，古代において農業生産力の向上が最大の急務であったことを裏付ける．『書紀』に記述されている大半の池溝は畿内にある．ただし，裂田溝は現在の福岡県那珂川の右岸にあり，現在も裂田水路として 2 km 以上にわたって流れ，灌漑水路として機能している．

裂田溝は 4 世紀末から 5 世紀初めに開削され，130 ha の水田が開発されたと考えられる．途中の峡谷部では，深さ 4 m 以上も花崗岩質の山を掘り下げている．『書紀』では，雷電を激しく鳴り響かせて一瞬のうちに水路を裂き分けたと記述されている．

畿内の池溝のなかでも大規模事業と思われるのは古市大溝である．図-8 の右下の石川から取水し，延長 10 km の長大な灌漑水路であり，舟運にも利用された可能性もある．水路は幅 8 m，深さ 4〜5 m の断面であった．7 世紀初頭の建設との説が有力である．

また，図-8 の中央下の狭山池は天野川をせき止めた貯水池であり，7 世紀初めの築造と考えられる．延長 300 m，高さ 6 m ほどの堰堤で水を貯めたようである．大雨のときに急増する水量を逃がすため，西側の丘を 3〜5 m 掘削して放水路とした．しかしそれでは不十分で，堤防の越流・崩壊を繰り返したようである．行基和上が 731 年に修築した記録があり，その後にも堰堤が決壊したことが報じられている．狭山池の大改修は江戸時代の 1608 年に行われたものの，堰堤の決壊を防ぐことができず，1920 年代の本格的修築によってようやく安定した．

古代日本の行政制度は 701 年の大宝律令によって確立する．この律令制下では，土地は条里制で管理された．すなわち，耕地を縦横 6 町（1 町は 109 m）四方の碁盤目に区切り，横列を条，縦列を里として数える．一つの条里の中は 1 町四方に区切って 36 の坪とし，番号を振った．この条里制は 8 世紀前半に畿内に施行され，次第に地方へ広まった．1 坪の区画は水平に均し，条・里の境界に沿って導かれた灌漑水路によって水田に均等に水が張られた．大勢の労働と高度な測量技術に支えられた大土木事業であった．

律令政府は新田開発を奨励し，功績者に勲位を与えるとともに，やがて墾田の永久私有を認めた．このため，各地で灌漑・開墾事業が盛んに行われた．なかでも最大規模のものが四国丸亀平野の満濃池である．讃岐の国司が 703 年頃に築造したが，818 年の洪水で締切堤が流失し，貯水機能が失われた．政府の懇請によ

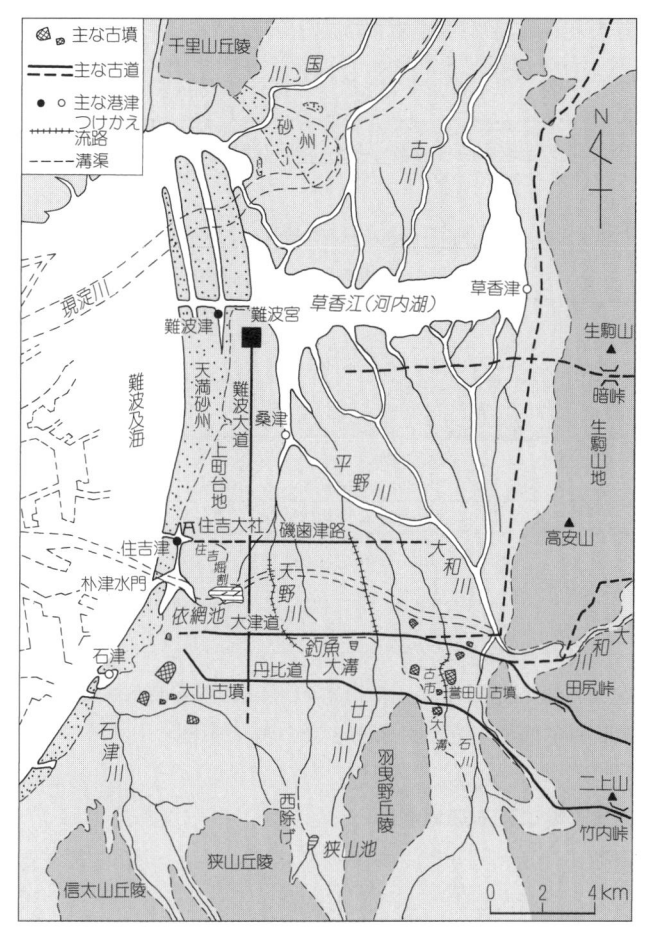

図-8 6〜7世紀頃の摂津・河内・和泉の景観
（日下雅義『古代景観の復原』中央公論社，1991年，口絵を簡略化）

って821年に空海が大勢の農民を動員して修復した。しかし851年にまた決壊し，その後も修築と決壊を繰り返した。江戸時代の1635年の改築工事によってようやく貯水池として機能するようになったのである。

中世日本の農地開拓

10世紀以降の農地開拓は史書の記述が乏しいため，あまり明確でない。しかし，農民の流亡によって原野に化した土地を再び開墾して耕地化する事業が多く

行われたと考えられる。11世紀末には紀伊国の紀ノ川流域で綾井という灌漑水路（幅11 m，全長11 km）が開削され，500 ha以上の水田が潤った。また，干潟に堤防を築いて干拓することは8世紀から始まり，12世紀には各地で活発に行われた。摂津国東大寺領荘園絵図その他に塩堤と記載されているのが干拓堤防と推測される。

中世から近世における田畑面積の推移を**表-3**に示す。

表-3 日本の田畑面積の推移

年　　代	田面積 （万町歩）	畑面積 （万町歩）	典　拠
930年ころ（平安中期）	86.2	—	倭名類聚抄
1150年ころ（平安末期）	88.3*	—	拾芥抄
1450年ころ（室町中期）	92.3**	—	節用集
1720年ころ（江戸中期）	171.5	141.7	町歩下組帳
1878年　　（明治11年）	248.9	185.0	
1922年　　（大正11年）	305.2	310.9	

＊周防国の70,657町歩は7,657町歩の誤記とみなす。
＊＊無記入である出羽国の田面積を拾芥集と同じ38,628町歩とみなし，常陸国の12,038町歩は拾芥集と同じ42,038町歩の誤記とみなす。
［江戸以前の田畑面積は，『大日本租税志』を引用した土木学会『明治以前日本土木史』に基づいて計算し，明治以降は小出博『利根川と淀川』中公新書（1975年）による］

こうした中世の農地開拓によって日本の人口は平安時代の約700万から1600年頃の約1,200万に増加した（後出168頁の**表-6**参照）。

戦国武将の治水事業による農地開発

室町時代末期には足利将軍の力が衰え，各地の大名が領地内の支配力を強める。各大名は勢力を拡大しようと隣国と戦闘を繰り返す，いわゆる戦国時代となる。この時代の心ある大名は大中河川を制御し，それまでの氾濫原を耕地化する治水事業に取り組んだ。農地を増やして収穫を安定させ，長期的には分家をしたい農民にも田畑を与えて領国内の人口を増やしたのである。

こうした戦国武将の治水事業として著名なのは，武田信玄による釜無川の洪水制御である。甲府盆地の釜無川は御勅使川との合流地点で洪水を起こしやすく，1542（天文2）年には大洪水となった。このため信玄は，**図-9**の上図に示すように御勅使川を北へ流す分水路を開き，釜無川との合流地点を北へ移動させた。ここには竜王高岩という高台があって，洪水流の衝突に耐えることができた。

この高台から下流には土を突き固めた堤防を築いたが，堤防を守るために，ま

ず巨石を積んだ「一の出」、「二の出」という水制を設けて水流の勢いを弱めた。さらに、堤防本体の前には短い石積工を33ヵ所に突出させた（図の下）。この水制付きの堤防は信玄堤と呼ばれている。工事は18年を費やして1560（永禄3）年に完成し、それまで氾濫原であった土地に開拓移住者を募って入植させ、竜王河原宿という新しい集落を形成させた。武田信玄は領国内の諸河川の治水にも努め、その治水技術は甲州流川除と呼ばれて他国にも広まった。

戦国時代に頭角を現した多くの武将は土木技術にも優れていた。城郭の施設配置は縄張りと呼ばれる。名古屋城や熊本城を築いた加藤清正は、勇猛な武将であるばかりでなく、卓越した土木技監でもあった。関ヶ原の合戦後に肥後に入国した清正は緑川、庄内川、白川、球磨川などを治めて農地を大幅に増大した。肥後国での治政は11年にすぎないが、その治績を慕う領民の間から後に清正公信仰が生まれた。

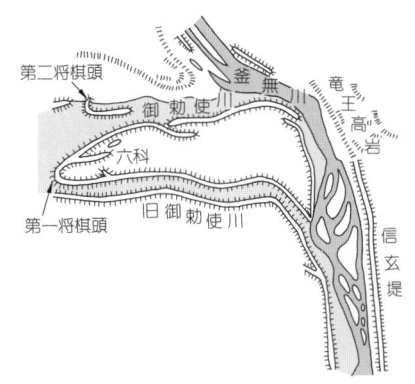

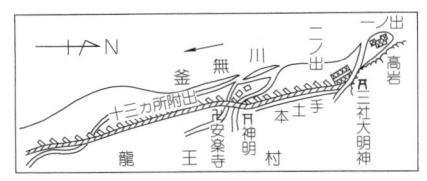

図-9 釜無川と江戸時代初期の信玄堤
（高橋裕・酒匂敏次『日本土木技術の歴史』地人書館、1960年、および土木学会『明治以前日本土木史』1936年による）

江戸時代の農地開発

徳川家康が1603（慶長8）年に征夷大将軍に任じられて江戸幕府が成立すると、幕府代官や諸大名は新田開発に力を注ぐようになる。また、民間での新田開発も積極的に進められた。その代表的事例が、下総国の椿海干拓と箱根の深良用水である。

椿海は、現在の千葉県八日市場市から海上郡にかけて広がっていた湖で、面積約4,500 ha の広さがあった（後出の83頁の図-34参照）。九十九里浜とは幅約5 km、標高10 m以下の砂地で隔てられていた。ここに1668（寛文8）年から7年がかりで排水路を開削し、湖水を海に落として干拓した。これによって湖底に椿新田18ヵ村を誕生させ、総計で「干潟8万石」といわれた。

深良用水は，箱根外輪山の下に用水トンネルを掘削し，箱根の芦ノ湖の水を静岡県側の深良川へ落とすもので，一般には箱根用水の名で知られている。この事業は深良村名主の懇請を受け，江戸の米商人である友野与右衛門が他の3人の共同出資者とともに請け負ったものである。トンネルの延長は1,280 m，金山採掘の技術で岩を掘り進めたもので，箱根口と深良口の両方からとりかかり，3年7カ月を費やして1670（寛文10）年に貫通させた。この用水事業によって深良川周辺では米6,000石が増収となり，村は後代に至るまでその恵みを享受した。しかし，投資としては見込み違いとなり，請負人である友野与右衛門は失意のうちに江戸に立ち去ったと伝えられる。

江戸時代には，その全期間を通じて新田開発が全国で推進された。河川の氾濫原の耕地化や，有明海・児島湾・大坂湾・伊勢湾等の沿岸の干潟干拓など，各地の地名から容易に推定できるところも少なくない。また，淀川に合流していた大和川は，淀川筋の氾濫防止のために1703～04（元禄16～宝永元）年に付け替えられ，堺の北で大坂湾に直接に流出するようになった。旧河道周辺の沼沢地が耕作地となって田地が約600 ha増加した。ただし，新大和川からの放出土砂によって堺の湊周辺の海が浅くなり，入船に支障をきたすようになった。室町時代後期から江戸時代前期まで繁栄した堺湊が衰退したのは，こうした航路埋没もその一因である。

前出の**表-3**に見るように，戦国時代後半からの農地拡大が著しく，江戸時代中期には室町時代の2倍近くになった。これによって，江戸時代中期から後期にかけてわが国は安定人口3,000万を維持したのである。

オランダの干拓事業

北ヨーロッパの農業は天水農耕が基本であり，灌漑農耕はあまり行われてこなかった。しかし，イタリア半島ではローマ人に土木技術を伝授したエトルリア人が多くの灌漑・干拓事業を実施した。アドリア海北部に注ぐポー川の河口付近には潟や沼沢地が発達していたが，紀元前6世紀頃，エトルリア人はここに植民都市スピナを建設した。この港町の遺跡発掘によって，ポー川から多数の分水路や運河を開削し，洪水を処理するとともに港へ出入りする船の航路として利用したことがわかった。水路は木杭を打って護岸とし，川底の洗掘を防止する工夫もされていた。町の食糧は周辺の土地を干拓した農地から得ていたと推測される。

ヨーロッパ諸国のなかでは，オランダが早くから干拓による国土拡大に力を注いできた。オランダ人の先祖は紀元前後からライン川やマース川の河口デルタに住み着いたゲルマン部族である。干潟の中で満潮時にわずかに顔を出すような土地に土を盛り上げ，塚のようになった場所，すなわち「テルプ」に集落をつくった。テルプの周囲には土手を築き，その外側に海草の束を積み重ねて補強した。川の流送泥土で干潟が広がるにつれてテルプを増やし，それらをつなぐ堤防を築いて干拓していった。

 堤防建設は7世紀頃から始まり，10世紀までには干拓技術がかなり進歩した。堤防には水門を設け，干潮のときにだけ水門を開けることによって，堤内の海水を排除した。やがて15世紀中頃には，粉挽き風車を改良して排水用風車が開発され，これによって干拓事業がさらに活発になった。**図-10**は16～17世紀の内陸の湖や低湿地の干拓年代を示している。このように干拓技術に熟練したオランダ技術者は，フランス（ビスケー湾沿岸），イギリス（フェン地方），ドイツ（バルト海沿岸）などの干拓事業に招聘され，その指導にあたったのである。

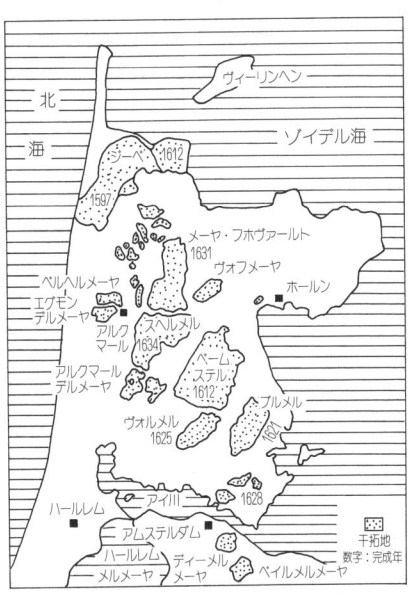

図-10 オランダ近世の湖沼干拓
(C. シンガー編『技術の世界史5』筑摩書房，1978年，p.248より)

オランダの高潮対策事業

 オランダは現在の国土の1/4が平均海面以下であり，高潮時にはその1/2が海面下となる。暴風時に堤防が決壊すれば広範囲に高潮被害が発生し，大勢の犠牲者が出る。高潮災害は干拓による農地開発の宿命ともいわれ，1287年には国土全体が襲われて5万人が犠牲になった。また，1421年の高潮では65村で堤防が決壊し，1万人以上が溺死したと記録されている。

 近年にも高潮は1835年，1894年，1916年と頻発した。このためオランダ政府は，北海に面するワッデン海とゾイデル海の間を大堤防で締め切る国家事業を

1918年に決定した。綿密な調査に基づき，堤防は全長32 km，堤頂の高さが平均海面上6.8〜7.5 m，海面での堤防幅約90 mの緩傾斜堤として設計され，1927年に着工，1932年に完成した。この大締切堤防の完成によって，ゾイデル海（面積3,400 km²）は淡水化されてアイセル湖と改名された。その内部はいくつもの干拓堤防によって区切られ，ポルダーと呼ばれる干拓地が開拓された。**図-11**はゾイデル海の干拓を示したもので，干拓地の地名が四角の枠内，工事年代は括弧内に記されている。

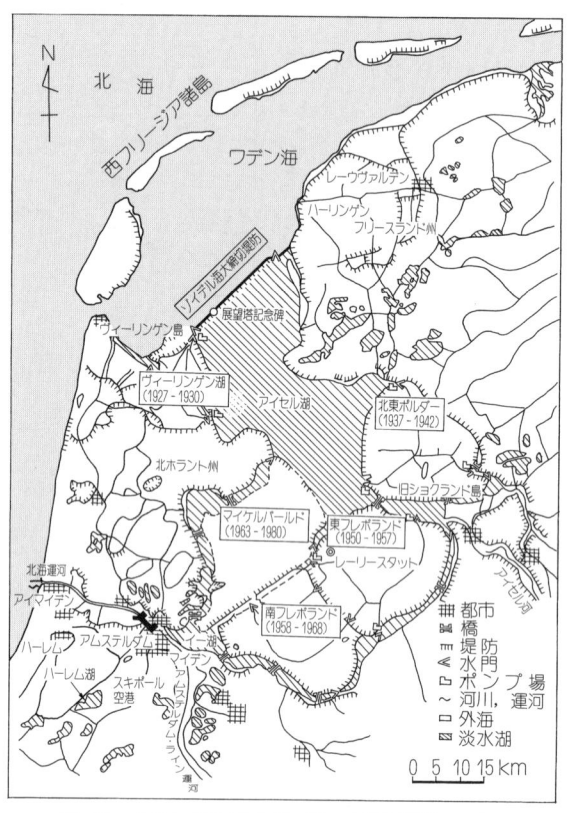

図-11 オランダのゾイデル海の大締切堤防と干拓
（土木学会『日本の土木地理』森北出版，1974年，p.2 より）

このゾイデル海の大締切堤防によってオランダ北部は高潮災害から守られるようになったが，1953年には南西部の大西洋沿岸部が高潮に襲われ，1,835人が死亡した。なお，この高潮ではロンドンを含むイングランド南東部も大きく被災し

た。このオランダ南西部の高潮災害の再発を防ぐため，オランダ政府はデルタ計画と呼ばれる対策事業を1958年から開始し，1986年に完成させた。この事業はマース川河口など4カ所の入江を締め切り，各所に防潮水門を設けるもので，締切部分の総延長は24 kmに達する。また，最南部のオースタースケル入江は生態系保全のために，常時は水門開放，高潮時にのみ閉鎖という複雑な構造形式を採択している。

【検討課題】
① 天水農耕と灌漑農耕の違いについて調査し，後者に必要な土木技術について考察してみよ。
② 地球上での食糧生産の可能性からみて，人口の上限値はどのくらいか考察してみよ。

3
都市の発展と城壁による防御

集落防御の起源

　人類は農耕の開始によって定住生活が可能となり，集落を形成するようになった。これまでの発掘調査で確認されている最古の集落遺跡は，死海の北約 8 km にあるイェリコである（**図-12** の左中央）。ここには年間を通じて水の涸れない泉があって紀元前 9000 年頃から人が住み着き，紀元前 8000 年頃には人口 2,000 ほどの集落に成長した。集落の面積は約 4 ha であり，その周囲は高さ 3 m もの石壁を巡らし，その 1 カ所には高さ 9 m の円形の塔が築かれていた。周辺の狩猟民あるいは異民族との抗争に備えていたと考えざるを得ない。

　次に古い集落遺跡は，トルコ南部のチャタル・ヒュユク（**図-12** の左上隅）で

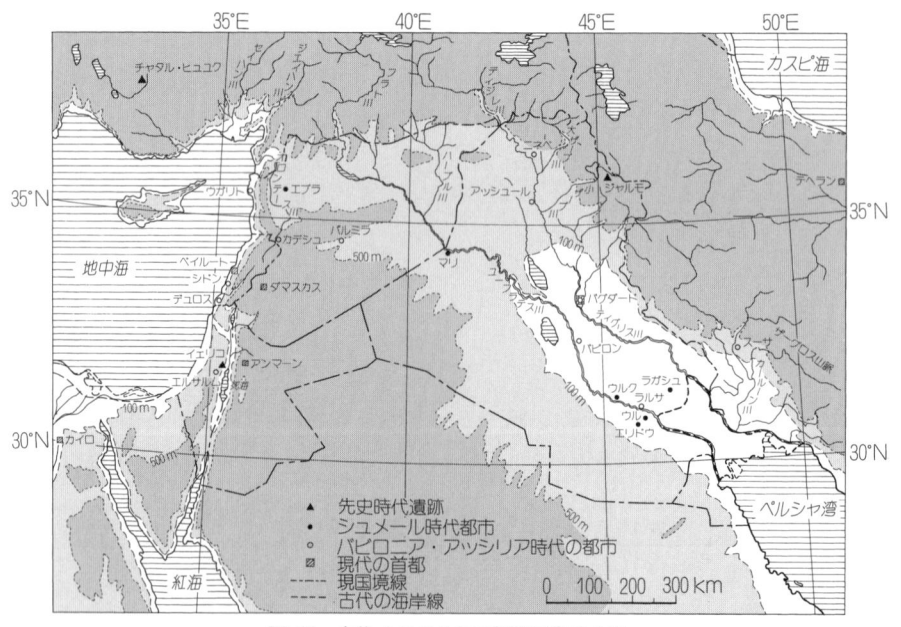

図-12　古代メソポタミア都市国家の分布

ある．紀元前 6000 年頃から 5～6 千人がかたまって居住していた．広さ 13 ha ほどの範囲に日乾煉瓦を積んだ家を密着して建てていて，地上からの出入口は見出されていない．平らな屋根に出入口を設けて，梯子で出入りしたと想定される．野獣あるいは外敵の襲撃を警戒していたのであろう．

中国の先史時代の遺跡としては，渭水支流の半坡村で紀元前 4700 年頃の環濠集落が見出されている（13 頁の図-7 の中央下）．数百～千人規模の集落であり，濠は直径 300 m 弱の円形で，幅 6～8 m，深さ 5 m の大きなものであった．日本でも吉野ヶ里遺跡をはじめとして，弥生時代の集落の多くは環濠を二重，三重に巡らしていた．

さらにエジプトでも，紀元前 2950 年頃の統一国家成立以前には，多くの都市集落が石あるいは煉瓦で築いた城壁を巡らしたことが知られている．農耕によって穀物を集積し，富を蓄え，大勢が集まって住む集落は，その富や労働力を狙う周囲の部族からの攻撃を招きがちであり，城壁や環濠で自らを防御することが不可欠であったのである．集落が発展して都市となったもののうち，その周囲に防御壁を巡らせたものを囲郭都市という．近代の都市を除き，世界の都市の多くは囲郭都市である．

メソポタミアの古代都市の攻防戦

ティグリス川とユーフラテス川の河口地帯にシュメール人が定住し始めたのは紀元前 4000～5000 年期である．この地に都市集落が成長したのは紀元前 3000 年頃であり，図-12 に示すウル，ウルク，その他のシュメール諸都市が成立した．やがて，紀元前 2800 年頃には世襲の王権が確立し，都市国家間で覇権を争った．これらの都市国家のうち，紀元前 2600 年頃のウル初期王朝の王墓が地下深くから発掘されており，当時の生活などをうかがうことができる．また，楔形文字の文書も多く発見され，解読されている．

シュメール都市国家間の抗争のなかから，紀元前 2350 年頃にサルゴン大王によるアッカド帝国が成立する．ただし，首都アッカドの位置は不明である．この帝国が北部山岳部族によって攻略されて崩壊したあとに，ウルの第三王朝が紀元前 2112 年に樹立される（ウルナンム王）．しかし，この王朝も百余年でエラム人によって滅ぼされる．こうしたシュメールの諸都市は，いずれも城壁を巡らし，ジグラッドを築いて互いにその大きさを競っていた．農民も城壁内に住み，壁外

の耕作地へ毎日耕作に出かけたのである。

　メソポタミアの次の統一国家は，ハンムラピ大王（在位，前1792〜50）が樹立したバビロニア王国である。首都をバビロンに置き，ハンムラピ法典を制定して優れた統治を行った。しかし，バビロニア王国は紀元前1600年前後にヒッタイトの軍勢によって滅ぼされ，その後しばらくは混乱の時代が続いた。

　次にメソポタミア地方を統一したのは，北部から興隆したアッシリアである。アッシリアの台頭は紀元前940年頃からであり，紀元前700年頃が最盛期であった。首都は，ティグリス川上流のアッシュールに置き，やがてさらに上流のニネベに移した。この王宮の発掘によって，その壁面を飾っていた数多くの浮彫りが発見された（その大半は大英博物館が所蔵）。そのうちの近隣諸国を征服した戦闘シリーズには，二重の城壁で守られた都市を攻撃する様子も描かれている。現代の画家がそれに基づいて当時の攻城戦を描いたのが**図-13**である。攻撃軍は城壁の高さに達する傾斜路を築き，城壁を突き破るための破城槌を押し出す。守備軍は城壁の上から矢や石の雨を降らせて撃退しようとする。絵の右下には，都市が陥落したあと捕虜として連行される人々も同一場面の中に描かれている。

図-13　アッシリア帝国の王宮内浮彫り画に基づく当時の攻城戦の想像図
（J. Reade "Assyrian Sculpture" 1983年，p. 48による：© The British Museum）

　こうした都市を守る城壁の建設，これを破壊するための機械器具はいずれも当時の先端技術であり，軍隊の将校は土木技術に熟達して兵を駆使することも要求された。アッシリア帝国の首都ニネベは，紀元前609年にバビロニア同盟軍の攻

撃を受けて陥落する。このときは，城壁を巡るティグリス川の流れを変え，守備濠としての水を干上げる大工事を2カ月で完了させている。

アッシリア帝国を滅亡させた新バビロニア王国は，ネブカドネザル2世（在位，前604〜561）がバビロンを壮大な首都として再建する。発掘調査によると，ユーフラテス川を挟んでその両岸に広がる東西約2.6 km，南北約1.6 kmの長方形の都市であった。さらに全長18 kmの外城壁があり，戦乱時に避難する農民を収容したと推定される。郊外の集落を含めると，総人口は50万を超えていたようである。

新バビロニア王国もまた紀元前538年に新興のペルシャに取って代わられる。ペルシャはザーグロス山脈麓のスーサを首都とし，東はインダス川から西はナイル川，小アジアまでの広大な地域を帝国の版図(はんと)とする。さらに西への拡大を目指し，アテネを盟主とするギリシャ諸都市と三度にわたるペルシャ戦争を戦い，やがて新興のマケドニア王国のアレクサンドロス大王によって紀元前330年に滅ぼされてしまうのである。

古代地中海の諸都市

メソポタミアに諸国家が興亡している間，紀元前2000年から1400年頃にかけて，クレタ島を中心とするミノア（ミノス）文明が栄える。海上の支配権を握って交易を活発に行い，クノッソスほかに華麗な宮殿を建造した。クレタ島内では石で舗装した幅4 mの道路も発掘されている。また，宮殿には上水道や下水溝が完備し，水洗便所も設けられていた。ミノア文明の都市は，他地域の古代都市と異なり，城壁を築かなかった。

ミノア文明は紀元前1450年頃，クレタ島北方30 kmにあるテラ島の大噴火による地震と大津波によって大打撃を受け，さらにその前から南下を始めていたミュケナイ人によって滅ぼされた。ミュケナイ文明の代表的遺跡は，ギリシャのペロポネソス半島の東にあるミュケナイの宮殿・城塞であり，紀元前1300〜1200年期のものである。この文明と並立したのはエーゲ文明であり，トロイア遺跡が著名である。ホメロスの『イーリアス』に叙述されているように，激しい都市の攻防戦が繰り広げられた。

一方，紀元前1200年頃から現在のレバノンを中心とする地中海東岸にテュロス，シドンなどを代表とするフェニキア都市が興隆する。地中海を広く航海し，

各地に植民都市を建設した。アフリカ北岸のカルタゴは代表的都市の一つである。フェニキア人はさらにイベリア半島南岸にも植民都市を建設した。やがて紀元前8世紀頃からギリシャの諸都市も現れ，地中海沿岸に植民都市を築く。さらに，やや遅れてエトルリア人もイタリア半島を中心に都市を建設した。

こうしたフェニキア，ギリシャ，エトルリアの諸都市は，それぞれの本拠地では自然発生的に成長したため，街路に計画性はみられない。しかし，植民都市においては碁盤目状の街路網を設定し，公共施設を計画的に配置した。図-14は，ギリシャ人がエーゲ海東岸の南部に建設した都市ミレトスの平面図である。紀元前5～2世紀のものである。現在は陸化しているが，当時は入江に突き出た岬であり，その地形を利用して防御のための城壁を南に巡らした。

図-14 植民都市ミレトスの計画図
(J. B. W. パーキンズ『古代ギリシャとローマの都市』井上書院，1984年，p.24 より)

古代都市ローマ

ローマは伝説によれば，紀元前753年に始祖ロムルスがその礎を置いたとされる。しかし考古学的資料によれば，エトルリアの交易商人たちがイタリア南部への進出拠点として紀元前650年頃に建設したとみられる。テベレ河畔の沼沢地に何本もの排水路を開削し，居住可能な乾いた土地を開拓した。公共都市施設はエトルリア人の王であるタルクィニウス・プリンクス（前607～567）が築いたとされる。やがて都市が繁栄して外敵の攻撃が懸念されるようになり，紀元前6世紀の半ばにセルヴィウスの壁と呼ばれる，延長約12kmの囲壁が七つの丘を取り巻いて築かれた。

紀元前5世紀にはローマ人の勢力がエトルリア人を圧倒し，やがて都市ローマの権力を掌握する。紀元前396年には，ローマの北にあったエトルリアの中心都市ヴェイイを攻め落とし，それ以降はローマ人がイタリア半島の主役となった。しかし，ローマがラテン人都市および非ラテン系の諸部族を攻略してイタリア全

土を支配下におくようになったのは，紀元前275年のことである。まもなく都市カルタゴとの間で三次にわたるポエニ戦役が始まり，紀元前146年にカルタゴを滅亡させて地中海の支配者の地位を獲得する。

　都市ローマの最初の囲郭であるセルヴィウスの壁は，紀元前390年にケルト部族の劫掠(ごうりゃく)に遭ったのを教訓として，高さ15 m，幅30 mの頑丈なものに改築した。囲郭面積はおおよそ700 haである。のちのローマ帝政期のアウレリアヌス帝は，この外側に囲郭面積おおよそ1,600 haの城壁を築かせた。西暦271年以降のことである。共和制時代からローマは，戸口監察官（ケンソル）を任命して人口・財産調査を励行してきた。紀元前3世紀のローマ市民は約30万人，前1世紀で約40万人であった。女性や未成年を加え，奴隷を除外して約100万人が都市ローマに住んでいた。これらの人々がアウレリアヌスの市壁の内側に住んでいたと仮定すると，人口密度は約630人/haと非常に過密な状態であった。市内には庶民向けの5〜6階建ての集合住宅（当時はインスラと呼ばれた）が密集していた。

　ローマ帝国第二の都市はアレクサンドリアであった。ここはアレクサンドロス大王が自らの名をつけて建設した新都市であり，その死後に樹立されたプトレマイオス王朝の首都となった。ヘレニズム文化の中心地として多くのギリシャ人が移住し，世界最大の図書館を擁していた。また，港の入口には石を積み上げて建造した高さ110 mの大灯台があり，世界七不思議の一つに数えられた。プトレマイオス王朝がクレオパトラ女王の自殺によってその歴史を閉じた後も，アレクサンドリアは人口70〜100万の大都市であって文化の中心であり，かつエジプトからの穀物の移出港として繁栄を続けた。

コンスタンティノープルの大城壁とその陥落

　ローマが共和制から帝政に代わったのは，実質的な初代皇帝であったアウグストゥス（在位，前27〜後14）のときである。歴代の皇帝は2世紀までは優れた治世を行っていたが，3世紀に入ると軍人が皇帝位を奪い，めまぐるしく交替する。しかし，西暦306年に即位したコンスタンティヌス1世（大帝）が皇帝の権威を取り戻し，312年にキリスト教に改宗してこれを保護した。そして，330年には現在のイスタンブールの地に遷都し，コンスタンティノポリスと命名した。それまではビザンティオン市と呼ばれたギリシャの植民都市であった。コンスタ

ンティヌス大帝は城壁を築き，市街地を整備し，政府役人への住居の提供，新都へ移住する市民への免税措置その他を行って移住を勧誘した。ただし，皇帝が永住するようになったのは4世紀末である。

　ローマ帝国はテオドシウス帝が395年に死去の後，その息子二人が帝国を東西に二分して統治した。東西のローマ帝国はこれ以降独自な道を進むこととなり，西ローマ帝国は「ゲルマン民族大移動」の波に呑み込まれて476年に滅亡する。しかし，コンスタンティノープルは東ローマ帝国の首都として1,000年以上もその地位を保持した。

　コンスタンティノープルが長期にわたって平和を維持できたのは，テオドシウス2世が447年に築かせた二重の大城壁のおかげである。この街は，北を金角湾に，南をマルマラ海に面し，東に突き出た三角形の岬の上に建設され，陸は西側にしか続いていない。この西側の境界約7kmを城壁で固めれば難攻不落となる。テオドシウス帝は内側に高さ12mの城壁を築き，それから少し離して高さ8mの外城壁を巡らした。さらに，その外側に幅18m，深さ7m以上の濠を掘らせた。内城壁には高さ18mの見張塔が96カ所に築かれ，攻撃を受けて危なくなった箇所へ応援の兵士を送れるようにしていた。

　この大城壁への攻撃と守備は，図-13に描かれたアッシリア時代の戦闘と基本的には同じであった。これを一変させたのが，中国から伝えられ，改良された大砲である。中央アジアから移住したトルコ族が1299年に建国したオスマン朝は，イスラム教を信仰して次第に勢力を拡大し，1453年，若きスルタンのムハメット2世の号令の下にコンスタンティノープルに大攻撃を敢行する。ムハメット2世は，砲身の長さ8m以上，重さ600kgの球形の石弾を打ち出す巨大な青銅製の大砲を作らせ，前線に据え付けたこの大砲で守備側の戦意を打ち砕いたのである。

　ヨーロッパではこれ以降，城塞の設計概念を一変させた。守備側も大砲で攻撃側の砲兵陣を打ち破るため，要塞の周りに稜角を突出させ，そこに大砲を据え付けたのである。函館市の史跡公園である五稜郭は，こうした西欧築城術を取り入れて築かれた要塞跡である。

ヨーロッパの中世都市

　ヨーロッパの都市にはローマ帝国時代に起源をもつものが少なくない。ロンド

ンはロンディニウムと呼ばれた属州ブリタニアの首府，パリはルテティアという交易都市であった。しかしながら，中世以降の現代に至るヨーロッパの諸都市は，ローマ文明を直接には継承していないことに注意しなければならない。

　ヨーロッパでは4世紀後半からフン族，ゲルマン諸部族などが次々に移動し（民族大移動），前述のように西ローマ帝国は476年に消滅する。その後にローマ市が教皇所在地としてやや安定を取り戻した7～8世紀でも，人口は3.5万程度であった。

　ルネッサンス以前の文化の中心は，一つには東ローマ（ビザンティン）帝国の首都コンスタンティノープル，次には新興イスラム帝国の首都バグダード，もう一つは同じくイスラム教国でイベリア半島で栄えた後ウマイア朝の首府コルドバであった。バグダードの人口は，その最盛期である9～10世紀には150万に達したといわれる。コルドバは城壁で囲まれた市内に10万人が住み，王宮図書館には40万冊もの図書が収蔵されていた。ギリシャ哲学などの多くはイスラム学者によるアラビア語翻訳を介して西ヨーロッパへ伝えられた。一説では人口50万という。

　中世のヨーロッパ諸都市は，あるいは司教座として，あるいは有力領主の本拠地として次第に成長した。また，三圃制農法の導入によって穀類生産に余裕ができるにつれて手工業が育ち，各地の特産物を交易する商人層が台頭する。商人たちは手工業者たちとともに一定地域に住み，司教・封建領主などと粘り強く交渉して都市自治権を獲得していく。そうした中世の自治都市にとって，領主その他の収奪から自らを守るための城壁，市民代表のための市庁舎，全員の集まる広場，ならびに市民の精神生活を支える教会の4要素が不可欠であった。市外の街道へ通じる箇所には市門が設けられ，夜間は閉じられた。こうした市門の夜間閉鎖は，世界の囲郭都市に共通の伝統であった。

　図-15は，イギリス東部のヨーク市に残るミックルゲート市門であり，ここから南へロンドンへ通じる街道が続く。市門の上部は18世紀の再建であるが，下部は12世紀初めの建造である。

中世・近世のパリ

　パリがフランスの国王の恒常的な居住地となったのは，カペー王朝のフィリップ2世（在位，1108～38）からである。王は市壁の建造を命じ，1211年には全

長 5.1 km の市壁が約 250 ha の市域を取り囲んだ。市内の道路の舗装もこのときからである。この頃の人口は不明であるが，首都における商工業の発達で人口が増えるにつれて市域が手狭になり，シャルル 5 世（在位，1364～80）の 1364 年に約 440 ha の区域を囲む市壁を築いた。それ以前にパリの人口は 20 万に達してヨーロッパ最大であったといわれるので，人口密度は非常に高かったことになる。

17 世紀になるとルイ 13 世（在位，1610～43）は市壁を西側（セーヌ川下流）へ若干拡大する。しかし，次の太陽王ルイ 14 世（在位，1643～1715）は市

図-15 ヨーク市の中世の市門

壁をすべて撤去し，その跡地を幅 36 m の広い並木道，すなわちブールバールに改造した。こうした市壁を撤去した敷地を道路に改造するのは，ヨーロッパ都市の伝統である。ライン川左岸（西側）のケルンは，ローマ時代の植民都市の略称コロニーアの名を受け継いだ中世の自治都市であるが，ここには市壁の拡張跡が現在の街路図から読みとることができる。また，オーストリアの首都ウィーンは，オスマン帝国の大軍の攻撃を 1529 年と 1683 年の 2 度にわたって跳ね返した歴史をもつ。そのときの市壁は 1857 年以降に撤去され，幅広い環状道路に生まれ変わっている。

パリの場合には，ルイ 16 世（在位，1754～93）が市内搬入物資へ課税するために「徴税請負人の壁」を巡らし，囲郭都市を復活させた。さらに，1840～1845 年に当時の首相ティエールは首都防衛を考え，その外側に幅 2 km の緩衝地帯を設けた外壁（延長約 39 km）を建設した。1853 年にナポレオン 3 世によってセーヌ県知事に任命されたオスマン男爵は，パリ市街の大改造を行って都市としての機能を復活させるが，市壁には手を付けなかった。ティエールの市壁が最終的に撤去されたのは 1924 年のことであった。**図-16** はパリ市壁の変遷である。ティエールの市壁は，現在のパリ市の行政区画線にほぼ一致する。

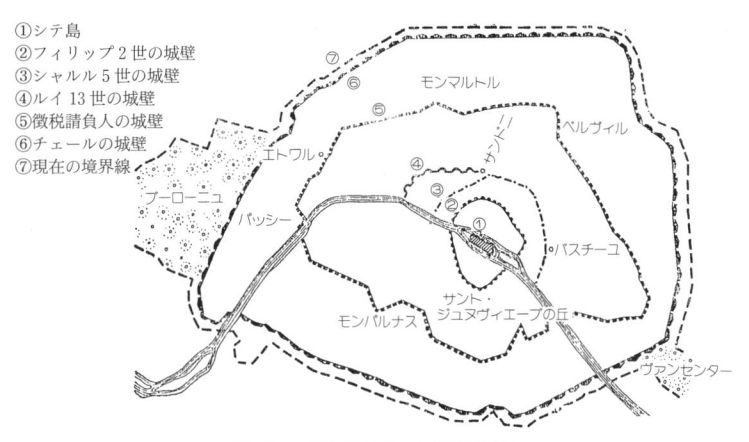

① シテ島
② フィリップ2世の城壁
③ シャルル5世の城壁
④ ルイ13世の城壁
⑤ 徴税請負人の城壁
⑥ チェールの城壁
⑦ 現在の境界線

図-16 パリの市壁の歴史的変遷
(M. ラヴァル『パリの歴史』文庫クセジュ34, 白水社, 1955年, p.25より)

中世・近世のロンドン

　ローマ帝国時代のローマはブリタニアの中心地であり，4世紀初頭には人口6万近かったといわれる。テムズ川の左岸（北側）に高さ6mの堅固な石造の市壁を延長約4.5kmにわたって巡らし，市域約132haを守っていた。西ローマ帝国が崩壊し，6世紀にアングロ・サクソン人が進入したとき，ロンドンは無人の地であったと伝えられる。やがてキリスト教への改宗者が増えて司教が任命され，セント・ポール大聖堂の地に最初の教会が建てられ，交易が復活するにつれてロンドンは次第に繁栄を取り戻した。ロンドン市民はローマ時代の城壁を修復し，堅固な囲壁に改築してデーン人の劫掠の脅威に備えた。

　中世のイギリスはサクソン系の豪族が各地に領主として割拠し，イングランドが統一されたのは10世紀である。しかし，ロンドンが首都として位置付けられたのは，征服王ウィリアム1世が1066年に即位した以降のことである。王は東の市壁の内側に王宮と砦を兼ねたホワイト・タワーを建て，これが後のロンドン塔に拡張された。ただし，宮廷，法廷などの政治機構はウェストミンスター地区に置き，ロンドンは有力商人を中心とする市民の自治組織に委ねられた。ローマ時代の市壁に仕切られた区域は，現在はシティと呼ばれる金融街であり，ロンドン市のごく一部にすぎない。

　パリと異なり，ロンドンは都市が拡大しても市壁を造り替えることはせず，ロ

ーマ時代の市壁を蚕食しながらその外へ居住地を広げていった。散開型都市の典型である。昔の市壁は市街地の中に取り込まれたり，その上に家屋が建てられたりした。18～19世紀には大半の旧市壁が取り壊されたため，近年はその保存活動が進められている。

ウィリアム1世を迎えた11世紀後半のロンドンは，人口4万ほどであった。しかし，1600年代には市壁内に7.5万人，外に15万人が住んでいたといわれる。市壁内の人口密度は570人/haと計算される。

このように拡大を続けたロンドン市は，1666年に大火災に見舞われ，シティの4/5が焼失した。当時の世界最大都市であった江戸もまた，その9年前の1657年に「振袖火事」と呼ばれる大火災を起こしている。ロンドンでは大火の後は木造建築が禁止され，煉瓦造か石造建築でなければならないとされた。大規模都市改造計画は実行されなかったけれども，広場が各所に設けられ，優れた公共施設が復興されてシティの景観が一新した。

ロンドンの大火のときは人口35万，それが1700年にはパリを追い抜いて約65万人が定住するヨーロッパ最大の都市となり，1800年には約110万人を数えるようになった。19世紀は産業革命の中心都市として膨張を続け，世界最大の人口集中都市として，住居・上下水道・都市交通その他の諸問題の解決に苦心することとなった。

中国の囲郭都市の起源

中国では先史時代から集落の周囲に土壁を巡らしてきた。河南省商水の北東約25 kmの淮陽（わいよう）の近くでは，紀元前2300年頃の城壁が発掘されており，伝説的な王朝である夏の王城の一つと推定されている。また鄭州では，紀元前1600年頃の殷（いん）代の城壁が市街地の中から発見されている。城壁は一辺が約1.7～1.9 kmの方形に連なっており，基底部は幅が36 mもある。高さは不明である。

中国古代の華北では，城壁に囲まれた城邑（じょうゆう）が社会の単位であり，それぞれが一つの国であった。農民も城郭内に住み，夜明けとともに城門を出て自分の田畑へ耕作に出かけ，夕暮れに城内に戻る暮らしをしていた。古代の戦争は，財宝よりも征服した部族を奴隷民として獲得することが目的の一つであったので，城壁の守りは極めて重要であった。

時代とともに都市国家は次第に政治的に統合されていった。夏王朝の初期には

万の国があり，殷が王朝を開いたときは三千余国，周王朝の始まり（前1027年）で約1,800，周が東の洛陽に遷都したとき（前770年）で約1,200と推定される．なお，それからの春秋時代の国として史書に名が現れるのが127であり，秦は戦国時代末の7国の覇者として中国を統一したのである．

漢・唐代の長安

秦の始皇帝は渭水の北岸の咸陽に首都を定めて城壁を拡大し，大宮殿を建造した（場所は13頁の図-7参照）．ただし，その後に渭水の河道が北へ移ったため，その痕跡は失われた．

秦は紀元前206年に滅び，その後の混乱を収めたのが漢の劉邦であり，前202年に漢帝国を樹立する．死後に高祖と贈り名された．高祖は前191年，渭水の南岸に都城長安を建設させた．城郭は全周長22.7 kmのほぼ方形で，面積約3,000 haを取り囲んだ．この総面積の約2/3は宮殿や官僚の邸宅に占められ，西暦2年の戸口調査によると城郭内には10〜16万人が住んでいたとみられる．なお，このときの中国の総人口は5,959万と記録されている．

漢帝国は西暦8〜17年の王莽の簒奪期を挟んで前漢と後漢に分かれ，西暦189年には実質的に群雄割拠の時代となる．三国志で知られる三国時代から南北朝の分裂状態が約4世紀間続き，西暦589年に隋の文帝がようやく統一を果たした．文帝は，漢の長安城の南東約10 kmの地に新しい都城の建設を始め，次の煬帝が大規模な拡大を図った．しかし，煬帝は人民を兵役・労役に駆り出して疲弊させたため，各地で反乱が起き，618年に部下に弑逆されてしまう．

隋を引き継いだのが唐であり，300年近く統一国家が続いた．唐は，首都長安の建設を継続し，三代皇帝の高宗のときに延長36.5 kmの外郭の城壁が完成した．図-17に示すように，東西8.7 km，南北9.7 kmの長方形をしており，約8,400 haの広さであった．大きさは帝政期ローマの約5倍，19世紀のパリの市域をも上回った．城壁の高さは3〜6 m，基底部の幅は8〜13 mであったので，本格的な防壁としては不十分であり，都城の壮麗さを演出するためのものであった．唐代の長安には，100万人あるいはそれ以上の人々が住んでいたと考えられる．

中国古代からの都城の伝統として，長安も南北の方位を基軸として計画され，南北11条の大通りと東西14条の大通りによって碁盤目状に区分けされた．基軸

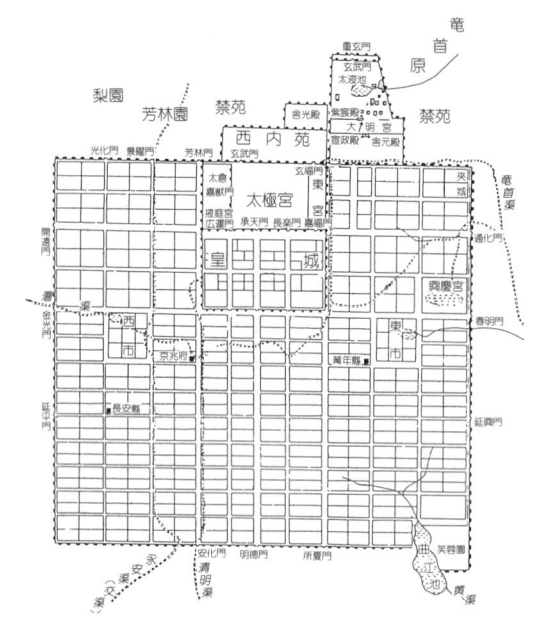

図-17 唐の長安の都市平面図
（愛宕元『中国の城郭都市』中公新書 1014，1991 年，p. 107 より）

の朱雀大街は幅 155 m，その他の大通りで 39〜68 m の幅があった。長安の都は外周に沿って城壁が築かれていただけでなく，大通りで区切られた区画（坊と呼ぶ）と東西の市もそれぞれ高い周壁で仕切られていた。各区画には東西南北四つの門が設けられ，夜間はこれらの坊の門もすべて閉められた。一つの坊は，平均して縦 800 m，横 900 m ほどの大きさで，その中は 10 前後の里に区分されて，それぞれ低い牆垣で囲まれていた。里は独立した行政単位であり，自警組織を持っていた。いわば，農村の囲郭集落をそっくりはめ込んだ形であった。

都城としての開封・杭州・北京

　唐は，科挙によって官吏を登用する制度を確立して中央政府機構を整備し，兵制を改革して強大な国家をつくりあげた。しかし，北方遊牧民族との抗争や国内の社会的混乱によって西暦 907 年に倒壊する。その後の五代十国と呼ばれる分裂の時代を経て，979 年に宋の統一国家が誕生する。

　宋は国都を開封に置き，三重の城壁で囲まれた都市を築いた。中央には一辺が

約 690 m の正方形の宮城があり，次に一辺が約 2.8 km のほぼ正方形の内城があった。この内城は，唐代の開封城の外壁を囲郭としていた。さらにその外側に周長約 28 km の外城壁が築かれた。唐の時代に比べて北方遊牧民の圧力が強まり，都城防備の必要性が高まったためである。しかし，中国東北部から台頭した金によって開封城は 1126 年に陥落し，翌年には徽宗皇帝と皇太子欽宗が捕虜として北へ連行されて帝位が途切れた。このため，徽宗の弟である高宗が自ら帝位に就き，新王朝を開いた。これを南宋，それまでを北宋と呼ぶ。

　南宋は金の武力を避けて杭州を臨時の首都とした。皇帝が一次的に行在する所の意味で杭州臨安府と呼んだ。北宋時代の開封の人口は 100 万強であったが，杭州はさらに賑わい，150 万近かったといわれる。南宋時代の杭州は地形の関係で縦長の鼓のような形をしており，これを周長約 27 km の城壁が取り囲んでいた。面積は概略 3,500 ha ほどである。城壁外に居住したであろう人間を考慮すると，城壁内の人口密度は 300〜400/ha と推測される。

　杭州は中国を縦貫する大運河の起点であり，市内にも東西南北に小運河や掘割りが無数に通っていて，人々は船で往来した。街路は，長江の南の多くの都市のように，石や磚（土を焼いて成形した大型のタイル）で舗装されていた。1280 年代，南宋が元に滅ぼされた後に杭州を訪れたマルコ・ポーロは，杭州を世界第一の壮麗無比の大都会と誉め讃えている。

　唐代の坊の制度は，後代になると坊の囲壁を破って私門を開け，広い街路の一部に舎屋を張り出す事例が現れ始めた。やがて役人の取締りも追いつかなくなり，宋代には侵街銭という特別税を徴収することで黙認した。坊の制度は崩壊し，街路は壁で仕切られない開放された形となった。

　元は現在の北京の地に大都という国都を建設した。1368 年に明朝を興した洪武帝は現在の南京を国都としたが，第三代の永楽帝が 1421 年に国都を北京に遷し，そこに大規模な宮殿を造営した。これが紫禁城である。南北 960 m，東西 760 m の長方形で，その周囲に高さ 10 m の城壁が築かれ，濠が掘られた。紫禁城の外側には延長約 9 km の城壁で囲まれた皇城，さらにその外側を取り囲む延長約 23 km の城壁で仕切られた京城という，三重構造になっていた。明代末の 1553 年には，城外の南に広がった市街地を取り囲んで外城が増築され，全体で面積 6,200 ha に広がった。しかし，長安や杭州ほど人口が集中しなかったようで，明代の次の清代末年の 1910 年でも 76 万人にとどまっていた。

古代日本の宮都―藤原京と平城京―

　わが国に統一王朝が成立した時期については諸説があるが，おおむね5世紀後半とされる。大王の宮は，代ごとに新たな地に築かれた。宮殿の遺跡が確認できるのは，7世紀後半の難波(なにわのみやこ)京と藤原京以降のことである。わが国でも，弥生時代の集落は二重，三重の環濠を巡らして防備を固めていた。古墳時代に入ると，豪族の首長の館とみられる建物が濠で守られた例があるものの，集落全体の防御施設は見られなくなる。古代の宮都の位置を比定できないのは，都市施設に相当するものが築かれなかったのが一因である。

　わが国で，恒久的な宮都の建設を決意したのは天武天皇（治世，672～86年）である。天皇は，それまでの飛鳥の谷間の地を出て，香具(かぐ)山・耳成(みみなし)山・畝傍(うねび)山の大和三山に囲まれた橿原(かしはら)の平野を宮室の地と定め，都市の街路計画を立て，官寺の建立を命じた。この新宮都が藤原京である。都の形が整って遷都が挙行されたのは，次の持統天皇の治世5年目の694年であった。

　この藤原京は**図-18**に示すように，奈良平野にそれ以前からつくられていた南北に走る下ツ道を西の境界（西京極），中ツ道を東の境界とするもので，南北約3.2km（6里），東西約2.1km（4里）の範囲に碁盤目状の街路を通していた。中国南北朝時代の北魏（5世紀前半～6世紀半ば）の都洛陽を参考にしたと推定される。

　南北に通る中心線を朱雀大路(すざくおおじ)として左京と右京に分け，それぞれを南北に通る大路で4坊に区分した。また，北から南へ，東西に通る1条から11条の大路を設けた。これを条坊制という。条・坊の大路によって区画された地域は「坊」と呼ばれ，それぞれ固有の名がつけられた。一つの坊は約265m四方の大きさで，これは十文字の小路で四分されていた。道路幅は朱雀大路が24m，その他の大路が15m，小路が6mで，いずれも両側に排水溝が掘られていた。土地を均して道路を通し，側溝の水が途中で溢れないよう，測量で土地の高低を確かめながら工事を進めたのである。

　持統・文武天皇の後の元明天皇は，即位2年目の708年に，三つの山に鎮護された平城(なら)の地に都邑を建てるべきであるとの詔(みことのり)を下し，遷都を宣言した。そして，710年には早くも造営途上の新都に遷った。平城京は，**図-18**のように藤原京の西の境界である下ツ道を中心軸とし，東西の幅を藤原京の2倍に拡大した約4.3km（8里），南北は約4.8km（9里）の大きさであった。さらに，左京の

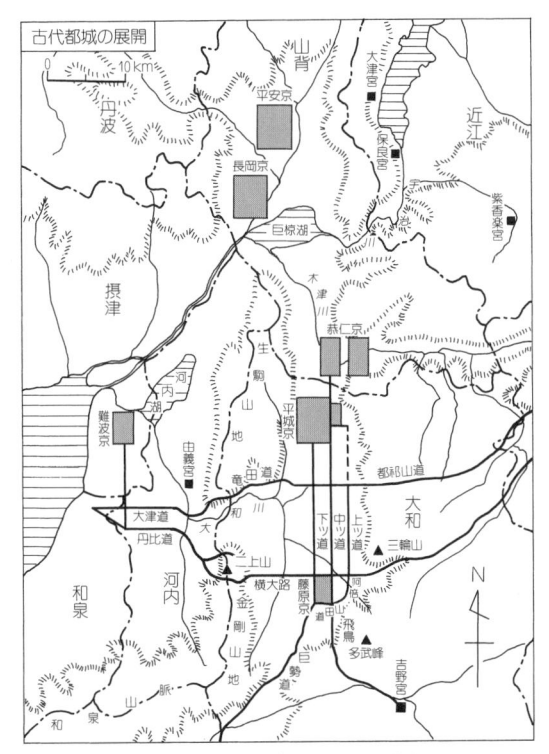

図-18 古代の宮都と主要な道路
(岸俊男編『日本の古代 9 都城の生態』中央公論社，1987年，p.27より)

東に東西約 1.6 km，南北 2.1 km の外京(げきょう)が設けられた。

平城京も条坊制をとり，南北 9 条，東西 8 坊の大路で区切られた。一区画の「坊」は約 530 m（1 里）四方で，藤原京の約 4 倍であった。坊の中は小路によって 16 の坪に分けられ，官吏や庶民へ宅地を班給するときは三位以上の貴族で 1 坪（約 110 m 四方），庶民は 1 戸につき 1/32 坪あるいは 1/64 坪と決められていた。

条坊の大路は幅 24 m，小路は 12 m または 6 m で，大路・小路ともに両側に側溝が設けられていた。藤原京では素掘りであったが，平城京の側溝の多くは石積みの護岸構造であった。朱雀大路の側溝は，幅 6 m，深さ 1.5 m の大きさであった。左京，右京にはそれぞれ東市，西市が開設され，東堀河ならびに西の秋篠川を利用した水路を利用して物資が搬入された。東堀河は幅 11 m，深さ 2.5

mの人工水路であった。こうした堀河が東西の大路と交差する箇所には，幅1.8mの木橋が架けられていた。

　平城京の造営工事では，既存の二つの古墳を削って平らにし，低い土地は周囲の丘陵から採取した土砂で埋めて均した。宮殿を囲む平城宮の工事だけで，丘陵掘削が約40万 m^3，埋立が約80万 m^3 の土工量と見積もられている。

　平城京の住民人口は15万ほどと推定されている。密度としては60人/haほどである。条坊の区画はしたものの，空き地が多く残っていた。

古代日本の宮都——長岡京と平安京——

　元明天皇以降の6代の天皇は，平城京でまつりごとを行った。ただし，聖武天皇は治世後半に恭仁京（740〜44），難波京（744〜45）へ遷都し，その後再び平城京に復している。この平城京からの恒久的な遷都を行ったのは，桓武天皇（治世，781〜806）である。

　桓武天皇は，大化改新を実行した天智天皇の皇孫であり，それまでの天武系の天皇をめぐる貴族や寺院の影響から脱するために，784年に突然に長岡京に都を遷し，その10年後の794年に平安京に遷都した。桓武天皇が新宮殿に遷ったのは遷都宣言の1年半後の宮都造営の途上であり，大極殿も未完成であった。造都事業は10年後に停止され，以後は小規模に継続された。平安京が恒久的な帝都として定まったのは，二代後の嵯峨天皇（治世，809〜23）のときで，明治天皇の東京遷都まで1,075年の間，王城の地であり続けた。

　長岡京の大半は現在の市街地の下に埋まっていて，詳細は不明である。しかし，条坊制に従って平城京と同一規模の造都が行われたことは明らかにされている。長岡京では，平城京の時代に副都であった難波京の宮殿の建物を移設したものが多かった。その背景としては，淀川河口の三国川が開削され，瀬戸内海を航行してきた船が淀川をさかのぼって直接に長岡京に到着できたことが挙げられる。

　平安京の条坊制は，平城京と同じく南北9条，東西8坊であり，条坊で区切られた一つの「坊」は16町に区分された。平城京では「坊」の面積の中に街路の幅が食い込んでいたのに対し，平安京では町の大きさをすべて約120 m四方に統一し，これに街路の幅を次々に加えて都市の計画図を作成した。町を区分する小路は幅約12 m，条坊を区切る大路は幅約24 m，朱雀大路と二条大路は特別に

広くて，それぞれ84mと51mであった．宮都全体の大きさは，東西約4.5km，南北約5.3kmであった．

朱雀大路を挟む東の左京，西の右京は嵯峨天皇によって洛陽城，長安城と名づけられた．平安京の地勢は東北が高く，南西が低くなっており，右京は沼沢地や低湿地が多くて，土地造成も不十分であったようである．やがて，人々は右京を去って左京にのみ居住するようになり，京都といえば洛陽を指し，上洛の言葉が定着した．平安京の人口も平城京と変わらず，12万ほどと推定される．

平城京，平安京の古代日本の宮都は，いずれも朱雀大路の南端に羅城門を建てた．羅城とは，中国の都城の外郭の城壁をいう．中国の羅城は都市全体を堅固に取り囲んだが，日本の宮都では羅城門の左右に築地塀を200mほど築いただけである．なお，羅城門はのちに羅生門とも呼ばれるようになった．

日本における囲郭都市の一次的発達

歴史時代に入ってからの日本では，防衛機能を備えた都市は建設されなかった．武士のための城郭は築かれたが，住民すべてを守る防衛施設はつくられなかった．やや例外的なのは，663年に九州の太宰府防衛に建設した水城および元寇の文永の役（1274年）後に博多湾沿岸に築いた石積みの防塁である．水城は，日本が百済救援の兵を出して唐・新羅の連合軍と戦い，韓国南西岸に注ぐ白村江（現代の錦江）の河口付近の海戦で大敗したため，勢いに乗った唐・新羅の連合軍が日本に進攻するのではないかと恐れて築いたものである．

日本のなかでやや防衛機能を重視した都市は，源頼朝が政所を置いた鎌倉である．1192年に征夷大将軍の宣下を受けたとき，頼朝は天皇・貴族の影響を嫌って鎌倉に幕府を置いた．鎌倉は律令時代から郡が置かれた地方の中心地の一つであり，源氏の本拠地であった．三方を山に囲まれ，一方は海という要害の地であり，鎌倉に入るには7口の切り通しを通らなければならなかった．平地は2km四方に満たないが，頼朝は若宮大路を平安京の朱雀大路になぞらえ，碁盤目の街路を設けた．若宮大路の両側には幅約3m，深さ約1.5mの側溝を設け，他の大路，小路も側溝を備えて雨水，汚水を流すようになっていた．

鎌倉の側溝は，木杭と横板を組み合わせた木製護岸であった．市中の川にも木組み護岸が用いられた．木杭が背後の土の圧力で前へ倒れるのを防ぐため，護岸からやや離れた背後に控えの木杭を打ち込み，前面の木杭の頭部と控え杭とを角

材で連結した。矢板工法と呼ばれる方式である。

戦国時代になると、土塁と濠を周囲に巡らした囲郭都市が現れる。貿易都市としての堺、石山本願寺の寺内町としての大坂、寺内町として発足して小規模ながら自治組織を持っていた富田林(とんだばやし)(大阪府南東部)などがその例である。

堺の港としての発展は14世紀頃からで、足利義満の末年の1391年に、守護大名大内義弘が方16町の防塞都市とした。その8年後の応永の乱で大内義弘は敗死し、堺は細川氏の守護所となる。この戦乱で消失した民家は1万戸と記録されている。その後、領主は足利幕府や守護大名の間で転々と交替するが、この間に明、朝鮮、琉球などの海外貿易を独占した商人層が力をつけ、自治的な団結組織を結成した。また、町を兵火から守るために北、東、南の陸側三方に濠を巡らし、傭兵隊を常備した。

自治都市としての堺の最盛期は1560年代である。織田信長が強大な武力で諸大名や実力者を打ち破って国内統一を押し進めるようになると、堺も1569年には信長の直轄地となり、代官の支配の下で有力町人が運営する形に変わった。堺の港はその後も繁栄を続けたが、1704年の大和川の付け替えによって北側に新しい河口が開かれた後は、洪水時の流下土砂で港が埋まるようになり、衰退した。

大坂は、浄土真宗の本願寺が1532年に摂津国石山に移されてから歴史に再登場した。いにしえの難波京(15頁の**図-8**参照)が営まれた上町台地の北端の要害の地に本願寺が建てられ、その周囲に町が発展した。本願寺は室町幕府から寺内町での都市特権を認められ、兵火からの中立、夫役(ぶえき)や臨時税の免除、経済活動の自由を保障されていた。また、行政・警察・裁判の権限も認められていた。

この石山本願寺の地は戦略上からも重要であり、また宗教教団の政治力打破を目指す織田信長は1570年にこの地の明け渡しを要求した。本願寺はこれを拒絶して、以後11年間に及ぶ抗争が始まる。これを石山合戦あるいは石山本願寺一揆という。当初に本願寺を支持した諸大名が次々に敗北させられるなかで、本願寺は信長を相手として1576年4月から満4年間に及ぶ籠城(ろうじょう)戦を繰り広げるが、ついに力つきて1580年に降伏し、退去して終わった。

京都・大坂の都市改造

織田信長が本能寺の変で横死を遂げたあとは、豊臣秀吉が天下を統一した。信

長は寺内町，門前町などの都市特権を中世の領国支配体制を崩すものとして認めていた。しかし，全国統一を果たした豊臣秀吉はこれらの都市特権を否定し，全国の一元的な支配体制を固めた。これによって，自治組織を持った囲郭都市は消滅した。

　豊臣秀吉は1586年に京都の内裏(だいり)跡に聚楽第(じゅらくだい)を築き，引き続き京都の町の改造を行った。1591年には，左京を中心にさらに北の鷹峯までを取り囲む，大がかりな「お土居(どい)」を構築した。基底部の幅が約9m，高さが約3mの土塁で，総延長が約22.5kmであった。土塁の上には竹や木が植えられ，その外側には幅が約4～18mの濠が掘られた。「お土居」は7カ所に出入口を設けた防塁としての機能が主体であったが，これによって都市域を明確に区切り，上京と下京を一体化して都市を活性化することや，堤防として鴨川の氾濫から市街地を守ることも目的としていた。秀吉はまた，一辺120m区画の町の中央に南北の小路を通し，地割りを正方形から短冊形に改造した。また，土地の傾斜を利用して水を北から南へ流す下水網も整えた。この秀吉の都市改造によって，近代の京都の市街地の骨格が形成されたのである。

　一方大坂では，本願寺の跡地に壮大な大坂城を築くとともに，上町台地からその西の船場・島之内の砂州地帯を城下町として開発した。東横堀川を開削し，短冊形の地割りを行って商工業者の移住を奨励した。また，秀吉の死後の1598年から1600年には天満川，阿波堀川，西横堀川などが開削された。

　1615年の大坂夏の陣によって豊臣氏が滅亡すると，徳川幕府は永久政権を目指して大坂城を再築した。西国諸大名を動員し，毎年1～2万人の労働力を投入し，10年を費やして1630年に完成させた。これと同時に，江戸堀川，京町堀川，道頓堀などの開削による市街地の開発を推進した。これらの堀川は，低湿地の排水を図るとともに，船で物資を運ぶための運河の役割を担っており，元禄期の17世紀末に至るまで開削事業が続けられた。こうして物資輸送・集積地としての基礎が整備されたことにより，天下の台所としての大坂の地位が確立したのである。

江戸の第一次建設

　徳川家康が秀吉によって関東への移封を命じられ，草深い江戸へ入ったのは1590年であった。ここは以前から江戸湊として関東一円と東北地方の物資移出

入の中心地であり，1457年には太田道灌が城を築いていた。**図-19**(1)は15世紀末頃の江戸の地形であり，江戸城のきわまで日比谷入江が入り込んでいた。また，平川は江戸北西部の下流を集めた中規模河川であり，道灌はこの平川を東の防衛線として築城した。

　徳川家康は江戸入りをしてまず取り組んだのは，城郭と町の建設であった。道灌の江戸城は城構えがないに等しかったため，本丸の両側に二丸，西丸を築き，外堀を掘削して外郭を構えた。一方，現在の有楽町一帯の前島の砂州の湿地帯を排水・土盛りして市街地とした。また，平川の河口から江戸城下へ通じる道三堀を開削し，江戸湊からの木材，石材を運び込めるようにした。さらに，隅田川の東の干潟地帯を横断する小名木川を開削し，当時の塩の生産地であった行徳との連絡を確実にし，有事に備えた。上水を確保するため，千鳥ヶ淵を土堰堤でせき止めて，貯水池とした。新しく造成された町には駿河・遠江・三河などの家康の旧領地を中心に町人，職人を呼び寄せ，町年寄などの役職を設けて町の運営に当たらせた。これが第一次の江戸建設で，1600年頃までの約10年間の工事であった。こうしてできた形が**図-19**(2)である。

江戸の第二次建設

　徳川家康は1600年の関ヶ原の合戦で石田三成の西軍を打ち破って天下一の実力者となり，1603年に征夷大将軍の宣下を受けて江戸幕府を開設する。家康はここに第二次の江戸建設にとりかかり，諸国大名に参加を命じた。石高2万石以上の大名は，一千石ごとに1人の割合で人夫を供出する普請役を課せられた。幕府の意を迎えようと，この割合よりも人夫を多く出した大名も少なくなく，全体では3～4万人の人夫が働いていたと考えられる。

　第二次江戸建設（1603～14年）では，神田山（現在の駿河台，お茶の水）を切り崩し，その土で日比谷入江を埋め立てて日本橋から新橋に至る下町を造成した。造成にあたっては，掘割りの水路や舟入間を計画的に配置し，多数の河岸を設けた。これと同時に，江戸城を本格的に築き上げた。伊豆半島から大量の巨石を運んで外郭の石垣を築き，本丸に天守閣を建立した。高さ20mの基層の石垣の上にそびえる高さ45mの7階建ての構造であったと考えられる。ただし，後の明暦の大火（1657年）で焼失し，再建されずに終わっている。本丸に続いて，二丸，西丸などの土塁も石垣に改築し，全体として城塞としての備えを固めた。

江戸の第三次建設

　大坂夏の陣（1615年）で豊臣氏が滅んだあと，徳川二代将軍秀忠は第三次の江戸建設に着手した。これは，大坂城再築と同時の大事業であった。まず1616年に，神田山を深く切り下げて平川と小石川の水を隅田川へ落とすようにした。これによって，江戸城の北の備えとしての外濠を構築するとともに，平川下流部の低湿地を住宅地として利用できるようにした。掘削した土砂は，浅草周辺の湿地埋立に利用された。掘割りで切り離された台地の南には，家康の死去まで駿府にいた家臣団が移住し，以来この場所は駿河台と呼ばれている。また，新しく開削された水路は神田川と名づけられた。この流路変更によって江戸城周辺は洪水の危険がなくなったものの，神田川流域が洪水に悩まされることとなった。

　神田川開削工事に伴って，神田明神その他の社寺が移された。江戸建設では，そのときどきの外周地帯に社寺を集中的に配置する施策が用いられた。上野の寛永寺や八丁堀の霊巌寺の建立，芝愛宕社の再築などで形成された社寺の境内は，やがて江戸町民の遊楽地ともなった。町の区画割りも次第に整備され，図-19(3)のような形になった。また，半蔵門その他，内濠，外濠を渡った門の所には桝形の石塁が設けられた。

　江戸建設事業は三代将軍家光（在位，1623～51）の下でも続けられた。江戸城を一周する外濠が構築され，その内側の出入口には大きな桝形門が築かれた。これは「見附」と呼ばれ，現在の四谷見附にその名を残している。芝の増上寺，王子の権現社，目黒不動，浅草寺伽藍，品川東海寺などの創建，再興などが1630年代に行われ，江戸の町の外郭が形成された。なお，1660年には神田川のお茶の水付近の切通しが拡幅・増深され，荷船が通行可能となった。これによって神楽坂，飯田橋の河岸に物資が運び込めるようになり，江戸川筋が高田馬場あたりまで市街地化する端緒となった。

　こうした都市建設によって300余町の町人地が形成され，江戸の古町として後世まで特権をもった。こうした江戸の町づくりは，家康・秀忠・家光の三代にわたり，50年以上の歳月を要した。しかし，1657（明暦3）年1月，「明暦の大火」あるいは「振袖火事」と呼ばれる大火事が発生した。江戸城本丸の天守閣をはじめとして，武家地，町人地の大半を焼失し，死者は10万人を超えたといわれる。この大火の後，幕府は茅葺き屋根を禁止し，大名屋敷を城外に移転させ，広小路や火除地を設定し，また定火消制度を設けるなどの防火対策を講じた。

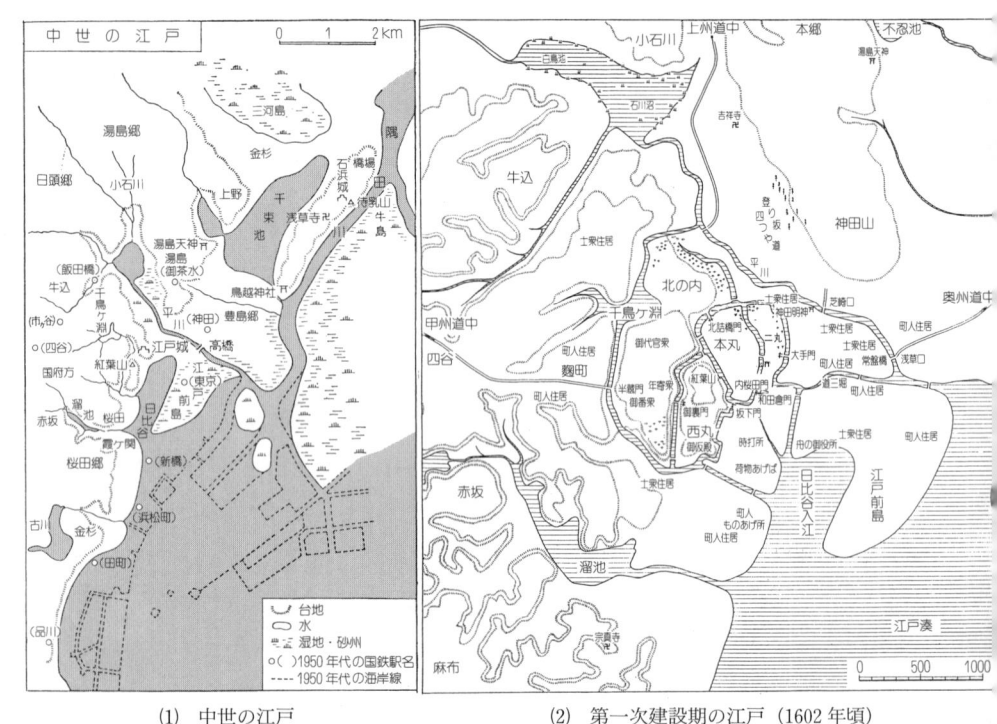

(1) 中世の江戸　　　　　　　　　　　(2) 第一次建設期の江戸（1602年頃）
図-19 江戸の都市建設の変遷（村井益男『江戸城』中公新書45，1964年，p.5，

　明暦の大火の後の1670年代の江戸の面積は，建築史家の内藤昌博士の計測では6,342 ha であり，北京城内とほぼ同じであった（土木学会誌，1976年9月号，76頁）。江戸の人口は，1730年代の八代将軍吉宗のころに町人56万，武士・僧侶の正確な数はわからないが，総人口120～130万と推定され，当時の世界最大の都市であった。人口密度は，江戸全体では約180人/ha であるが，町人地は総面積の20％以下であったので，町人については約680人/ha という高密度であった。

　織田信長，豊臣秀吉による16世紀末の天下統一のときから17世紀後半までの約1世紀は，江戸・大坂だけでなく，全国諸大名の城下町が同時に建設されるという大土木事業の世紀であった。また，第2章で述べたように，農地開拓も大々的に推進された。これらはすべて人海作戦によるものであり，全国では毎日10万人以上が建設作業に従事していたであろう。農業生産力が高まり，人口が急成

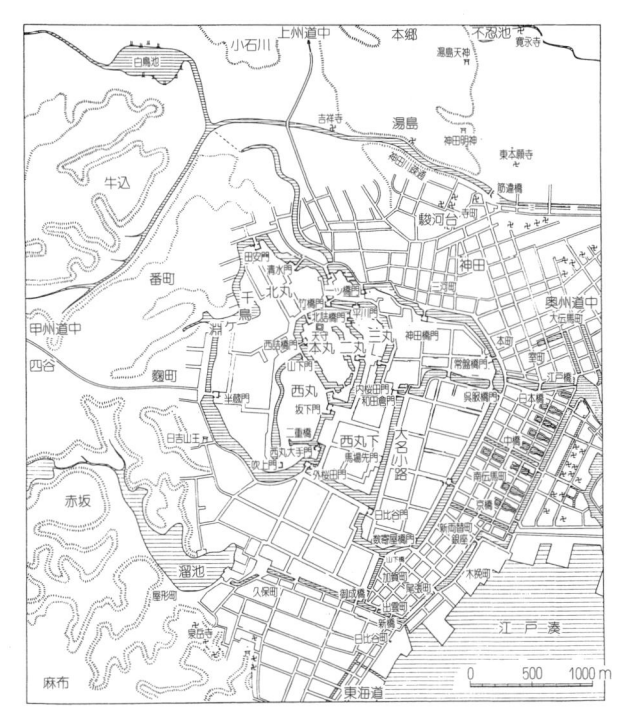

3　都市の発展と城壁による防御　　45

(3)　第三次建設期の江戸（1632年頃）

および，内藤昌「江戸城物語（1）」土木学会誌1976年8月号より）

長したことによって，これらの労働力ならびに食糧を供給できたと考えられる。

世界の都市人口の推移

　これまでに記述した諸都市ならびに紹介できなかった都市の推定人口をまとめて**図-20**に示す。各時代の世界最大の都市には下線を引いてある。1800年以前には人口約100万が大都市の限界であった（世界・日本の人口の推移については，168頁の**表-6**参照）。

　ここに示した都市人口の大半は，いろいろな学者による概略の推定値である。これらの都市域の大きさについても不明確なものが多いが，人口密度の概数を算出してみたのが**表-4**である。現代の日本の都市人口密度は，1985年の統計によると東京都中野区・豊島区が214人/ha，大阪市西成区が194人/ha，横浜市西区が153人/haである。帝政期のローマ，14世紀のパリ，18世紀の江戸町人地

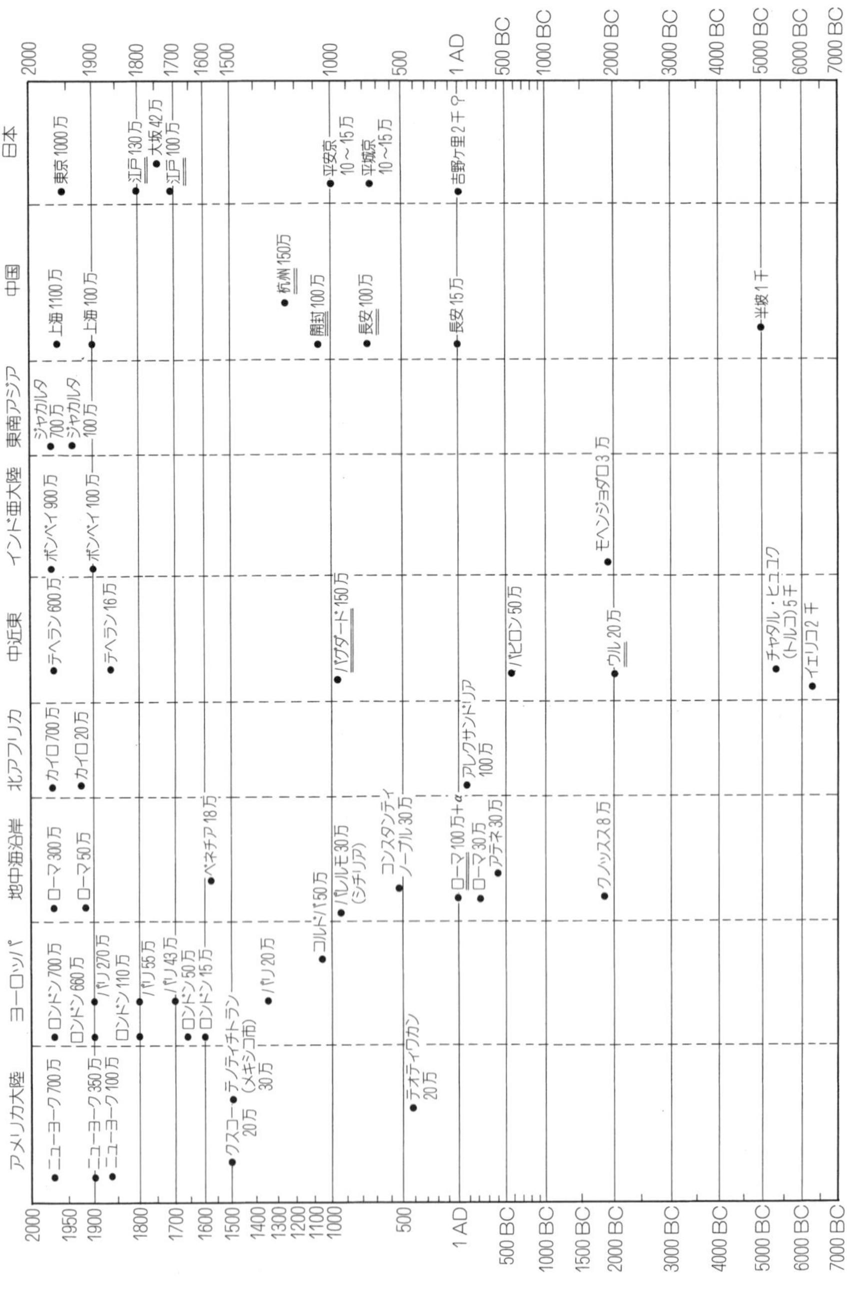

46

年代	アメリカ大陸	ヨーロッパ	地中海沿岸	北アフリカ	中近東	インド亜大陸	東南アジア	中国	日本
2000	●ニューヨーク700万	●ロンドン700万	●ローマ300万	●カイロ700万	●テヘラン600万	●ボンベイ900万	●ジャカルタ700万	●上海1100万	●東京1000万
1950	●ニューヨーク350万	●ロンドン660万							
1900	●ニューヨーク100万	●パリ270万 ●ロンドン110万	●ローマ50万	●カイロ20万	●テヘラン16万	●ボンベイ100万	●ジャカルタ100万	●上海100万	
1800		●パリ55万							●江戸130万
1700		●パリ43万 ●ロンドン50万							●大阪42万 ●江戸100万
1600		●ロンドン15万	●ベネチア18万						
1500	●クスコ・テノチティトラン 20万 (メキシコ市) 30万	●パリ20万							
1400									
1300									
1200									
1100			●コルド150万						
1000			●パレルモ30万 (シチリア)		●バグダード150万			●開封100万	●平安京 10〜15万
500			●コンスタンティノープル30万					●長安100万	●平城京 10〜15万
1 AD	●テオティワカン 20万		●ローマ100万+α ●ローマ30万 ●アテネ30万	●アレクサンドリア 100万	●バビロン50万			●長安15万	●吉野ヶ里2千?
500 BC			●クノッソス8万		●ウル20万				
1000 BC									
1500 BC						●モヘンジョダロ3万			
2000 BC									
3000 BC									
4000 BC					●チャタル・ヒュユク (トルコ)5千			●半坡1千	
5000 BC					●イエリコ2千				
6000 BC									
7000 BC									

図-20　世界の都市人口年表

表-4 世界の歴史都市の人口密度（推測値）

人口密度	歴史上の都市
700人/ha以上	パリ（14世紀前半）
600～699人/ha	ローマ，江戸（町人地）
500～599人/ha	ロンドン（17世紀初頭）
400～499人/ha	イェリコ遺跡
300～399人/ha	チャタル・ヒュユク遺跡，ウル，モヘンジョダロ，アレクサンドリア（前100年），パリ（1801年），杭州
200～299人/ha	半坡遺跡，開封，ニネベ，コンスタンティノープル
100～199人/ha	コルドバ，長安，北京，江戸（全体）
約50人/ha	平城京，平安京

などはいずれも600人/ha以上であり，古代から近世の都市の過密ぶりが明らかであろう．

【検討課題】
① 世界の都市の多くが囲郭都市として発達したのに対し，日本で囲郭都市が発達しなかった理由を考察してみよ．
② 1800年以前には都市の最大規模が100万人程度に抑えられていた理由について考察してみよ．
③ 都市の街路形状には，碁盤目状のもの，放射状のもの，あるいは複雑に入り組んでいるものなどさまざまなものがある．都市図などを調査し，街路の形成の過程を検討してみよ．

4

都市を支える水道と下水

インダス文明都市の井戸と下水施設

　人間は，食べ物を断っても飲み水なしには生きていくことができない。集落をつくるときには，水の確保が不可欠である。世界最古の住居遺跡イェリコでは，年間を通じて水の涸れない泉がこの集落の発達を支えてきた。都市の建設は，地下水が豊富で井戸を掘れば水が容易に得られる場所，あるいは清浄な河川の水を汲むことができる場所に限られていた。また，集落が大きくなると毎日の暮らしから出る廃棄物や廃水の処理も考えなければならない。雨の多い土地では，雨水を流し去る排水路の建設が欠かせない。

　古代文明のなかでこれまで紹介しなかったものの一つにインダス文明がある。インダス川流域からインド西部にかけて紀元前2300～1800年頃に栄えた都市群であり，東西1,600 km，南北1,400 kmの広大な範囲に約300の都市遺跡が見出されている。1920年にハラッパ遺跡（パキスタンのラホール市の南西約180 km）がまず発見され，その2年後にモヘンジョダロ（カラチ市の北約300 km）の発掘が始まってその存在が知られるようになった。インダス文字と呼ばれる独特な象形文字が残されているが未解読であり，インダス文明については不明な部分が多い。しかし，その遺物がメソポタミアのシュメール遺跡から発見されているので，何らかの交流があったことは間違いない。

　インダス文明の諸都市は，そのいずれも碁盤目状の大通りで市街地を区画し，街路には排水溝を設け，排水を集めて市外へ流し出すための暗渠を整備していた。**図-21**はモヘンジョダロの大通りで，右の建物の根元に沿って通っているのが煉瓦の蓋付きの排水溝である。大通りだけでなく，小路にも排水溝が設けられ，雨水や各家からの排水が集められた。主要な排水溝には一定間隔で排水桝があり，砂や泥を沈殿させた。

　こうした排水施設はいずれも焼成煉瓦でつくられた。いずれの都市の煉瓦も，縦・横・厚さの割合がほぼ4：2：1に揃っていることがインダス文明の特徴の一

図-21 モヘンジョダロ街路の下水溝
(江上波男『図説世界の考古学 2 古代オリエントの世界』福武書店，1984 年，p. 190 より)

つである。煉瓦の基準寸法は遺跡によって若干の違いがあるけれども，一つの都市内では同じ大きさの煉瓦が使われ，度量衡が整備されていたことがうかがわれる。飲み水は井戸から汲み上げていたようで，焼成煉瓦で内壁を巻き立てた井戸が数多く発掘されている。井戸の内径は 0.9〜2.1 m で，都市の地盤が洪水の沈殿土などで高まるたびごとに，内壁の煉瓦を積み上げていた。煉瓦は楔形をしており，井戸用に特別に作られたものであった。

　インダス文明はそれに先行する文明がなく，ごく短期間に高度な文明水準に達し，500 年ほどの繁栄のあと，紀元前 1800 年頃から次第に衰退し，アーリア人がガンジス川流域に進出した前 1100 年頃には，村落文化に退化していた。インダス文明の基盤は，インダス川の氾濫を利用した灌漑農耕と考えられている。文明衰退の原因としては，インダス川の流路の変更による農耕地の放棄，土壌の塩化現象，あるいは大量の煉瓦を焼く燃料として森林を伐採したことによる環境悪化などが挙げられている。なかでも，気候の長期的変化で春の融雪時のインダス川の流量が減少し，農耕が次第に困難になった可能性が大きいとされる。

最古の水道とカナート

　井戸水だけで飲み水が不足する場所に都市を築くときには，水源地から都市まで専用の水路を建設しなければならない。これが上水道である。近くの河川が飲用に不適な場合も同様である。

水道施設の最も古いものの一つは、カナートと呼ばれる地下トンネルである。乾燥地帯において、蒸発による水量の損失を避ける工夫である。図-22 のように、山麓で地下水の豊富な地点に母井（ぼせい）を掘り、そこから農耕地あるいは都市へ向かってトンネルを掘る。地表から 30～50 m 間隔で竪坑を掘り下げ、その底から左右へ横坑を掘り進め、隣の竪坑からの横坑に連結させる。カナートは専門の職人の指揮の下で掘削され、また定期的に埋設土砂をさらい出す作業が必要である。カナートは農業用の灌漑水路として使用されることが多いが、古代から都市水道としても建設されてきた。カナートの起源は紀元前 2000 年頃といわれるが、記録の上では前 714 年のアッシリア帝国の楔形文字文書に現れるのが最初である。サルゴン 2 世は、周辺国との戦争を通じてこの技術を知り、これによってカナートが各地に広まったといわれる。例えば、次のセンナヘリブ王（在位、前 704～681 年）は、ティグリス川の東側にアルピールの都市を建設したときには、延長 20 km のカナートを掘削して必要な水を供給した。

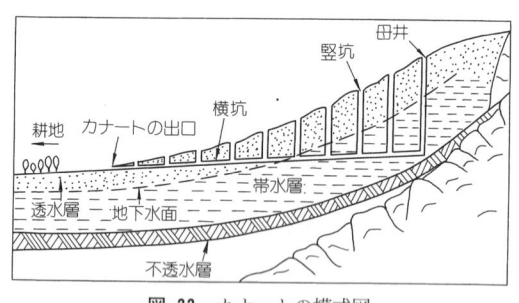

図-22 カナートの模式図
（岡崎正孝『イランの地下水路』論創社、1988 年、p.34 より）

この王が新しい首都ニネベ（位置は 22 頁の**図-12** の中央上）を築くにあたっては、長さ 60 km 近い上水道を建設させた。ティグリス川の濁った水ではなく、別の中規模河川に石積みの堰堤を築いて貯水池とし、谷や川には石積みの水道橋を通した。ジャーワンという地点の水道橋は、長さ約 280 m、幅 12 m あり、14 の橋脚で支えられていたことが発掘調査で明らかにされている。

センナヘリブ王のころはアッシリア帝国の最盛期であり、近隣諸国を軍事力で圧迫していた。エルサレムを首都とするユダ王国のヒゼキヤ王（在位、前 725～697 年）は籠城戦に備えて、水道トンネルを掘らせた。エルサレムの城壁が立つ丘の下を通り、城壁外のギホンの泉の水を市内へ導く長さ 530 m のトンネルで

あった。その出口には竪坑が設けられ，ここからシロアムの貯水池へ水を汲み上げた。パレスチナ地方やシリアでは都市が丘の上に築かれたことが多く，こうした地下水道は都市防衛の必須の施設であった。

古代ギリシャの水道と下水道

　ギリシャの諸都市でも水道トンネルが掘削された。サモス島（エーゲ海南東）では，紀元前6世紀末に長さ約1,200 m，高さと幅が約2.4 mのトンネルが掘られている。ヘロドトスは，メガラ人のエウパリノスが完成させたと『歴史』に記述している。トンネルは山の両側から工事が進められたもので，近年の調査によるとトンネルの中央で中心線が5 mほど食い違っている。両方からの掘削坑道を合致させるために，進路を大きく屈曲させたものである。

　ギリシャ人はまた，小アジアのペルガモン（現在のトルコのベルガマ市）で高圧の逆サイフォン方式の水道を建設した。このアクロポリスは標高332 mの丘の上にあり，水道管は一度，標高172 mの谷に下りてからまた丘の上まで登らなければならない。谷の向こう側にある山地の水源から導かれた水は，標高375 mの地点にある貯水池に貯留されたあと，密閉された管路内をアクロポリスまで押し上げられる。谷の地点では，管路内に水柱200 m以上の圧力（20 MPa）が働く。このような高圧力に耐える水道管路を当時の技術でどのように建造し，維持したかは伝えられていない。紀元前133年にペルガモンはローマの支配下に入ったが，ローマ人はアクロポリスへの給水をあきらめ，丘の中腹へ水道橋で給水するにとどめた。

　ギリシャ人はこのように上水道の建設には熱心であったが，下水道には全く無関心であり，屎尿の処理は個人に任されていた。このため，アテナイをはじめとするギリシャ諸都市の街路は非常に不潔な状態にあった。アテナイとスパルタ連合軍との間で戦われたペロポネソス戦争（前431～404年）のときには，アテナイ市内に激烈な疫病が蔓延し，2年あまりも猛威を振るった。これは，多数の避難民が市内に逃げ込んで人口過密となり，下水道の整備されていない街路が疫病をまき散らす温床となったものである。

　これに対して，ギリシャ文明に1000年以上も先行するミノア文明で水洗便所などが備えられていたことは，25頁に記述したとおりである。中世ヨーロッパと古代ローマ文明の間に断絶があると同様に，ギリシャ文明もまたミノア文明を

受け継がず，低い文明レベルから出発したのである．

都市ローマの上水道と下水道

　ローマは26頁で述べたように，紀元前7世紀にエトルリア人が沼沢地を干拓して町づくりをしたのが始まりである．この排水のために建設した巨大な暗渠はクロアカ・マキシマと呼ばれ，その後の幾度もの拡大，改良を経ながら，現在でもローマの幹線下水道として機能している．この大下水道がテベレ川に流れ込む出口は三重の石のアーチで補強されている．この幹線下水道は高さ約4.2 m，幅約3.3 mと大きなもので，舟による物資輸送にも利用されたといわれる．ローマ市内の大小さまざまな下水道はこのクロアカ・マキシマに接続され，雨水や汚水を速やかにテベレ川へと流し去った．ローマ人が公共浴場や水洗便所をふんだんに利用できたのも，このような下水道の完備によるのである．

　ローマ人は各地に植民都市を建設する際にも，しっかりした排水施設を整備した．ナポリ市の南東約23 kmにあるポンペイの遺跡では，石畳の街路の両脇に深い排水溝が埋め込まれていた．中央の路面は歩道よりも低く，雨水は路面に集めて排水溝に落とし込んだ．このため，雨のときでも道を横断できるように，路面の所々に飛び石が置かれていた．

　都市ローマの初期には飲み水を泉や井戸に頼っていたと思われるが，勢力を強めて周辺の諸部族を支配下におさめるにつれて人口が増大し，水が不足してきた．このため，紀元前312年に戸口監察官であったアッピウス・クラウディウス・カエクスは，ローマ最初の上水道を建設した．戸口監察官は人口調査にとどまらず，市民の財産をも監察する権限があり，財務長官のような役割も担っていた．この水道は建設者の名をとってアッピア水道と呼ばれた．ローマの東約12 kmのアニオ川の近くの泉を水源とし，全長約12 kmの99％が地下のトンネルで，最後の100 mだけが地上の水路であった．

　この43年後には2番目の旧アニオ水道，そのまた128年後に3番目のマルキア水道が建設され，3世紀までに11本の水道が完成した．これらの水道は，すべて高い所から低い方へ自然に流下させる方式であった．谷間の地形では石造りのアーチを連ねた水道橋を架け，丘にぶつかったときはトンネルで抜いた．丘が低ければ，カナート方式を採用した．市内に導かれた水はカステルゥムと名づけられた円形の水槽に貯められ，その側壁に設けられた多数の給水孔から鉛管で水

汲み場，広場の泉，公共浴場，富裕市民の邸宅へと供給された。

水は常に流れ，溢れた水は下水道へ落ちていった。ローマ市全体への給水量は，今井宏氏の推定（『古代のローマ水道』原書房，1987年）では西暦1世紀末で99万m^3/日であり，1人当りでは毎日1,000 l 近い水量となる。流しっぱなしで無駄の多い給水方式であるが，量としては現代の主要都市の1人当りの給水量の約2倍であり，ローマ人は水には全く不自由しなかったのである。

ニームとセゴビアの水道橋

ローマ帝国は，首都ローマだけでなく，ローマ市民の住む多くの地方都市にも水道を整備した。飲用水だけでなく，広場の噴水や公共浴場用など，水の供給を都市に不可欠なサービスと考えていたのである。ローマ時代の水道遺構としては，フランス南部の都市ニームの水道が最もよく保存されている。

帝政ローマ時代にはネマウススと呼ばれた人口約5万の都市であり，紀元前19年頃に水道施設が将軍アグリッパによって建設された。図-23に示すように，標高76mの地点の泉を水源とする全長約50kmの水道である。市内の貯水槽の標高は59mであり，落差はわずか17mである。途中にはガール川の渓谷があり，これを越えるために図-24のような3層の石造アーチ橋を建設した。「ガール川の橋」との意味でポン・デュ・ガールと呼ばれる。全長は275m，高さは基岩から48mある。上段のアーチは高さ7.4m，中段は19.5m，下段は21.1mあり，最も大きなアーチは中心間隔が24.5mである。橋の幅は，上段が3.1m，中段が4.6m，下段が6.4mで，上段の頂部には石板で蓋をした水路（幅1.2m，深さ1.7m）が組み込まれていた。

水源からの水は，わずかの傾斜に従って水路を流れ，市内へと供給された。ニーム水道の給水量は，建設当初で3万m^3/日程度と推定される。しかしこの地方の水は大量の炭酸カルシウムを含むため，水源から貯水池までゆっくりと流れる間に水路の底や壁に炭酸カルシウムが析出し，水路の断面が次第に狭められる。西暦400年頃までは定期的に付着物を取り除いていたものの，それ以降はゲルマン民族の大移動による社会的混乱で放置されてしまった。このため西暦800年頃には付着層が厚さ47cmにまで成長し，水路の通水能力が当初の1/4以下となり，水道の役割が見捨てられたようである。

ポン・デュ・ガールと並んで著名なローマの水道遺構はセゴビアの水道橋であ

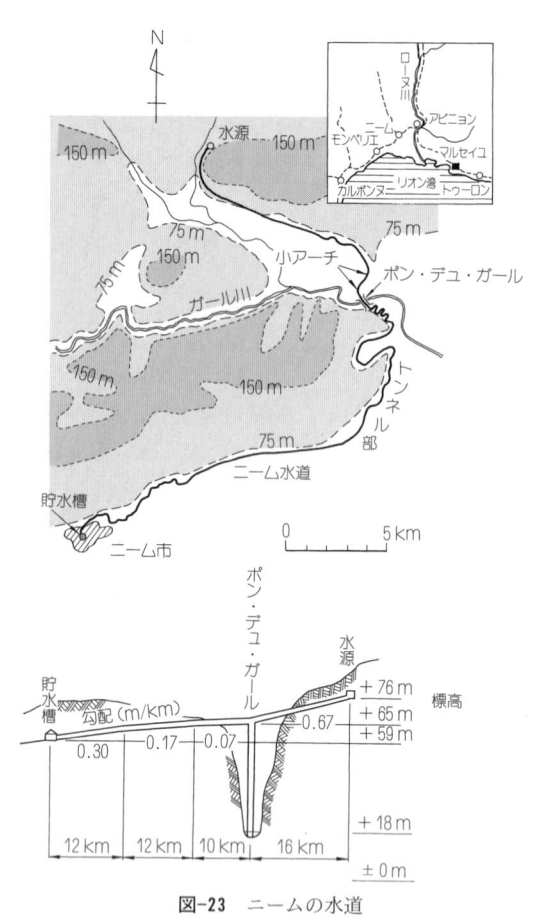

図-23 ニームの水道
(G. Hauck "The Aqueduct of Nemausus" McFarland Co., Inc., 1988年, p.76 を加筆修正)

り，スペインの首都マドリードから北北西へ直線距離で70 kmほどの所にある。ローマ時代の都市はエレマス川とアセベダ川に挟まれた侵食崖の台地上に築かれ，水源をアセベダ川上流約17 kmの地点に求めた。しかし，台地の手前は土地が緩やかに傾斜して低くなっているため，全長728 mの水道橋を建設して水路を台地の上にまで導いた。水道橋は花崗岩の切石を積み上げたアーチ構造で，高さは1層アーチ部の7 mから，2層アーチ部の28.3 mまで変化している。図-25はアーチの高さが最も大きなアソグェホ広場の地点を示す。このアーチ橋の

図-24 ポン・デュ・ガール（提供：クリタ）

建設は1世紀末から2世紀初め頃といわれている。やがてローマ帝国が崩壊して中世の暗黒時代に入ると，水道橋の用途さえも忘れ去られ，悪魔が一夜にしてつくった橋という伝説が生まれた。なお，ポン・デュ・ガールとセゴビアの水道橋は，ともにユネスコによる世界文化遺産に登録されている。

ローマの水道は自然流下方式であるため，土地の高低を精密に測量して水路の高さを正確に定める必要がある。ローマ人はこのためにコロバテスという水準器を使用した。これは長さ約6mの非常に細長い

図-25 セゴビアの水道橋
（セゴビア市観光案内より）

机のような4脚付きの定規である。その上面には長さ約2mの溝が掘られ，そこに水を入れて定規の水平度を確認する。定規の両端には照準があり，向こうに立てられた測量ポールを両端の照準を見通すことで相手の高さを読みとり，コロバテスの設置場所との高低差を求めるのである。

また，アーチを築くときには，成形した石を1個ずつクレーンで吊り上げ，あらかじめ支承間に架け渡した木製の支保型枠に沿って順に積み上げた。クレーンはロープの巻き取り枠と滑車を組み合わせた人力機械で，小型のものは巻き取り枠を手で回したが，大型のクレーンでは巻き取り枠と同軸の足踏み車を使った。

すなわち，大きな円輪の中に人間が何人か入り，外周の枠を足で踏みつけて円輪を回したのである．

日本の江戸時代の上水道

日本で上水道を本格的に建設するようになったのは，江戸幕府が成立した以降である．諸大名は，人々が多く集まり，舟による物資輸送に便利な沖積平野に城下町を建設した．こうした場所では，井戸水が塩分を含んでいて飲用に適さないことが多い．このため，遠方の水源から飲用水を引くための土木工事が各地で行われた．これらは上水と呼ばれた．土木学会が1936年に刊行した『明治以前日本土木史』には，全国28都市での上水の建設を紹介している．

江戸では，徳川家康が1590（天正18）年に入府した当初は，千鳥ヶ淵と牛ヶ淵を貯水池として造成して城内の井戸水を補い，また赤坂の溜池も水源として利用した．しかし，江戸の都市建設が進展して人口が増えるにつれて飲用水が不足した．このため，家康は大久保籐五郎忠行に命じて，小石川の流れを利用して神田に導く水道を建設させた．これが神田上水の始まりである．1590年代半ばのことである．

神田上水は，江戸の第三次建設で神田川が開削されたあとの寛永年間（1624～43）に大きく拡張された．井の頭池を主水源とし，これに善福寺池の水を加え，目白台の下で平川（現在は神田川）に築いた大洗堰（おおあらいぜき）で水流をせき止め，そこを関口として分水路を設けた．分水路は小日向台地の南の麓から現在の後楽園内を流れ，神田川の上を木橋（懸樋（かけひ））で渡った．現在，水道橋として知られている場所である．神田川を越えたあとは，小川町から駿河台下を通って江戸城東側の市街地一体に給水した（**図-26**参照）．

江戸城西側の武家地は高台が多くて神田上水では給水できなかったため，多摩川を水源とする上水が計画された．現在の羽村市の地先に堰を設けて取水し，四谷大木戸まで開水路で導水する玉川上水である．1653（承応2）年4月に着工し，翌54年6月に竣工した．この上水は老中・松平伊豆守信綱が発議し，伊豆守信綱の家臣・安松金右衛門が水路の選定・設計を行い，町人の庄右衛門・清右衛門兄弟が施工にあたったとされる（鈴木理生（まさお）『江戸の川・東京の川』井上書院による）．庄右衛門・清右衛門兄弟は完成後に玉川の姓を与えられて帯刀を許され，玉川上水の経営を請け負った．

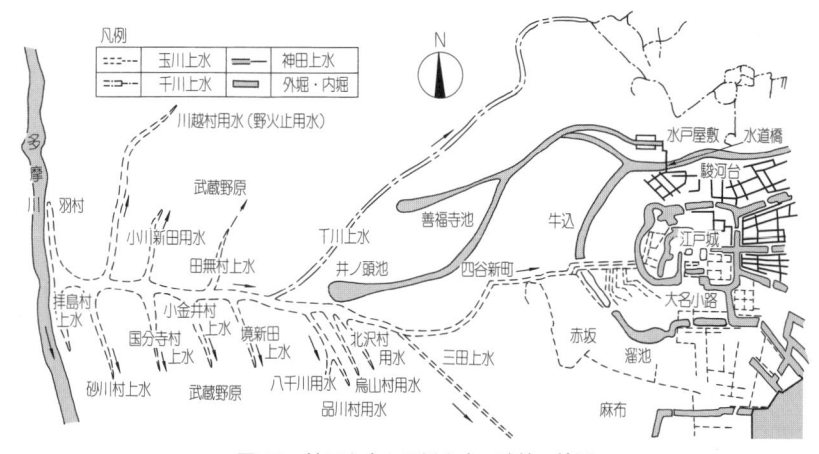

図-26 神田上水と玉川上水の路線の絵図
(渡部一二『生きている水路』東海大学出版会,1984年,p.29より)

　玉川上水は武蔵野台地の尾根筋を巧みに選び,約43 kmの区間を掘割り水路として建設した。**図-26** に示すように,武蔵野台地の灌漑用水としても数多く分水した。取水口の標高は126 m,四谷大木戸は34 mで,平均勾配は約1/470であり,ローマ市内の多くの水道よりも緩やかであった。四谷大木戸からは石積みの暗渠(内幅1.2～1.5 m)となり,外堀は石樋で越え,大名屋敷などへは石樋,木樋,木管などさまざまな配水管で分水された。分水箇所には溜め桝(約0.9～1.8 m角)を設け,泥砂を沈殿させるとともに配水管への流入量を調整した。

　玉川上水の給水量については,多摩川の渇・豊水量に応じて11～32万 m³/日との推定値がある。神田上水と合わせて,こうした大量の水の供給が18世紀初頭の世界最大都市の江戸を支えたのである。

　江戸以外の上水では,前田藩加賀百万石の城下町金沢で逆サイフォンを取り入れた辰巳用水が建設されている。金沢城は犀川と浅野川に挟まれた台地の上にあり,水に不自由していて城の本丸もたびたび火事で全焼した。このため,三代藩主利常は1632(寛永9)年に小松の町人板屋兵四郎を起用して,防火用水兼用の上水を建設させた。板屋兵四郎は,兼六園から犀川を約11 kmさかのぼった上辰巳の地点で犀川をせき上げて分水し,それから約3 kmの区間は山裾18カ所にトンネルを穿って導水し,それ以降の兼六園までは開水路と暗渠を併用した。兼六園から金沢城の台地へは3.4 mの落差があるが,途中にはさらに8 m

も低い空堀の箇所を通らなければならない。このため板屋兵四郎は，この区間の水路に水が漏らないように銅の輪で締め付けた木管を採用し，これを地中に埋めて密閉管路とした。「伏せ越し」と呼ばれ，逆サイフォンの原理を自らの工夫で実現したものである。辰巳用水はその建設以来，維持補修を加えながらも近代に至るまで金沢の町に貴重な水を供給し続けてきた。

ヨーロッパ都市の上水道

　帝政ローマ時代に高度に発達した上・下水道も，中世にはそのほとんどが見捨てられた。文明の断絶である。都市ローマでさえ，古代水道の一つが復活したのは16世紀以降で，ある教皇の主導によるものであった。諸都市はゲルマン民族大移動によって一度消滅した後，徐々に復活したものの，人口数万規模が大半であり，市内の井戸や川の水を汲み上げて飲み水としていた。丘陵地の泉を水源とする水道が建設されるようになったのは13世紀のことで，パリで2水道，ロンドンで1水道が記録されている。ただし，いずれも延長5kmほどの小規模のもので，市内の水汲み場まで自然流下し，水運び人がそこで汲んだ水を各家庭へ売りさばいた。しかし，この給水量はわずかであり，水運び人はセーヌ川やテムズ川から水を汲んで必要量をまかなった。

　都市人口が増大してくると，市内を流れる川の水を水車を使って大量に汲み上げるようになった。ロンドンでは1581年，パリでは1608年から始まる。テムズ川からの給水はロンドン・ブリッジ水道会社という民間会社によって運営され，需要に応じて拡張を繰り返し，後には蒸気機関を使って揚水し，1822年まで稼働した。都市内河川でなく，水質の良い遠方の水を水源とする水道が建設されたのは1613年のロンドンである。北方約32kmの丘陵地の湧水を水源として，ニュー・リバー水道会社が人工水路を開削して水道事業を営んだ。ロンドンの水道会社は高収益を上げたために，ロンドンの人口が増大するにつれて民営水道会社が次々に設立された。しかし，これらの水道会社の半数以上はテムズ川の水を汲み上げて配水するだけで，水質浄化を全く行っていなかった。このため，ロンドン市当局は首都水道庁を設置して水道会社を次々に買収し，1904年からは公益事業として上水道を管理運営している。

　パリでは，1623年に数十km遠方の泉を水源とする水道が建設されたが，給水量は不十分であり，セーヌ川からの揚水が続いた。1777年にはセーヌ川から

蒸気機関で揚水する水道会社が新規に設立されている。ナポレオン1世は，水問題の解決のために1802年にウルク運河の建設を命じた。これはパリの北東を流れるウルク川の水を上水道用に導水するとともに，舟運にも利用するものであった。運河は1825年に完成して給水を開始したが，水質はセーヌ川よりはややましな程度であった。本格的な上水道の整備は，1865年のマルヌ川支川の泉を水源とする延長約120 kmの水道，1874年のヨンヌ川支川の泉から引いた延長約160 kmの水道である。この二つの近代的水道によって，ようやくパリ市民の飲用水が確保されたのである。その後の人口増加に合わせて，パリではその後も新しい上水道を次々に建設している。

　ヨーロッパでは山林地帯の泉を水源とする都市が多いが，河川から取水する都市も少なくない。後で63頁で述べるように，下水道を整備しても屎尿を含む汚水を河川へ直接に放流することが多かったため，ひとたび疫病が発生すると多数の犠牲者を出した。特にコレラは，1831～32年の大流行をはじめとして，19世紀には何度も繰り返し発生した。この疫病がコレラ菌によることを確認したのはコッホであり，1884年のことであった。しかし，その後も無処理の河川水を給水することが続けられ，1892年のコレラ発生ではハンブルク市で数週間に8,500人が死亡した。ハンブルク市では，これ以降はエルベ川から汲み上げた水を砂濾過池でゆっくりと濾過して病原菌を除去する方式を採択した。20世紀に入ると，こうした砂濾過池による浄水方式が一般化し，さらに必要な場合には塩素消毒する方式が取り入れられた。

アメリカ都市の上水道

　アメリカにおいても都市の発展とともに飲用水が不足した。下水道の建設の遅れによって，屋外便所や汚水溜からの漏水で地下水が汚染し，井戸に頼る地区ではチフスや黄熱病の疫病がしばしば流行した。アメリカでの最初の上水道は，1801年のフィラデルフィア市の水道である。蒸気ポンプによって川から高所の貯水池に揚水し，そこから自然流下で配水する方式であった。

　ニューヨークのマンハッタン島は北のハーレム川，東のイースト川，西のハドソン川のいずれも塩分を濃く含み，飲用には適しない。93頁で紹介するエリー運河の完成によってニューヨークが金融・商業の中心地として成長するにつれて人口が急増し，水不足に悩まされた。このため，北北東へ約66 km離れたハド

ソン川支流のクロトン川を水源とする上水道を計画し，1837年に建設を開始した。旧クロトン水道という。ダムを築いて貯水し，開水路で自然流下させ，ハーレム川には直径0.9mの鋳鉄管2本を通す水道橋を架けた。1842年に完成して給水を開始したものの，人口増加で水道の需要が急増し，1862年には直径2.3mの鋳鉄管に置き換えて最大給水量約40万m³/日とした。しかし，これでも不足となって1891年には新クロトン水道を建設し，さらに1907年には高さ91mの新クロトン・ダムを築いて貯水量を大幅に増大させた。

世界の都市の中で最も遠方の水源に依存しているのはロサンゼルス市である。もともとはスペイン領の小さな農村であったが，メキシコとの戦争（1846～48年）によってアメリカ領となった。1850年には人口わずか1,610であったが，鉄道網の発達とともに人口が爆発的に増大し，1880年には1.1万，1900年には10.2万，1905年には20万を超えた。乾燥気候地帯に位置するロサンゼルスの周辺では十分な水源が得られないため，市当局は1905年から図-27の左側に示すような大規模な水道建設を開始した。ロサンゼルス水道と呼ばれる。シェラ・ネバダ山脈の東を流れるオーエンズ川を水源とし，全長378kmにも及ぶ。工事は1912年に完成した。

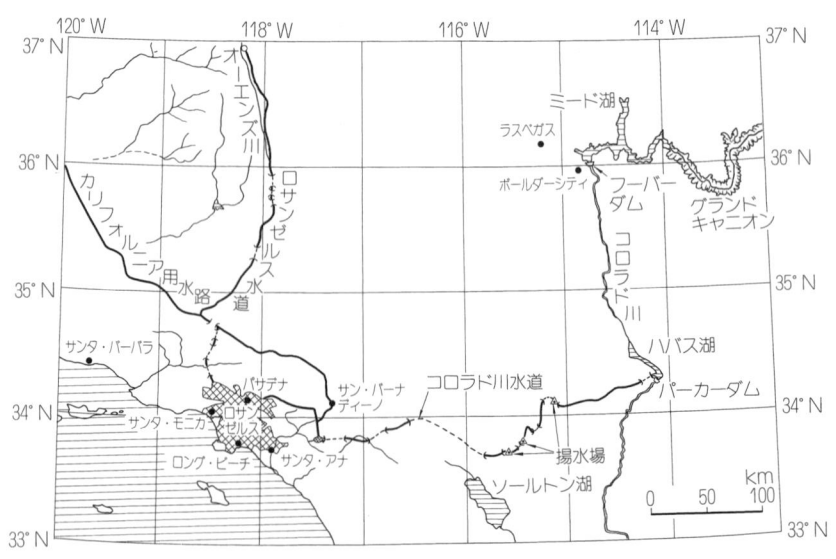

図-27 ロサンゼルス水道とコロラド川水道の路線図

このロサンゼルス水道は，水路，暗渠，トンネルを組み合わせたもので，水路部は幅約10 m，深さ約3 mである。谷の箇所は逆サイフォンを使い，直径3.0 mの鉄筋コンクリートの円形断面の管路で構築した。給水量は毎秒2.3 m³，1日当り98万m³であった。しかし，ロサンゼルス市当局は，これだけの給水量であっても将来の発展のためにはまだ不足であると考えた。その頃，米国内務省開拓局ではコロラド川の洪水対策としてフーバー・ダム計画（149頁参照）を検討中であった。ロサンゼルス市はこのダムによる貯水を水源とすることを申し入れ，周辺10都市と「南カリフォルニア首都圏水道公団」を1928年に結成した。これによって建設されたのがコロラド川水道である。

コロラド川水道は**図-27**の右側に示すように，フーバー・ダムから約250 km下流の地点にパーカー・ダムを築き，貯水池としてのハバス湖をつくった。ここからは，水路とトンネルで約390 kmの距離を導水した。ハバス湖とロサンゼルスとの間は落差が小さくて水は自然には流下しない。このため，途中に5カ所の揚水ポンプ場（揚水高は合計で493 m）を設けて水圧を高め，用水が十分な速さで流れるように設計した。給水量は，開拓局との契約で年間13.6億m³まで可能であり，平均では372万m³/日，あるいは43 m³/sに相当する。

コロラド川水道はロサンゼルス市周辺の都市用水を供給するだけでなく，砂漠であったインペリアル・バレー一帯を豊かな農業地区に変えた。用水路の総延長は枝線も含め1,057 kmに達する。このロサンゼルス水道とコロラド川水道なしには，ロサンゼルス市とその周辺の繁栄はあり得ないのである。

日本の近代水道

江戸時代の日本は人口約3,000万で安定し，日本列島はエコシステムとして完結していた。上水も各地で整備されていた。しかし，明治維新による文明開化によって新しい産業が興り，人口が次第に増加し，さらにそれを上回る速さで人々が都市部へ集まってきた。そうした変化が劇的に現れたのが横浜である。1859（安政6）年の開港まで小さな一漁村にすぎなかったが，外国貿易の進展によって人口が急増する。もともと良い水の出る井戸に恵まれず，開港後は水売りに頼る家が多かった。このため，1871（明治4）年には民営水道会社が設立され，1873年から多摩川を水源として給水を開始した。しかし，木樋配管であったために漏水が多いなど経営的に行き詰まり，この水道は1882年に放棄されて

しまった。この年には横浜でコレラが発生し，人口 67,500 の市民のうち 1,462 人が死亡した。

神奈川県庁はこの解決策として，香港・広東の水道を設計したイギリス工兵中佐ヘンリー・S・パーマーに横浜水道の調査設計を依頼した。パーマーは県庁技師三田善太郎の協力を得て 1883（明治 16）年に建設計画 2 案を作成した。県庁は相模川からの取水案を採択し，建設工事の指導者としてパーマーを招聘して 1885（明治 18）年 7 月から工事を始め，2 年後の 1887 年 10 月から市内への給水を開始した。

横浜水道は相模川上流の道志川を水源とし，ここから約 44 km 離れた野毛山まで，イギリスから輸入した鋳鉄管を布設した。野毛山には浄水場を設け，ここから密閉した鋳鉄管で市内に給水した。浄水場は標高 43 m の高さにあるため水が水圧によって自然流下し，また消火用水としても機能した。こうした近代水道の導入によって，横浜市民は水の苦労から解放され，コレラなどの疫病患者数も激減した。なお，パーマーは給水人口を 7 万として設計し，当初の最大給水量は 8,200 m^3/日であったが，横浜水道はその後の都市の発展に合わせて 8 回の拡張を繰り返し，現在は 180 万 m^3/日の給水が可能である。

横浜に続いて浄水場と圧力配管を備えた近代水道が，函館（1889 年），長崎（1891 年），大阪（1895 年），広島（1898 年），東京（1899 年）など次々に建設された。パーマーはこれらの水道の建設に関与し，また内務省顧問技師のウィリアム・K・バルトンも近代水道の普及に尽力した。この間の 1890（明治 23）年に明治政府は「水道条例」を公布し，水道は市町村の公共団体が設置することを原則とし，工事費の一部を補助するとともに施工・管理などについては内務大臣が監督することとした。この水道条例施行により，日本各地の水道整備が促進されていった。

欧米都市の下水道

中世から近世のヨーロッパ都市内の街路は極めて不潔であった。市壁に囲まれた都市内では多層建築の家屋が標準であり，そうした家屋では各戸ごとの便所は設けず，外の共同便所や携帯便器を利用した。便器の内容物は共同便所や街の中の屎尿溜に捨てる規則であったが，夜間に家の窓から街路に捨てる人が多かった。路上の汚物は雨で川へ流され，あるいは市当局が雇ったナイトマン（屎尿清

掃人）が夜間に取り片づけた．共同便所に溜まった排泄物やナイトマンが片づけた汚物は市外の土地に埋められたが，パリやロンドンの大都市では下水溝や川に投棄されることが多かった．

　都市の下水は雨水を速やかに流すのが第一の目的であるが，ヨーロッパでは降水量が少ないこともあって，雨水処理よりは汚水を流すのが目的であった．パリでは1370年に石積みの埋設下水道がモンマルトル街につくられ，メニモルタン川という小さな川に連結された．1412年には小規模ながら環状の下水道がつくられ，屎尿を含む汚水がセーヌ川に直接に排出された．その後，歴代の国王は下水道を少しずつ建設し，フランス大革命までに延長23 kmに達した．その後の革命政府，ナポレオン皇帝以降の各政府も下水道整備には積極的に取り組み，1860年頃には総延長が230 kmとなり，最近では400 kmを超えている．

　ロンドンでは，主として市内を流れるフリート川その他へ汚物を流す方式に頼っていた．埋設下水道は1532年頃に小規模なものがつくられ，さらに7本の下水管路が19世紀初めまでに布設された．これらは各地区の下水をテムズ川へ直接に流すもので，相互には連結されていなかった．

　ヨーロッパの主要都市では18世紀に水洗便器が導入され，19世紀に入って次第に普及するにつれて，都市内の街路の衛生状態が改善された．しかし，下水溝や川の汚染状態が悪化する．ロンドンを流れるテムズ川も汚染が甚だしく，1857年と58年の夏には，川に面した国会議事堂では悪臭のために議会の開催を延期したほどである．この解決策として，ロンドン市は幹線下水道を整備し，ロンドン橋よりも下流に放流することとした．1855年に設立された首都土木庁がこの下水道網整備工事を担当し，1865年に幹線下水道を完成させた．

　アメリカの家庭でも，当初は母屋から離れた別小屋を便所とするのが普通であった．やがて1870年代から，水洗トイレの普及に応じて下水道の建設が進められた．1890年におけるアメリカ合衆国の下水道総延長は約9,700 km，その19年後の1909年には約25,000 kmに拡大された．

　欧米の下水道は終末処理場をつくらず，生下水をそのまま川や海に放流する方式を長い間続けてきた．日本の川とは異なり，流量が年間を通じて豊富であるため，生下水が拡散して希釈され，自然の浄化作用によって川の汚染が低く抑えられる．アメリカでは，雨水と汚水を1本の管路で流す合流方式の下水道がほとんどであった．医学関係者は雨水と汚水を別の管路で流す分流式下水道を主張した

が，建設費がかさむことから分流式下水道はなかなか建設されなかった。下水が流れ込む川から上水道用水を取水しても，砂濾過によって病原菌は十分に除去できるとした。

　下水の終末処理の最初は，1860年にロンドンで小規模に試みられた灌漑処理方式である。これは，荒れた砂地に掘った溝に下水を流し，微生物の作用で下水を浄化させるものである。成績は良好であったが，1万人の下水処理用に40 haの砂地が必要であり，ごく一部の下水しか処理できなかった。ロンドン市では1899年になって初めて一次処理を導入した。これは，川への放流前に沈殿池で細かな浮遊物質を沈殿させて除去するものである。ヨーロッパの都市でもこの一次処理を採用するところが増えたが，第二次世界大戦までは生下水放流の方が多かったようである。

　下水処理の次の段階は二次処理であり，活性汚泥法が主流である。この方法では，下水中の有機物を栄養とする好気性微生物を利用する。下水に空気を吹き込んで微生物の活動を促進すると，増殖した微生物がゼラチン状のふわふわした塊となり，さらに有機物を吸着して沈降する。これが活性汚泥である。ロンドン市では1935年に二次処理を導入したが，当初は全体の下水の1/3程度を処理しただけであった。パリ市の下水の二次処理は，全量の1/10程度にとどまった。第二次世界大戦後は，欧米各都市も下水の終末処理場を設けて河川や海の汚染を減らす努力をしている。

日本の下水道

　古代日本の宮都では，36～37頁に述べたように，大路・小路の両側に幅広い側溝を設けた。雨水の排水路としての役割が主であったが，家庭のゴミや不要品の捨て場にもなっていたようである。人間の排泄物については，上流貴族の屋敷では一部に水洗式の便所が設けられたが，一般には地面に掘った穴に埋めた。やがて，屎尿を完熟させて田畑の肥料とする方式が広まり，下水が汚されることがなくなった。こうした屎尿を肥料として利用することは中国でも行われたが，農法の違いもあってヨーロッパでは全く行われず，そのために下水道による河川への放流をせざるを得なかったのである。

　中世都市の鎌倉，戦国末期の京都・大坂も下水網の整備には留意した。江戸の町も，街路の側溝と排水溝を組み合わせた下水網を整備していた。庶民の住む長

屋には，軒下を通る下水溝が必ず設けられ，住民が定期的に溝浚いを行った。共用の便所は汲み取り式で，近郊の農民が定期的に買い取りに来た。屎尿すなわち下肥の仲買人も現れ，値段も高くなった。このため，1787（天明7）年には近郊の村々が連合して江戸幕府に働きかけ，価格を約15％も下げさせたほどである。

　江戸に限らず，近世の日本の諸都市では屎尿を下肥としてリサイクルすることによって，下水の汚染を引き起こさず，川や湖沼の水質を良好に保っていた。それでも大都市に面する内湾にはいくらかの栄養塩類が流入した。江戸の浅草海苔は，こうした栄養塩類によって成育したのである。

　明治に入って都市化が進むと，埋設式の下水道が建設されるようになった。横浜の外人居留地では，洋式灯台を各地に建設したブラントンの指導で陶管を用いた下水道を1869（明治2）年に建設し，さらに1881〜87年には神奈川県庁の技師三田善太郎の設計で卵形断面の石造下水道を建設した。

　また東京では，銀座から築地まで延焼した1872（明治5）年の大火事を契機として，洋風の煉瓦建築の市街地を建設し，街路を整備した。路面の下および街路の両側には下水管路を布設した。1882（明治15）年にはコレラ猖獗によって東京府下で5千人もの死者を出したため，東京府はその2年後から本格的な下水道の建設に着手した。しかし，まもなく国庫補助が打ち切られて中断し，下水道整備が再開されたのは1911（明治44）年であった。建設費節減のため，アメリカで多かった合流式下水道が採用され，これがわが国の下水道の主流となった。

　下水道建設の基本となったのは，1900（明治33）年公布の「下水道法」である。しかし，上水道と違って使用料金の徴収に理解が得られないため，下水道の普及は極めて緩慢であった。もっとも，江戸時代からの伝統によって未処理の屎尿を河川へ排出することが禁止されていたため，欧米のような深刻な河川汚濁を生じることはなかった。屎尿の処理は，下水道法と同時に公布された「汚物掃除法」で取り扱われた。各都市は，下水の終末処理場あるいは専用の屎尿処理場で屎尿を分解・消化した。日本では，最初から二次処理を下水処理場に導入した。東京の三河島処理場では1913（大正11）年に散水濾床法を取り入れた。大阪では1925（大正14）年に活性汚泥法を実験し，京都では1934（昭和9）年に活性汚泥法を導入した下水処理場を稼働させた。

　日本の下水道法は1958年に書き改められ，さらに1970年の改正によって公共下水道（市町村が設置し管理する）は分流式を原則とし，二次処理を行う終末処

理場の設置が義務づけられた。公共下水道が供用された地区では，汲み取り式便所をすべて水洗式に改造することが強制される。

　欧米では，屎尿を含む汚水を速やかに流し去るための下水道の建設を第一とし，下水が未処理であっても許容した。日本では，川や海の汚染を防止するために下水処理を重視し，下水道の普及の遅れを我慢してきた。これは，日本の河川が洪水期と渇水期の流量の差が大きく，洪水時以外には汚水の拡散希釈を期待できないためである。

　近年は，水中の窒素やリンなどの栄養分が増えすぎ，湖沼のアオコ発生や内湾での赤潮の問題が顕在化している。この一つの原因は家庭の雑排水や畜産場などの排水が未処理で放流されることである。このため，国や地方公共団体は1991年現在で約45％の下水道普及率を高めるためにいろいろ努力を続けている。また，水質悪化が著しい河川・内湾の下水処理場では，リンを除去するための三次処理を導入するところも出てきている。

【検討課題】
① 人間の生活に必要な水の用途を挙げ，それぞれのおおよその毎日の水量を推定してみよ。
② ニーム水道橋の水路の内幅は1.2 mであった。水深を0.6 mとして，日水量3万m^3から平均流速ならびに水源から市内までの流下時間を略算せよ。
③ 開水路の流速は水路勾配の平方根に比例する。ニーム水道は延長50 kmで落差が17 m，玉川上水は平均勾配が1/470である。玉川上水はニーム水道に比べてどのくらい速く流れるか。また，灌漑用水を取り終えた下流部では流水断面積はどの程度であったか。なお，流速は勾配だけでなくて水路側・底面の滑らかさや水路の水深・幅にも影響されるので，ここでの試算はごく概略の値にとどまることに注意する。

5
物資輸送のための水運開発―港と運河―

重量物を遠く安く運ぶ水上輸送

　船は，多量の物資を少ない人間で輸送できる。また，ピラミッドの石材がナイル川を利用して運ばれたように，重量物の遠距離運搬は水上輸送に頼らざるを得ない。鉄道やトラックが出現する以前には，陸上の中・長距離輸送は，牛・馬・ラバ・ロバ・ラクダなどの背に荷物を負わせるのが唯一の方法であった。荷馬車は短距離用であった。

　産業革命以前の大都市では，食糧の安定供給が最も重要な課題であった。人間が必要とする栄養分を主に米で摂取する場合には，1日3合（450 g），1年間では約1石（150 kg）の米を必要とする。江戸のように100万都市であれば，毎日450 t，年間15万 t の米を搬入しなければならない。後で述べるように，江戸では東廻り・西廻り航路によって米その他の物資が運び込まれた。250石積みの檜垣廻船であれば1隻で40 t の米を運ぶので，1年間に江戸の湊へは米の搬入だけで4,000隻近い船が入港したことになる。これ以外にも，酒・味噌・醬油その他の各種の品々を運ぶ廻船が数多く入港したことは言うまでもない。

　中国の前漢が長安を首都としたのに対し，後漢が洛陽に遷都した一つの理由は食糧搬入の問題であった。華中平原で収穫された米・麦は，河川や運河を通って長安へ向けて運ばれた。しかし，三門峡の激流区間だけは陸路を通らなければならず，この制約のために長安は食糧が不足しがちであったのである。

　帝政時代の都市ローマでは，年間1,700万ブッシェルの穀物をアフリカ，エジプト，シリアなどから輸入していた。重量換算では，年間45万 t，日平均で1,200 t に相当する。この約1/3がアレクサンドリアの港からローマの外港であるオスティアに運ばれた。ただし，当時の地中海を航行する帆船は天候・季節風の関係で春から秋（4月から10月）の期間しか安全に航海できなかった。このため，500 t 級の商船200隻以上がエジプト航路に就航していたと推定される。

先史時代から古代にかけての港と運河

　人間が舟で海を越えて移動し，交易することは，文明の成立以前から行われた。これは，遺跡から発掘された黒曜石で証明される。この石は剝離加工によって非常に鋭利な石器となるので，旧石器・新石器時代を通じて最も重要な材料であった。しかも，現在では成分分析によって産地を特定することができる。

　日本では，約 2.2 万年前に伊豆の神津島の黒曜石が 60 km も離れた伊豆半島へ手漕ぎの丸木舟で運ばれた。縄文時代には，黒潮を横切って南の八丈島へも伝えられている。また，エーゲ海のミロス島の黒曜石もエーゲ海全域にわたって交易されていた。いずれも丸木舟によるものであり，港の施設は必要としなかった。やがて文明が誕生し，大量の物資が大型の船で運ばれるようになると，船を着ける岸壁など，港の施設が必要になる。第 4 章（48 頁）で紹介したインダス文明の都市遺跡の一つにロータルがある。アラビア海に面したカンバト湾の奥に位置しているが，ここでは焼成煉瓦を敷き詰めた大きなプールのような施設が発掘されている。幅 37 m，奥行き 220 m，深さ 4.5 m の大きさで，運河によって都市の外を流れるサバルマティ川に通じていた。メソポタミアへの交易船が接岸し，荷物を積み卸しするための船入り場であったと考えられている。また，メソポタミアのシュメール諸都市の遺跡にはいずれも港と思われる一区画があり，船着場や倉庫の跡が発掘されている。ティグリス・ユーフラテス両河川およびそれに連なる灌漑水路は，農業用水を導くと同時に物資を運ぶ幹線輸送路でもあった。

　エジプトの歴代王朝も地中海方面だけでなく，紅海からアラビア海への航路開設に意欲を見せていた。古代には紅海が今よりも北へ入り込み，地峡部は現在の 1/3 程度であった。さらに，洪水時にはナイル川の支流の一つが紅海に流れ込んだようである。この流路を拡幅・増深して普段でも船が航行できるようにしたのが，「ファラオの運河」である。第一二王朝のセンウセルト 1 世（在位，紀元前 1987〜28）あるいはセンウセルト 2 世（在位，紀元前 1897〜78）が開削したといわれる。しかし，飛砂によって次第に運河が埋まり，航行不能となった。1,200 年後に末期王朝のネコ 2 世（在位，紀元前 609〜594）が復原を図ったが果たせず，やがてエジプトは紀元前 525 年にはペルシャ帝国のダリウス 1 世に征服される。彼はオリエント世界の統一者の権力で「ファラオの運河」を復活させ，その事績を刻んだ記念碑を運河沿いに数多く建立した。これまでに少なくとも 5

基が発見されている。

　しかしながら，古代の地中海を舞台として文明を発展させたのはクレタ島を中心とするミノア文明（紀元前2000〜1400年頃）の人々であった。やがて，紀元前1000年以降にフェニキア人が地中海の主人公になり，ギリシャ人がその後を追った。入江や小さな湾を利用した港が沿岸各地に建設され，そうした港を拠点として植民都市が数多く建設された。フェニキア人はカルタゴを，ギリシャ人はナポリやシラクサを，エトルリア人はポンペイを築いた。

　こうした植民都市は抗争を繰り返していたので，港は石積みの防波堤を築いて入口を狭め，敵船が襲撃してきたときには港口に鎖を引き渡して港を封鎖した。さらに，カルタゴの港やアテナイの外港であったピレウス港のように，軍港と商港を二つ並べて建設することが少なくなかった。軍船は速度を重視して幅が長さの約1/10と細長い形であり，普段は水際の傾斜路で引き上げられて屋根付きの船台に保管された。一方，商船は積載量を重視して，幅が長さの1/3近くあるのが普通であり，水面から引き上げるのは修理のときだけであった。

アレクサンドリア港

　古代地中海の港で，その規模が比較的よくわかっている港の一つがアレクサンドリアである。この都市は，アレクサンドロス大王がペルシャ帝国を打ち破り，紀元前331年頃にエジプトを版図に収めたとき，自らの名を冠して新しく建設した人工都市である。アレクサンドロス大王の死後，エジプトにギリシャ人の王朝を開いたプトレマイオス1世（在位，紀元前317〜283）はアレクサンドリアを首都とし，天然の防波堤である沖合のファロス島と市街地を結ぶ大突堤を築かせた。この全長約1.3 kmの大突堤によって，港は東の商港区「大きい港」と西の軍港区「エウノストス港」に区分された（**図-28**参照）。

　紀元前279年頃に，ファロス島の東側の岩礁の上に，世界の七不思議の一つに数えられた大灯台が建設された。クニドスのソストラトスが設計し，切り出した石を組み合わせて高さ110 mの偉容を誇ったもので，伝承では300スタディオン（約53 km）の遠方からでも見えたという。残念ながら，1326年の地震で倒壊したために，石材の一部が海中で見つかっているだけである。

　その後，大灯台の東側に防波堤が延ばされ，それと向き合って海岸からの防波堤も建設されて，船が嵐のときでも「大きな港」の中に安全に停泊できるように

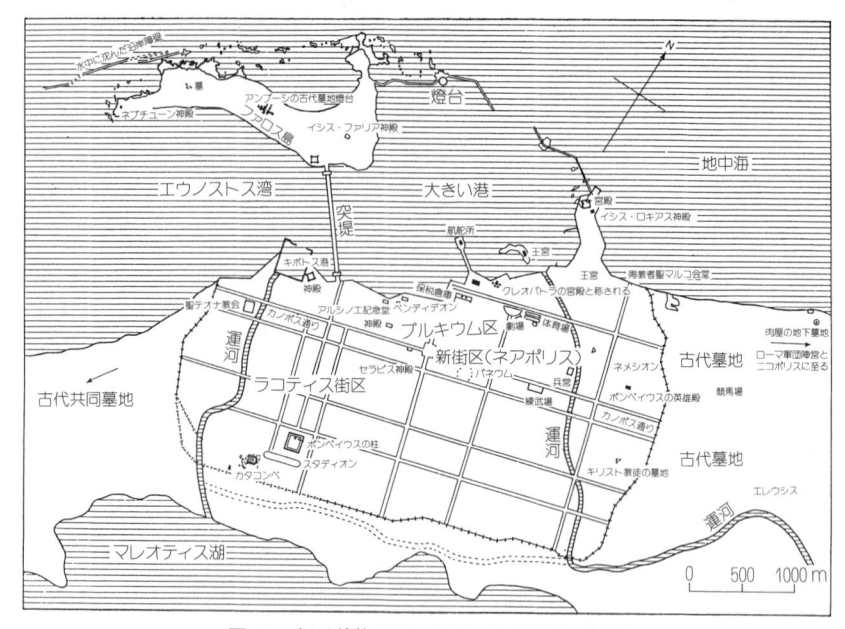

図-28 紀元前後のアレクサンドリア港と都市
(L. ベネーヴォロ『図説・都市の世界史1』相模書房, 1983年, p.130 を簡略化)

した。**図-28** に紀元前後の港と市街地を示す。市街地の両端には運河が開削されており，ナイル川の支流につながっていた。輸出用の穀物などは運河を小舟で運ばれ，港内で外航用の船に積み替えられたのであろう。

なお，現在では大突堤の両側に自然に土砂が堆積してファロス島が陸続きとなり，そこに市街地が形成されている。このため，港はエウノストス港の西側に防波堤を大きく延ばす形で発展している。

オスティア港とチビタ・ベッキア港

帝都ローマの外港であるオスティア港は，紀元前4世紀にテベレ川の河口近くに城砦を築いたのが発祥である。ローマが小さな農業国家から発展してイタリア半島中部の覇権国家となるにつれ，ギリシャやカルタゴの植民都市との抗争が激しくなり，海軍力の育成が課題となった。オスティア港は，こうした海軍の基地として発展した。

しかし，都市ローマが成長するにつれて大量の食糧その他の物資が必要にな

る。テベレ川の河口は浅くて大型の商船が在来の港へは入港できず，沖で小舟に積み替えなければならなかった。この物資輸送の隘路を打開するため，紀元1世紀にクラウディウス帝（在位，41～54）は，河口の北の自然海岸に人工の港を建設させた。図-29 の左上のように2本の円弧状の防波堤（延長約900 m および800 m）を築き，港口には人工の島を築いて灯台を立てた。これによって大型の船が常時安全に停泊できるようになった。この泊地は水面積が約70 ha であり，クラウディウスの港と呼ばれた。また，テベレ川に通ずる運河も建設され，物資は小舟に積み替えられてローマへ搬入された。

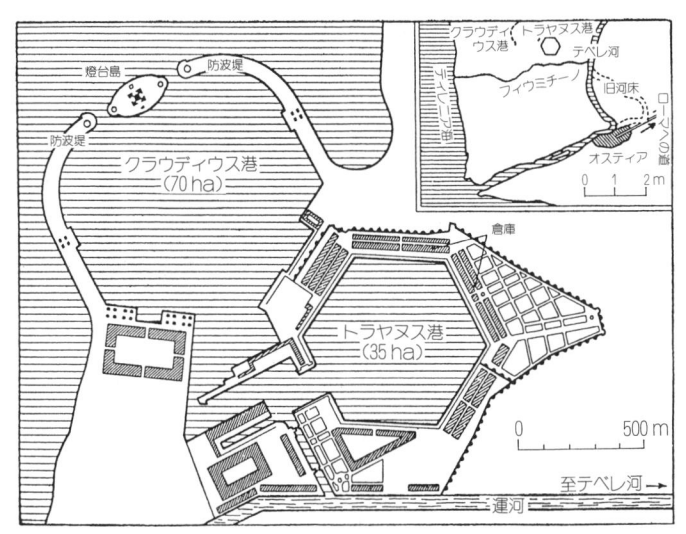

図-29 クラウディウス帝とトラヤヌス帝が築いたオスティア港
（L. ベネーヴォロ『図説・都市の世界史1』相模書房，1983年，p.195 を簡略化）

やがて，この泊地だけでは不足となり，トラヤヌス帝（在位，98～117）が内側の陸地を掘り込んだ正六角形（一辺約340 m）の港を建設させた。水際線はすべて切石を積み上げた岸壁であって商船が直接に横付けでき，岸壁の背後には倉庫が建ち並んでいた。この港はトラヤヌスの港と呼ばれ，水面積が約35 ha である。500 t 級の商船50隻以上が同時に荷役をすることができたであろう。なお，クラウディウス帝とトラヤヌス帝によるオスティア港は，長年の間にテベレ川が吐き出す土砂が海岸線をゆっくりと前進させるに従って陸地の中に取り込まれてしまい，現在は海岸から約3 km の内陸にある。当時の港は，今はレオナルド・

トラヤヌス帝は，さらにオスティアの北西約50 kmの海岸に第二の人工港を建設させた。現在のチビタ・ベッキア港である。海岸から延長約420 mの防波堤を深さ7.2 mの海中まで延ばし，そこから北へ約400 mの地点から深さ6.6 mまで延長約350 mの防波堤を築いた。さらに，港口から波が侵入するのを防ぐため，その外側に延長約270 mの島状の防波堤を建設した。その南端には灯台が立てられた。南北の防波堤で囲まれた水域の面積は約9 haであり，さらに水面積約2.4 haの遮蔽された泊地が北防波堤の付け根に設けられた。

これらの防波堤を建設するには，たくさんの大きな石を船に積んで運び，防波堤に予定された海中に投入する作業を繰り返す。投入された石は自然に海中の小山をつくり，防波堤の基礎となる。基礎部分が海面に近くなったところで，切り揃えた大石を組み合わせて幅の広い直立壁を積み上げる。これは混成式防波堤という形式であり，現在も類似の方法が用いられる。チビタ・ベッキア港は812年にイスラム教徒の艦隊に攻撃されて破壊されたが，その40年後にローマ教皇レオ4世が復旧し，それ以来，イタリア中部の主要港湾として機能してきている。

中国の水路網と大運河

中国文明は黄河流域から発展したが，その前段階では長江中・下流域でも水稲栽培の都市文化が発達していた。また，その間を流れる淮河も多くの集落を育んできた。こうした大河は，**図-30**に示すように中国の大地を西から東へと流れ，無数に枝分かれする支流と合わせて重要な交通網を形成してきた。さらに，これらの河川を南北につなぎ合わせる運河が早くから建設されてきた。春秋時代の紀元前486年，呉の敬王が長江と淮河を連絡するために邗溝と呼ばれる運河を開削した。また，戦国時代の魏の恵王（在位，前369〜18）は，黄河と淮河を連絡させる鴻溝を掘削させた。

中国を統一して強大な権力を握った秦の始皇帝は，現在の広西チワン(壮)族自治区地方を征服するために，紀元前214年に郡守の史禄に命じて霊渠を建設させた。長江から洞庭湖に入り，長沙を過ぎて湘江をさかのぼった地点にある。これを抜けると桂林へ出て桂江を下り，西江・珠江を通って中国南岸にまで達する。湘江の上流の海洋江の一部を分流し，幅約5 mの人工水路に流して桂江に達しさせるもので，運河部分の全長は約34 kmであった。

図-30 中国の河川と運河

　霊渠の完成によって，始皇帝は兵士ならびに武器・糧秣を自由に南へ送り込めるようになり，中国南部一帯からさらに現在のベトナム北部までを支配下においた。霊渠はその後も修復・拡張を繰り返しながら，清代に至るまで南部連絡の重要な交通路として機能してきた。

　前漢の武帝の代には，長安から渭河に平行して黄河に至る漕渠が開削された。また，武帝は長江の支流である漢江の最上流地点から渭河に至る連絡路を開発しようとして，褒斜漕道あるいは褒斜道と名づけられた水路の建設を命じた。数万人を徴発して水路を通じさせたが，水流が急なために舟を漕ぎ上げることができず，事業は失敗であった。

後漢が220年に滅んで魏・蜀・呉の三国時代となり，その後の魏晋南北朝の分裂・混乱の時代が続いて運河の維持もおろそかになっていた。この混乱を収めて中国を再び統一したのが隋の文帝で581年のことである。第二代の煬帝は，中国を南北に貫く大運河の修築を行った。即位の翌605年，労働者100万人を徴発して黄河から淮河に至る通済溝を開通させるとともに，呉の時代からある邗溝を拡張整備して山陽瀆と名づけた（**図-31** 左を参照）。この通済溝と山陽瀆によって，黄河の滎陽から長江の揚州まで，大型の船の航行が可能になった。この運河は幅が60mもあり，両側には広い道路が通って，楡と柳の並木が植えられていた。運河整備の主目的である食糧運送のためには，洛陽の近くの2カ所に穀物倉庫を建てた。それぞれ数百万石の米を貯蔵できる巨大なもので，その周りを延長数kmの城壁で囲んでいた。

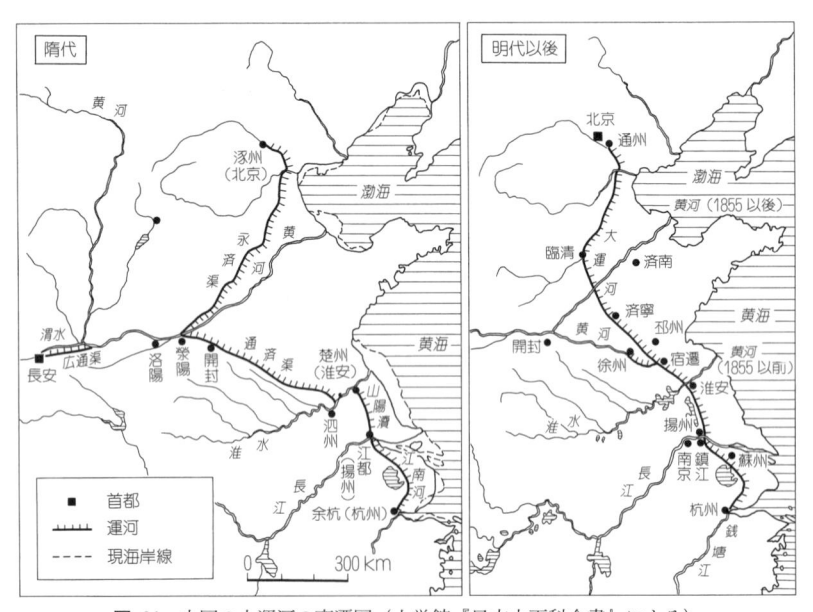

図-31　中国の大運河の変遷図（小学館『日本大百科全書』による）

　さらに煬帝は，608年に滎陽から現在の北京の近くの涿州へ通じる永済溝を開通させた。この涿州は北方経営の要地であり，のちに失敗に終わった高句麗征討の軍もいったんここに集結して出陣したのである。この永済渠の開削では労働力が不足し，女労働者までを徴発して百余万人を動員したといわれる。煬帝はこの

ほかにも万里の長城の大修築・拡張を行っており，人民の疲弊は甚だしかった。隋が建国30年で滅んだ原因の一つに，こうした過酷な労働に耐えかねた各地の反乱が挙げられている。

永済渠が開通した2年後の610年には，運河を長江から南へ延ばして杭州まで通した。江南河である。この開通によって，杭州から涿州まで約1,800 kmに及ぶ大運河が中国交通の大動脈として完成し，食糧をはじめとする物資が大量に輸送できるようになった。隋の後を継いだ唐をはじめとして，中国の歴代王朝は大運河の維持に莫大な努力を払ってきた。長安，洛陽，開封，北京などの歴代の国都・副都は，大運河による水運の助けがなければ数十万〜百万の都市人口を支えることが不可能であった。開封が国都であった北宋が栄えた時代には，通済渠を通って年間に米600万石が運ばれた。

宋代（960〜1126年）以降の大運河は幅30〜45 m，深さ約3 mが標準であった。勾配の急な区間では洗い堰を設けて水位を高め，その横に築いた斜路に沿って舟を綱で引き上げ，滑り下ろす方式を用いた。10世紀末には閘門を導入し，やがて79カ所に取り付けて斜路に沿って舟を曳く苦労を軽減した。なお，このときは門扉が1枚の放水型閘門であった。下流から舟が入ると扉を閉め，水の流入によって水位が上がるのを待ち，上流側の閘門内の水位に達したところでその区間に進む方式である。元代（1271〜1368年）以降の閘門は，舟を納める長さの閘室の両側に扉室を持つ貯水型（二重閘門型）である。なお，ヨーロッパで閘門が導入されたのは14世紀半ばである。

この大運河の維持に当たっての最大の課題は，黄河の河道の移動であった。143頁に述べるように，北へ流れて渤海湾に入っていた黄河は，1194年の大洪水によって河道が南へ移り，黄海へ入るようになった。その後しばらくの間，大運河はこの黄河の河道を利用した。しかし，黄河の運ぶ大量の泥砂によってすぐ水路が浅くなるため，河底の浚渫作業に毎年巨費を投じなければならなかった。1293年には，黄河の河道を避けて山東省の低い丘陵地帯を横切る運河が建設された。7カ所に貯水型閘門を設け，15 mほどの高低差を乗り越えた。しかし，この「山越え運河」は規模が小さく，閘門操作に必要な水量が十分に得られなかったため，ここを利用した物資輸送はあまり多くなかったようである。元代には，大運河よりも沿岸就航の海運が国都北京（当時は大都と呼んだ）への主要輸送路であった。

明代（1368〜1644年）に入ると,「山越え運河」がルートを変更して改築された。1411年に工事を命じられた工部尚書の守礼は,まず水量確保のために汶河をせき止める2ヵ所の堰堤を南旺という地に築いた。ここから北の臨清まで約150 kmの区間は17ヵ所に閘門を設けて約27 m下へ降り,南旺から南の徐州まで約200 kmの区間には21ヵ所の閘門で約35 mを下った。北の水路へは6割,南へは4割を分流した。図-31の右側が明代以降の大運河の路線である。

大運河の一部は依然として黄河の河道を利用しており,黄河の洪水のたびに運河の修復が避けられず,改良工事が清代（1644〜1912年）に入っても続けられた。中華民国になってからは小型の汽船が通航できるように拡張された。このように,大運河は隋代から近代までの約1,300年間,働き続けてきた。しかし現在は,鉄道網の整備によってその重要性が低下し,地方ごとに路線を区切って利用されるにとどまっている。

古代・中世日本の港

日本の古代の港は,河口からやや奥へ入って波の当たらない場所,あるいは海岸の砂州の陰にある潟（ラグーン）を利用していた。『日本書紀』には「紀伊水門（きのくにのみなと）」の名前が神宮皇后摂政元年2月の条にあり,これは古代の紀ノ川の河口を入った位置にあったとされる。近年の発掘では,河口北側の丘陵地帯にある鳴滝遺跡（5世紀前半）で倉庫群が見出されている。丘の上を平らに均（なら）したうえで,8棟の倉庫が2列に分かれて建てられていた。

さらに,『日本書紀』仁徳天皇11年冬10月の条には,「難波の堀江」を掘ったとの記述がある。一般には,低湿地を干拓するために開削した排水路と説明されている。しかし歴史地理学者である日下雅義氏は,船を「難波の海」から内海の潟港である「難波津」へ導き入れるための水路であったと解釈している（『古代景観の復元』中央公論社,1991年）。この水路は,15頁の図-8の左中に示す上町台地の先端に近い部分を幅約50 m,長さ約300 mで東西に一直線に切り開いたのであろう。5世紀末から6世紀初めの工事と思われる。この難波津が港であったことを裏付けるのは,法円坂の倉庫群遺跡（5世紀後半）である。法円坂は上町台地の「難波宮」の北西角に接しており,ここで16棟の大型掘立建物が東西方向に2列に並んでいたのが発掘されている。柱の太さや配置から入母屋造（いりもやづくり）の高床式建物と推定され,その1棟が現地に復元されている。高床面の桁行（けたゆき）（長

辺）が 10.0 m，梁行（短辺）が 9.0 m の大きさで，42 本の柱で支えられた構造である．

　古墳時代からこのかた，瀬戸内海は畿内から北九州，さらには朝鮮半島へ向かう交通の大幹線であった．また，奈良時代の 630 年に始まった遣唐使の一行は，難波津から筑紫の那の津（博多）へ航行し，そこから黄海あるいは東シナ海を渡っていった．一方，日本海も弥生時代あるいはそれ以前から朝鮮半島との重要な交通路であった．季節を選べば，直航が可能であった．高句麗が唐に滅ぼされた後の 698 年に国を興した渤海は，現在の中国東北部から朝鮮半島北部の一帯を支配して 200 余年にわたって繁栄したが，日本はこの渤海との間に 34 回も使節を交換している．使節団の乗った船は，能登半島の福良，若狭湾の松原（敦賀）その他，日本海沿岸各地に到着し，出帆した．

　こうした古代の港については地名がわかるものの，規模や施設の種類などはほとんど不明である．8 世紀前半には行基が畿内を中心として各地で灌漑用の池溝の整備に尽力したが，同時に道路・橋の建設や港の整備にも多くの業績を遺している．港では「神前船息」と「大輪田船息」の築造が記録されている．前者は現在の貝塚市を流れる近木川の当時の河口付近，後者は神戸市の旧湊川の河口付近にあった．「船息」は「船瀬」ともいい，自然の海岸地形にやや手を加え，石の突堤や人工島を築いた船泊まりである．

　8 世紀末頃までには，摂津から播磨までの間に 5 カ所の船瀬が整備され，「五泊の制」といわれた．河尻（尼崎付近の三国川の河口），大輪田（神戸），魚住（明石の西），韓（後に福泊，現在の姫路市的形町付近），および室（相生市南の室津）であり，往来する船はこれらの泊で風待ち，潮待ちをした．この五泊の制は行基がつくったといわれるが，実際は後に菩薩とあがめられた行基の名をつけることによって，大勢の人々の努力の結果をわかりやすく表現したと考えられる．

　こうした船瀬も，高波によってしばしば石積堤が崩され，泊地内に砂が堆積するなどの災害を受けた．この修復・維持の費用として平安末期から「津料」という一種の入港税を取るようになり，やがて関税として一般化した．それでも復旧が追いつかずに荒廃したままの泊も出てきた．大輪田泊も，12 世紀の半ばには風波の難を避けるという船瀬の機能が失われていた．これを大修築して対宋貿易の拠点港として復活させたのが平清盛である．

平清盛は1167（仁安2）年に太政大臣に任じられて政権を掌握すると，対宋貿易の方針を転換してこれを積極的に推進した。1173（承安3）年には大輪田泊の沖に経ヶ島という人工島を築かせた。島の背後に安全な停泊地をつくり，宋船を入港させるためである。この人工の埋立島は，一説では面積が約30 ha，土石量にして約140万 m³の大きさであったという。ここは海底が泥で軟らかく，土や石を投入しても海底面の下に沈み込んでしまうため，埋立工事がはかどらない。このため，石の一つ一つに経文を書き付けて神仏の加護を祈ったといわれ，経ヶ島の名はこれに由来する。港の修築工事は1180（治承4）年頃まで続き，石積堤も延長されて宋船が次々に入港したものの，1185（文治1）年の平家滅亡後は再び荒廃してしまった。1196（建久7）年には，東大寺再建の大勧進となった重源（ちょうげん）が大仏殿の柱に使う巨木輸送のため，大輪田泊の石積堤を修築したことが記録されている。

日宋貿易は鎌倉幕府になってからも活発に行われた。遠浅の海岸に面した鎌倉には港がなかったため，1232（貞永1）年に幕府は勧進僧往阿弥陀仏の出願を許可し，材木座海岸東端に和賀江島（わがえじま）と呼ばれた港を築かせた。海岸から石積堤を約90 m突き出し，その先に延長約90 mの築島（つきしま）を設けた。石積堤は幅がかなり広く，防波堤であると同時に船を係留する埠頭（ふとう）としても役立った。昔の小型の船にとってはこれでも安全な泊地であったようで，鎌倉の湊として賑わった。もっとも，築島と石積堤は高波でたびたび崩されており，江戸時代中期にも修復が行われて漁船が利用した。その後は放置されたままになり，明治末期には海中に没してしまった。1923（大正12）年の関東大震災のときには三浦半島から房総半島にかけて地盤が隆起し，これによって和賀江島も干潮時には幅約40 m，延長約200 mの石積堤の遺構がその姿を現すようになっている。

このほかにも沿岸各地で港の整備が行われたが，堺その他で絵図が伝えられているもの以外はその大きさなど不明である。

土佐湾沿岸の掘込み港湾

江戸幕府が成立してからの17世紀の100年間は，人口が約1,200万から3,000万へと急増した時代であり，年貢米をはじめとして，物資の大量輸送の需要が著しく増加した。こうした輸送の大半は，河川の舟運と沿岸航路の海運によるものであった。それ以前の中世においても，荘園の年貢米などは水運に依存す

るところが大きかったが，江戸時代は水運によって全国が一つの経済圏に包括されたところに特徴がある。

土木技術の上では，土佐藩家老の野中兼山による手結，津呂，室津の三つの掘込み港湾の建設が特記される。土佐は周囲を険しい山に取り囲まれ，古代から畿内との交通は海上に頼っていた。土佐藩の初代藩主山内一豊が高知に城を築いた以降も，事情は変わらなかった。しかも，浦戸湾を出るが早いか太平洋の荒波にほんろうされ，遭難の危険にさらされる航路であった。

野中兼山は1637（寛永4）年に22歳で家老となり，物部川に山田堰を築いて用水路を引き，また仁淀川の治水灌漑工事を行った。これらによって合わせて7万石余の大規模な新田開発に成功し，土佐藩は財政的余裕を得た。また浦戸湾口の両岸に，「野中波止」と呼ばれた2本の石積み突堤を築いた。湾口を狭めることによって，潮の干満に応じて浦戸湾に出入りする潮流の勢いを強め，湾口に堆積しようとする砂を押し流させる。これによって，沿岸方向に移動する海底の砂によって航路が埋没することを未然に防止したのである。さらに兼山は，土佐藩が海上ルートで安全に参勤交代を行えるよう，土佐湾沿岸に避難港を築くことを計画した。

最初に築いたのが手結港である。1650（慶安4）年から3年間を費やし，浦戸から東へ約18 kmの手結の砂浜に防砂堤を築き，陸側の硬い岩の土地を砕き割って水深2.4 m以上の掘込み港をつくった。港内の大きさは南北約145 m，東西約70 mであった。

これに自信を得た兼山は，室戸岬の北北西約4 kmの津呂の小さな泊を大拡張する工事を実施した。出来上がった港は掘込み式で**図-32**のような形であり，南北約200 m，東西約50 mの大きさであった。あらかじめ外側に堰堤を築いて海水の流入をくい止め，中を乾いた状態にして岩盤を破砕した。岩は大鉄推と大鏨で打ち砕いたが，砕けないときには火の力を借りた。すなわち，たくさんの里芋の茎を集めて岩の上で焼き，十分に熱くなったところで岩に水

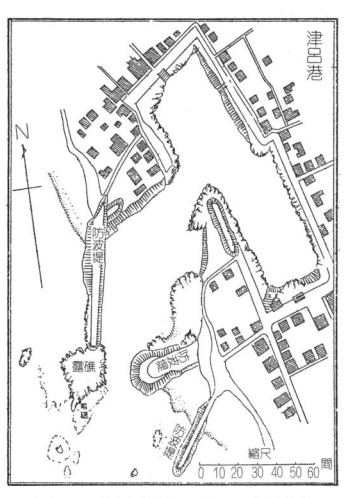

図-32 野中兼山の築いた津呂港
（広井勇『日本築港史』丸善，1927年，p.11より）

をかけると，岩は急冷されて無数のひびが入る。そこへ石工たちが槌を打ちふるって砕いたのである。津呂港は山の際にあり，泊地周囲の土地は標高が高いため，掘削厚は平均で 6 m にも達した。最大の難関は，港口から沖側に約 200 m の所にあった三つの岩礁の除去であった。兼山は自ら工事を指揮し，岩礁の外側を取り囲む締切堤防を築いた。そして，泊地の岩盤掘削の完了直後に港口の締切堰堤を一気に切り開き，港口部と外の締切堤防の間の水を泊地に落とし込んだ。これによって岩礁の周りは干上がり，大勢の人々が駆け寄って三つの岩礁を砕き割った。これは 1661（寛文 1）年のことである。これによって津呂港，現在の室戸岬漁港が完成したのである。

　津呂港は泊地の広さが不十分であったが，周囲の地形からそれ以上の拡張が難しかった。そのため野中兼山は，完成の翌月，西へ約 4 km 離れた室津にもう一つの掘込み港の建設に着手した。しかし，徳川幕府は土佐藩が着々と業績を挙げて力をつけることを嫌い，土佐藩内における野中兼山の政敵をそそのかして家老職執政であった兼山を失脚させた。1663（寛文 3）年のことであり，兼山はその年の暮れに享年 48 歳で急死した。室津港の建設はその 10 年後に再開され，1678（延宝 6）年，水面積約 1.6 ha と津呂港よりも一回り大きな掘込み港湾が完成した。

　この津呂・室津両港の完成により，室戸岬を回る船舶はこのどちらかの港へ安全に避泊できるようになり，京・大坂方面への海上交通の安全性が確保できたのである。

近世日本の水運
　日本の河川は中国やヨーロッパの河川に比べて勾配が急であり，普段の流量が多くないために，船による物資の輸送にはあまり適していない。それでも，9 世紀末には河川による水運がかなり利用されるようになった。しかし，河川中流に渓谷区間があると舟を通すことができない。この隘路を打開したのが角倉了意であり，保津川，富士川，および高瀬川の開削を成功させてわが国の内陸水運を隆盛に導く端緒をつくった。

　角倉了意は朱印船貿易を行う豪商であったが，丹後の亀岡盆地を流れ，保津渓谷を抜けて嵯峨へ出る大堰川に舟を通す事業を敢行した。1606（慶長 11）年のことである。角倉家の財力を投じて大勢の石工，人夫を雇い入れ，保津渓谷約

12 km の急流区間を開削した．川の中の大石は綱を巻いて轆轤で引き出し，水中の岩は高く組んだ足場の上から吊るした，先を尖らせた太い鉄棒を何度も落下させて砕いた．水面に出た巨石は，その上で烈火を焚いて破砕した．了意は作業の陣頭に立って指揮をとり，5カ月で完成させた．この川浚えはあらかじめ幕府の許可を取ってあり，完成後は川舟の通行料および嵯峨に建てた倉庫の使用料を徴収して事業としての利潤を得たのである．この川舟には，備前の倉敷川で使われていた船底が特別に平たい高瀬舟を導入した．大堰川の開削によって，毎年1万5千石以上の米が運ばれ，丹後・山陰地方の塩も輸送された．また，丹波高原の材木の筏流しも安全に行われるようになった．

翌1607（慶長12）年には富士川の開削を手がけ，甲府盆地の入口の鰍沢から河口近くの岩淵までの約72 km の急流区間に舟が航行できるようにした．甲府盆地から運送された米は岩淵から蒲原へ陸送され，そこから清水港経由の海路で江戸へ輸送された．

さらに，1611（慶長16）年には京都・伏見間の運河開削を幕府に申請し，3年の工期で延長約8.3 km，幅約6.4 m の人工水路を完成させた．鴨川に堰を設けて水を取り入れ，途中の水門で水位を調整し，伏見で宇治川に出るようにした．そこからは淀の川舟で大坂に下った．この運河は高瀬舟で人や物資を運んだところから高瀬川の名がついた．この運河の開通によって輸送費が大幅に低下し，高瀬川は京都の経済を支える大動脈となった．この高瀬川の開削も大堰川の工事と同様に，角倉家の私財によって行われ，その見返りとして通船料の徴収権を与えられた．これによって角倉家は，両岸の土地や橋その他を含めて運河を維持管理し，この体制が明治維新に至るまで継続した．

河川急流区間の開削事業は，商人の請負事業あるいは藩営事業として各地で行われ，全国河川の舟運が大規模に展開していった．江戸時代，幕府ならびに諸藩は年貢米を大消費地である京・大坂ならびに江戸へ運ぶ必要があった．内陸部の米は河川を下って湊へ集められ，そこから沿岸航路で海上輸送された．図-33 に示すように，日本海沿岸の諸藩からは西廻りで瀬戸内海を通って大坂へ米を運び，東北太平洋沿岸からは東廻りで江戸へ運んだ．

東廻りの江戸廻米は1610年代（慶長・元和年間）から仙台藩や南部藩などによって始められ，西廻りの大坂廻米は鳥取藩が1638（寛永15）年に始めたのが最初である．こうした東・西廻り海運も，最初のころは海難・盗難その他の事故

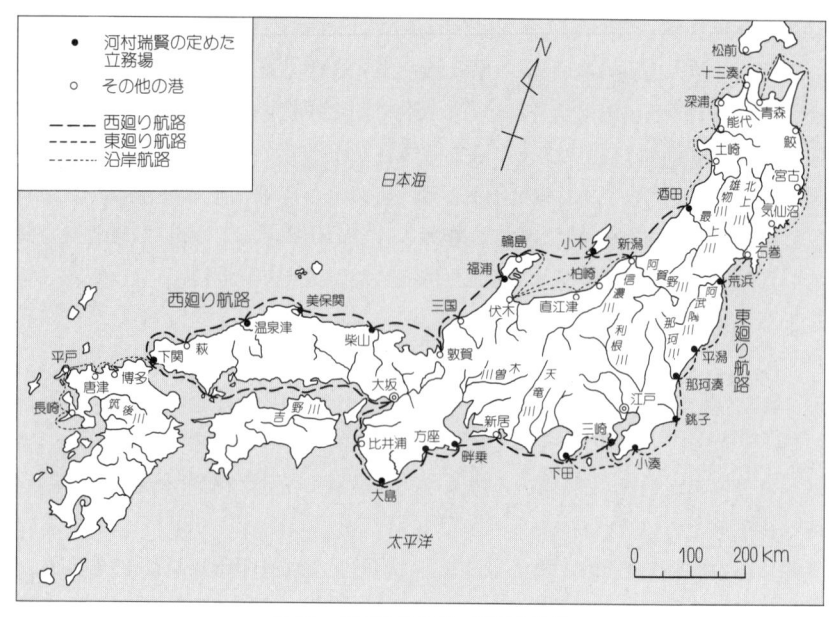

図-33 江戸時代の東・西廻り航路

　もあって十分に信頼できるものではなかった。これを幕命によってシステムとして完成させたのが河村瑞賢である。
　河村瑞賢は日雇いの荷車曳きから身を起こし，土木請負業者ならびに材木商人として成功を収めていた。1670（寛文10）年，幕府から福島盆地の天領米数万石を江戸へ廻漕するように命じられ，それまでの東廻り航路の問題点を詳しく調査して新しい廻漕方式を立案した。廻漕船には堅牢な伊勢・尾張などの船を水夫ごと雇用して幕府の幟を掲げさせることや，寄港地数カ所を指定して番所を設け，船と積み荷の検査や海難事故調査などに当たらせることなどである。この方式は幕府の採用するところとなり，河村瑞賢は翌1671年夏に最初の廻米を無事に江戸に運ぶことに成功した。
　江戸幕府はさらに1672（寛文12）年，出羽国にある幕府代官領地からの年貢米を江戸へ直送することを瑞賢に命じた。これを受けて瑞賢は西廻り航路の各地に手代を派遣して調査に当たらせ，番所を設ける寄港地を選定した。廻漕船には北国海運に熟練した讃岐の塩飽島などの船を直接に雇用することや，寄港地では入港税を免除することなどを幕府に建議し，それらは直ちに採択されるところと

なって，その年から西廻り江戸廻米は順調に進展した。

　この東・西廻り海運は江戸幕府の年貢米廻漕だけでなく，航路の安全性が高まったことによって酒・醬油その他の物資が沿岸航路で大量に輸送されるようになった。こうした沿岸海運の確立は，同時に各地の港の整備をうながした。千石船を直接に陸に横付けできる物揚場も各所に築かれた。諸外国に比べて日本沿岸に数多くの港が存在するのは，こうした江戸時代からの伝統によるところが大きい。

水運のための河川の付替え工事

　水運の機能を発揮させるためには，高瀬川のような人工水路を開削するだけでなく，自然の河川の流路を変えることも必要である。仙台藩主の伊達政宗は川村孫兵衛に命じ，北上川の河口を三陸沿岸の追波湾から仙台湾の石巻へ移し替えるという，北上川の付替え工事を行わせた。1623（元和9）年から4年がかりの工事であった。政宗はまた，貞山堀と呼ばれる人工水路を仙台湾の岸沿いに開削する工事にも着手した。

　わが国で最大の河川付替え工事は，利根川の東遷である。**図-34**は，今から約

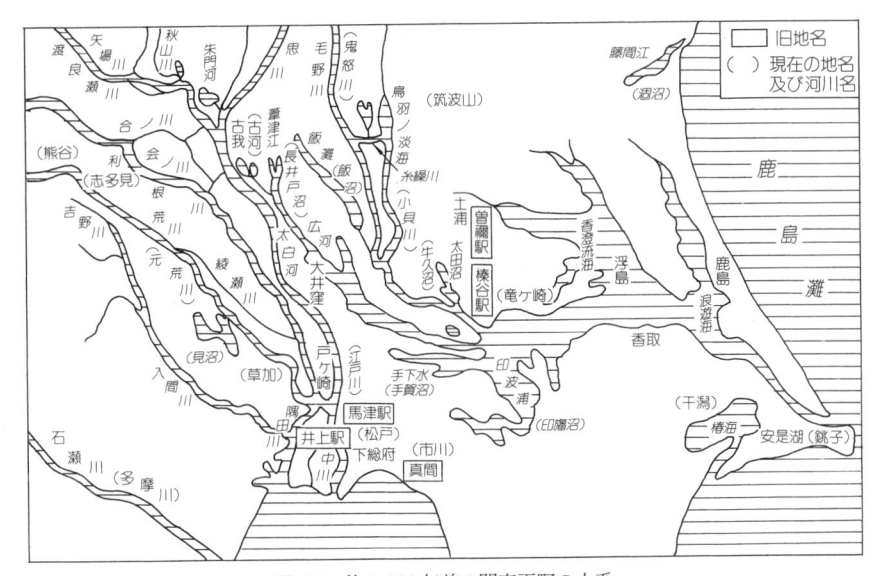

図-34　約1,000年前の関東平野の水系
（小出博『利根川と淀川』中公新書384, 1975年, p.22より）

1,000年前の関東一円の諸河川の流路を推定したものである。利根川は現在の隅田川の経路で江戸湾へ注ぎ，渡良瀬川は現在の江戸川の川筋を流れていた。江戸幕府は関東の河川水系を整理して洪水被害を軽減するとともに，舟で銚子から川をさかのぼって江戸へ入ることができるよう，水路網の整備に努めた。これを実行したのが関東郡代であった伊奈家の歴代当主であり，利根川の東遷事業には半世紀以上を費やした。

　利根川は前橋の北で開けた平野部に流れ出る。ここでは標高が110mほどであり，それから40kmほど下って熊谷・行田の北を流れるころには標高が15m前後となり，それからは非常に緩やかな勾配で70kmほど流れて江戸湾に達していた。この下流区間は川筋が幾本にも分かれ，所々ではまた合流するなどして，河道が安定していなかった。こうした自然の流路に手を加えた最初が1594（文禄3）年の工事であり，羽生市の上川俣の地点で支川（会の川）への分岐口を締め切り，現在の利根川筋に本流を固定した。この頃，徳川家康の四男松平下野守忠吉が忍城（行田市）を領有しており，付近の洪水被害防止と水田開発を進めるために関東代官頭の伊奈備前守忠次と協議して行ったものである。

　1621（元和7）年には，利根川の支川の一つで渡良瀬川に合流する河道を整形して直線水路とする工事を行った。延長約8km，幅約13mの新川通りと名づけた開削工事である。関東郡代伊奈忠治の指揮による。さらに1635〜41（寛永12〜18）年には，利根川の本流を庄内古川（現在の中川）から渡良瀬川の最下流の太日河（今の江戸川）へ切り替えた。延長18kmのうち，12kmの区間は関東ロームの台地を掘り割って水を通す大工事であった。

　また，新川通りをさらに延長する赤堀川の掘削も行われた。ここは図-34に記載の太日河と広河（江戸初期は常陸川と呼ばれた）との分水界に当たり，赤っぽい色の関東ロームの台地2kmほどの区間を切り下げることで，常陸川の上流の細い川に連絡した。こうして利根・渡良瀬川の水を常陸川へ流すことによって，鹿島灘の銚子と東京湾の江戸とが1本の水路で結ばれたのである。赤堀川の通水は1654（承応3）年であり，このときは川幅18mほどの狭い水路であった。その後は水流の洗掘作用によって水路断面積が広がり，1698（元禄11）年には幅約49m，深さ約9mになった。しかし，それから100余年の間はその規模のままであった。

　利根・渡良瀬川の改修と平行して，鬼怒川を小貝川から分離して常陸川に合流

する工事が1629（寛永6）年に行われた。これは常陸川の流量を増加させて大型の舟を上流までさかのぼらせることを目的としたと考えられる。また同年には，荒川を図-34の元荒川から吉野川へ付け替え，入間川筋へ落とす工事も行われた。

　このような利根川水系の大改修事業によって，関東の舟運水路網が完成した。こうした水路で運ばれた荷物が積み卸しされる場所が河岸であり，関東一円には図-35に示すような河岸が各地に生まれた。江戸時代の栃木市は朝廷から日光東照宮へ使わされる例幣使街道の宿場町であるとともに，栃木河岸のおかげで「東の倉敷」と言われるほど栄えた町であった。また，醤油の産地として名高い野田は，江戸川の水運を利用して醤油を各地へ輸送することができたのである。なお，明治以降の日本の港の整備については第8章で述べる。

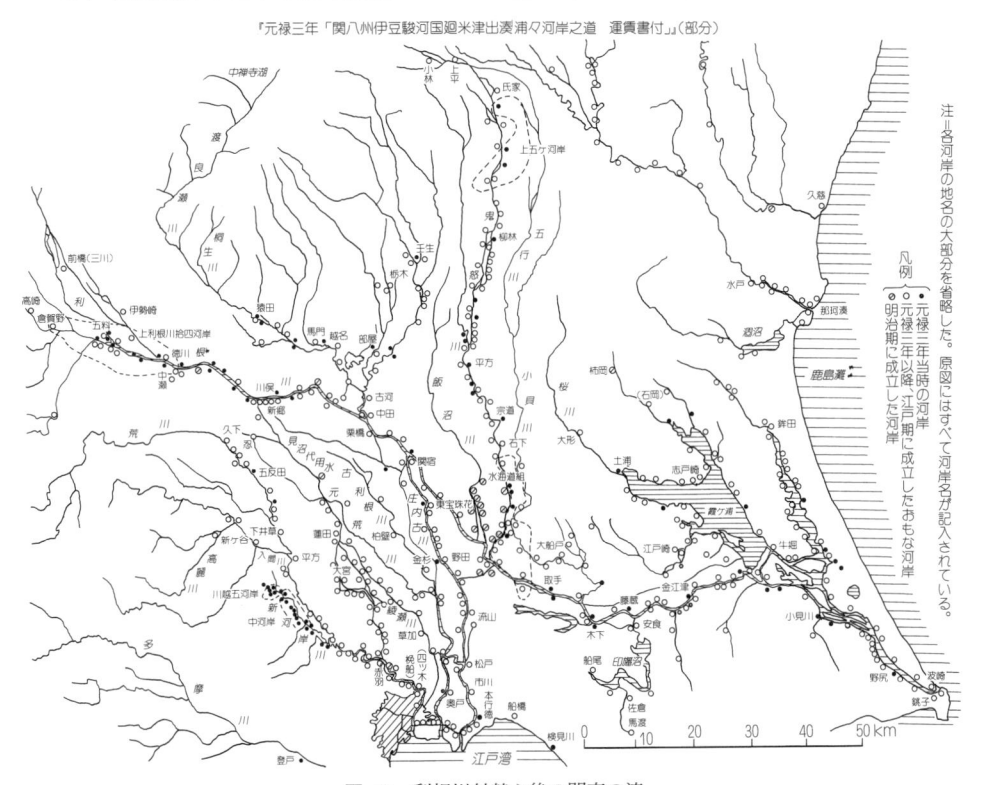

図-35　利根川付替え後の関東の湊
（鈴木理生『江戸の川・東京の川』井上書院，1989年，p. 140より）

中世・近世ヨーロッパの港湾都市

　「ゲルマン民族大移動」の大波に呑み込まれて西ローマ帝国が滅亡したのは 476 年のことであり，古代ローマの文明はコンスタンティノープルを首都とする東ローマ帝国によって継承された。しかし，地中海・西ヨーロッパ世界では人口の停滞や都市社会の消滅によって農耕社会に逆戻りし，海上の物資輸送も不要となった。さらに 8 世紀末にはイスラム教徒のサラセン帝国がエジプトから北アフリカ，イベリア半島を征服し，地中海を舞台とした古代的国際商業の基盤が失われた。そうしたなかから最初に興隆したのがベネチアである。

　ベネチアは，民族大移動に伴う蛮族の襲撃を避けるため，アドリア海北のベネト潟内に点在する島々に避難したのが最初である。当初は漁労と製塩業で暮らしていたが，やがて慣れ親しんだ船を利用した通商活動に乗り出した。居住した島々はいずれも小さな低地であったが，周囲を少しずつ埋め立てて広げ，運河を整備し，島々を橋で結んでいった。ラグーン（潟）の土地は地盤が軟らかいため，建築物や石積み護岸，橋などを建設するときには，直径 20 cm 級の木材を本土から運んできて，地中にびっしりと打ち込み，基礎とした。多数の島（地区）の住民が集まり，共和国を形成した。

　ベネチアは，西ヨーロッパにようやく興隆してきたフランク王国その他と，東ローマ帝国やイスラム諸国との間を取り持つ中継貿易に従事した。支配的地位を築いたのは 10 世紀後半である。やがてイタリア半島の西の付け根にあるジェノバも海運都市として力をつけ，13 世紀にはベネチアの強力な競争相手となった。また，ピサその他も商船隊を組織した。これらの海上の中継貿易は奢侈品を中心として貨物量があまり多くなかったため，港湾の施設については特段の発展はみられなかった。

　一方，北ヨーロッパでは 11 世紀後半あたりから中世都市が成長する。第 3 章（29 頁）で述べたように，これらの都市の多くは商人と手工業者の力でつくったものであり，交易が中心であった。交易の品は，羊毛，毛織物，麻織物，ワイン，陶器，金属製品など日用品が主体であり，ある程度まとまった量を輸送しなければならない。都市は，物資輸送に便利な河川や運河に沿って発達した。北ヨーロッパは平野が広がり，ライン川をはじめとする諸河川やその支流がゆったりと流れるため，内陸水運の発達には好適であった。

　各地の商人は，遠隔の都市の間でも円滑に交易を行えるよう提携し，共通の団

5 物資輸送のための水運開発—港と運河— 87

体を形成した。都市間の連合体であり，なかでも「ハンザ同盟」が有名である。これはバルト海を通って東方の穀物，木材，干魚，鉱石，塩などを西へ輸出するための都市連合で，リューベック，ハンブルク，ケルンなどのドイツ諸都市が中心であった。14～15世紀の最盛期には200の都市が加盟し，ノブゴロド（ロシア），ベルゲン（ノルウェー），ブリュージュ（ベルギー），ロンドンに商館を設けて交易した。当時の商船は百数十トン程度の大きさであり，沿岸から入って河川を自由に遡航することができた。しかし，水路が土砂で埋まって浅くなると航行不能となり，交易都市の機能が失われるところも出てきた。ブリュージュがその代表であり，いろいろ水深維持の努力を続けたものの14世紀から15世紀にかけて次第に衰亡した。

やがて15世紀後半からの大航海時代が始まると，河口近くの都市が発展する。交易の中心はアントワープに移り，やがてアムステルダムが興隆した。ここは，ゾイデル海（現在は締め切られてアイセル湖，19頁の図-10参照）の奥のエイ湾に注ぐアムステル川の河口に，13世紀にダムを築いてつくられた街である。港を中心として，同心円状と放射状の運河と街路を組み合わせて市街地を形成した。図-36は，1663年に市壁を外側に大きく造り替えたときの都市図である。港は木杭を打ち込んだ柵を二重に巡らし，船の入・出港を管理した。柵内に入った船は入港税・関税を払った上で船荷を降ろし，運河を利用して荷物を市内に運ん

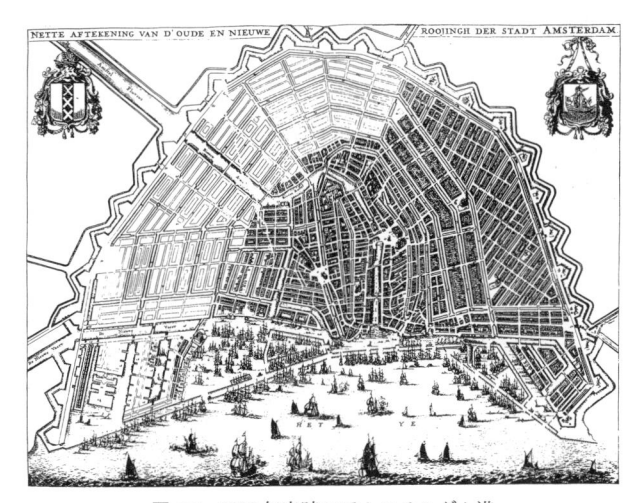

図-36　1663年当時のアムステルダム港

だ．運河沿いの倉庫の屋根の軒には滑車が取り付けられ，「はしけ」から直接に荷物を引き揚げた．今でも運河沿いの古い建物には，滑車取付用の梁が突き出しているのが認められる．

ヨーロッパの内陸運河の開発

　ヨーロッパのなかでもイタリアは土地の起伏が多く，内陸水運には必ずしも適していない．しかし，都市の復興とともに運河の建設が進められた．例えば，ミラノは9世紀末から北部の政治・経済の中心として発展し，1097年に自治都市を宣言し，1183年には神聖ローマ皇帝（ドイツ皇帝）から自治権を獲得した．ここでは，ポー川上流のティチノ川から取水する灌漑水路を改造して船を通していたが，1269年にはティチノ川からミラノの西の市壁に達するナヴィリオ・グランデ運河を建設した．延長が約50 kmあり，急な水面勾配を緩和するために，各所に堰や放水型閘門（75頁の中国の運河参照）を設けた．ミラノではその後も運河網の開発改良を進め，1470年には市の東方を流れるアッダ川へ通じるマルテサナ運河を建設した．閘門も14世紀末には貯水型方式となり，船の運航も効率化された．また，門扉に観音開きの2枚構造（マイター・ゲート）が導入され，大型門扉を迅速に開閉できるようになった．これはレオナルド・ダ・ヴィンチが1497年頃に発明したといわれる．

　北ヨーロッパは自然の河川網に恵まれているとはいっても，一つの水系から隣の水系に移るには舟を岸に引き上げ，丘を越えて舟を引きずっていかなければならない．分水界を越える二つの河川を結ぶ「山越え運河」がヨーロッパで最初に建設されたのは，14世紀末である．ドイツ北西部でバルト海沿岸のリューベックと北海へ注ぐエルベ川とを結ぶシュテックニッツ運河であり，1391〜98年の工事である．

　17世紀に入ると，フランスがブルボン朝の治世下で国力をつける．この王朝を開いたアンリ4世の時代に，フランス中央部のロアール川流域とパリを結ぶブリアール運河の建設が開始された．パリの南約130 kmのブリアール市を起点とし，北へ標高差約39 mを登り，そこから約81 m降るという，延長54 kmの運河である．船長30 m，船幅4.5 mの船を対象として，その昇降のために40カ所の貯水型閘門を建設した．工事は1604年に開始されたが，1610年のアンリ4世暗殺によって中断され，1638年に再開されて1642年に完成した．当初は国営

事業であったが，再開後の工事は民営事業で行われ，請負人が自費で工事を行う代わりに完成後の通行料徴収の権利を与えられた．17世紀後半には年間およそ20万tの物資（石炭，ワイン，木材その他）を運び，会社は毎年資本の13％の利益を得たという．

　フランスの国家経済にさらに大きく貢献したのは，地中海と大西洋を結ぶミディ運河の開通であり，1681年のことである．この運河は，地中海に面するラングドック地方の資産家であり，塩税徴収官であったピエール=ポウル・リケが構想し，ルイ14世の財務総監コルベールの賛同を得て建設されたものである．**図-37** に示すように，リオン湾のトー潟から西へ向かう水路を登り，標高189mのノルーズを越えてトゥールーズへ降る延長約240 kmの運河である．トゥールーズからはガロンヌ川を下ってビスケー湾へ航行できる．運河は30 t積み級の船を対象として計画された（なお，現在ではガロンヌ川下流のランゴンまで延長されている）．

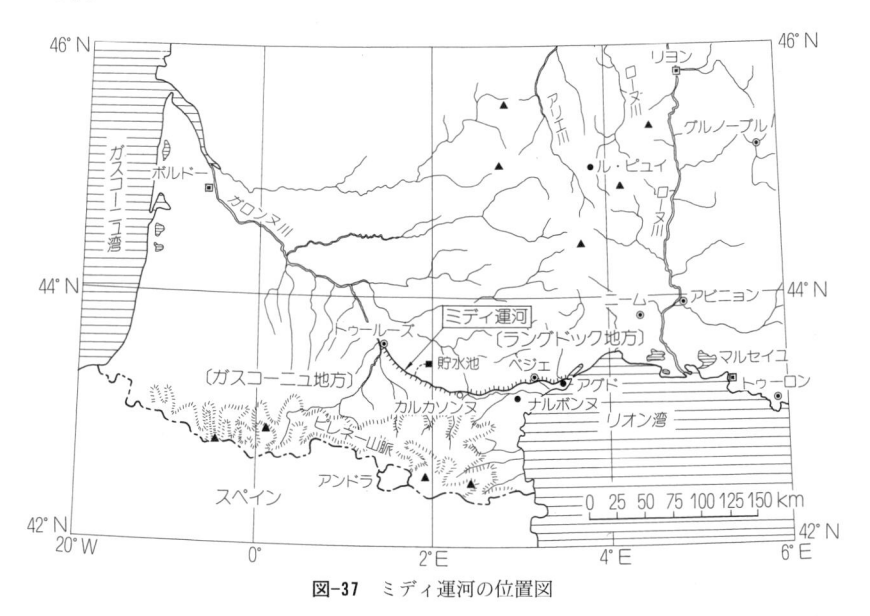

図-37　ミディ運河の位置図

　この運河の建設には，それまでにない新しい工法がいろいろ採択された．まず，東側のベジェでは22 m近い高低差を乗り越えるために，8段の閘門を階段状に築いた．運河全体では，64個の貯水型閘門が設けられた．山越え地点には

閘門の開閉に必要な水量をまかなう水源がないため，ヌアール山地の渓流の水を貯える運河専用のダムを建設した．堤長 780 m，高さ 32 m，底幅 137 m という大きなもので，石壁で補強された土堰堤であった．このダムからは，各地点の閘門へ水量を供給するための水路が何本も開削された．また，ベジェの階段閘門を登った箇所には丘があり，ここを抜けるために世界で最初の運河トンネル（全長 165 m，幅 8.0 m，水面から天井までの高さ 6.0 m）が掘り抜かれた．この掘削では，黒色火薬が使用されている．このようにミディ運河は 17 世紀における技術最先端の運河であり，これ以降の運河に大きな影響を与えた．

リケが構想した運河計画は，当時の土木技術の最高権威者である要塞建設総監の審査を受けて承認され，リケを請負人として国費，ラングドック州費，およびリケの私財を投じて 1666 年 10 月に工事が開始された．最盛期には 1 万人から 1.5 万人の労働者が建設に従事し，15 年後の 1681 年 5 月に運河が開通した．リケはその 7 カ月前に死去したがその功績によって男爵位を授与され，その子孫が運河通行料徴収の権利を与えられた．ミディ運河の開通によって，ラングドック地方の産物が次々にフランス西部・北部に供給されるようになり，この地方の発展に大きく貢献した．

イギリスの運河狂時代

フランスでは，水路・陸路の交通施設の維持・改良・建設を国が直接あるいは国費補助で実施する伝統がある．強力な絶対王政によるものである．これに対してイギリスの王室は，王権は確立されていたとはいえ財政基盤は弱く，自ら公共施設を建設することはなかった．このため，内陸水路，道路，鉄道などの交通施設は，法人格を持つ都市あるいは個人（会社を含む）が建設して通行料を徴収することが早くから行われてきた．もっとも，事業実施のためには 1 件ごとに法案を議会に提出し，議会の可決によって法令として公布してもらわなければならない．18～19 世紀における事業の企画者は，まずエンジニア（主任技師）を選定し，彼に土地の測量から始めて，建設計画の作成や工事予算の見積もりなど，事業計画の立案を依頼する．法案が議会で可決されて事業が始まると，そのエンジニアが責任者となって工事を実施した．

イギリスでは天然河川を利用した水運は早くから行われ，中世には浅瀬の掘削その他の改良工事も実施され，人工水路の建設も 16 世紀から始まった．しかし，

本格的な運河建設は産業革命によって物資輸送の需要が増大した18世紀の後半である。1761年，ブリッジウォーター公爵は自分の経営する炭鉱の石炭をマンチェスターへ運ぶため，専用の運河約10 kmを建設した。公爵は，1773年には運河路線を52 kmに延長してマージー湾口のリバプール港に接続し，さらに1777年にはイングランドの東海岸と西海岸を結ぶトレント・マージー運河に連結した。これによって運河の利用価値は著しく高まり，当初の石炭だけでなく旅客や一般物資も運んで，事業収益を大きく伸ばした。

図-38 は，ブリッジウォーター運河が既存のアーウェル運河と立体交差する箇所であり，イギリスで最初の運河水路橋が描かれている。橋の上の帆船は馬に曳かれており，このように水路を通る船は1～数頭の馬やロバで牽引され，そのための馬道が運河沿いに設けられた。ただし，運河トンネルは建設費を節約するために馬道を削った最小断面のものが多かった。閘門の幅も2.1 mに抑えられた。こうしたトンネル内では，船頭がトンネルの壁を足で蹴って船を押し進めた。これらはすべて収益事業としての採算性を向上させるためであった。

図-38 ブリッジウォーター運河の水路橋
(C. シンガー他『技術の歴史 8』筑摩書房，1978年，p.474 より)

ブリッジウォーター運河とトレント・マージー運河の連結は，国内に運河網が張り巡らされるきっかけとなった。産業革命の発達段階で必要とされた石炭・鉄鉱石・木綿・羊毛などの原材料，綿織物・毛織物・鉄製品などの工業製品，小麦その他の食糧が大量に運河で運ばれた。ブリッジウォーター運河の収益事業としての成功ならびに旺盛な物資輸送の需要に刺激されて，イギリスの資産家たちは競って運河会社に投資した。1792～97年頃が投資熱のピークであり，これを「運河狂時代」と呼ぶ。この時代の内陸水路網の急激な発達は，**図-39** に示され

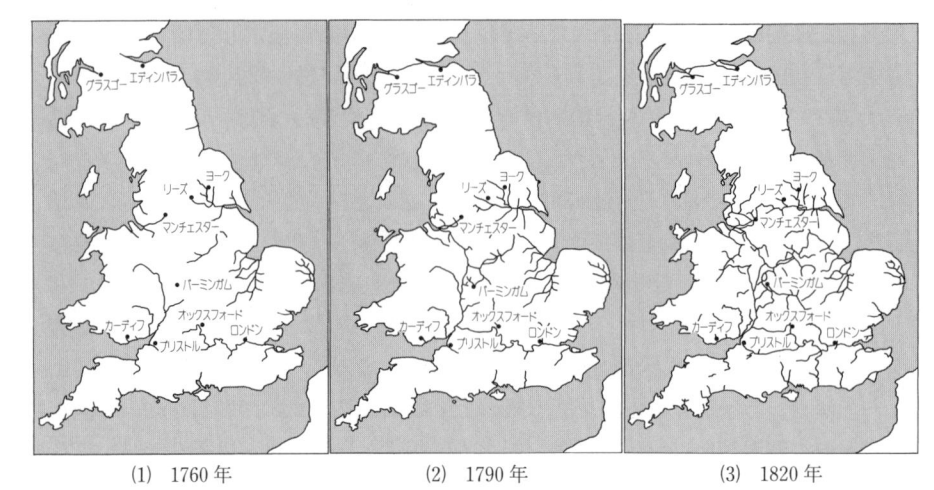

図-39 イギリスにおける内陸水路網の発達
(藤岡健二郎編『考古地理学5 生活と流通』学生社, 1989年, p.207 より)

(1) 1760年　(2) 1790年　(3) 1820年

ている。この運河ブームも，約40年後の鉄道の爆発的発展によって終わりを告げるのである。

水運で発展した開拓時代のアメリカ

　アメリカへの移民は，1607年のバージニア州ジェームズタウンの入植者や1620年にメーフラワー号で渡航してニューイングランドのプリマスに入植したピルグリム・ファーザーズらが最初である。東部沿岸での入植が成功するとアパラチア山脈を越えて中西部へ進出した。そこでの主要交通路はオハイオ川やミシシッピー川やその支流の水路であり，ダニエル・ブーンのような辺境開拓者は河川の水系をさかのぼって未開の土地へ分け入った。

　イギリス植民地の人々が本国からの独立を求めて戦争状態に入ったのは1775年であり，翌1776年に独立を宣言したものの，それを承認する講和条約が締結されたのは1783年であった。その7年後の1790年の統計では，アメリカの人口はわずか393万であり，イギリスはスコットランドと合わせて790万程度，フランスは約2,500万であった。独立宣言が行われたのは当時の中心都市であるフィラデルフィアであり，ニューヨークは新興港湾都市として急成長中であったものの，フィラデルフィアやボストンの規模には達していなかった。ニューヨークがアメリカ最大の金融・商業の中心地の地位を獲得したのには，以下に述べるエリ

ー運河によって五大湖周辺の中西部と連絡できたことが大きく貢献している。

エリー運河は**図-40**に示すように，ハドソン川をさかのぼったオールバニーを起点として，エリー湖畔のバッファローに至る全長585 kmの長大な人工水路である。ユティカからロックポート間の標高約130〜160 mの台地に幅12 m（底幅8.5 m），深さ1.2 mの水路を開削した。オールバニーからユティカの区間は130 m近い高低差があり，ここには多数の閘門を設置して乗り越えた。また，西側のロックポートでは崖地形を越えるために標高差18 mの階段式閘門を建設した。

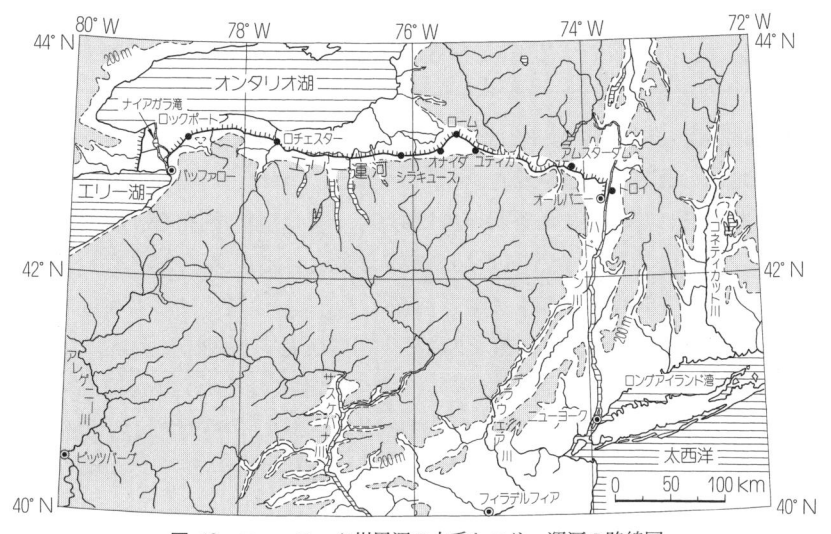

図-40 ニューヨーク州周辺の水系とエリー運河の路線図

運河建設を決断したのはニューヨーク州政府であり，工事は1817年に開始されて1825年に完成した。土木エンジニアの少ない当時のアメリカでは大変な工事であり，多くの若い技術者がここでの経験を通じて優れたエンジニアに成長していった。土木技術者のための「エリー学校」ともいわれ，後の1852年にアメリカ土木学会が設立されたとき，その発起人や役員の多くはエリー運河工事の経験者であった。

エリー運河は，冬季間は結氷のために4カ月以上も使用不能であったものの，開通直後から石炭，石灰石，鉄，穀物などを満載したはしけが頻繁に通航した。開通10年後の1835年には貨物輸送量が70万tを超え，運河当局は閘門の複線

化や水路断面の拡張工事を行った。1870年代には300万t以上の貨物を取り扱うようになり，アメリカ経済の大動脈として機能してきた。

植民地貿易で発展したヨーロッパの諸港湾

　ヨーロッパ諸国が中国やイスラム文明圏諸国を凌駕して世界の主導権を握ったのは18世紀以降であり，その端緒は15世紀末の大航海時代の植民地獲得であった。中南米では，1500年代前半にアステカ・インカ両帝国を滅ぼしたスペインがポルトガルとともに広大な土地と原住民を支配した。北米では，イギリスとフランスが少数のインディアン部族を駆逐して本土からの植民を続けた。しかし，アフリカ，アジア地域では領土の獲得はできず，貿易の拠点となる港とその周辺の土地を得るにとどまった。イギリスは1600年に東インド会社を設立し，オランダは1602年，フランスはやや遅れて1664年にそれぞれ東インド会社を設立してアジア地域の貿易を独占させた。

　当初は胡椒をはじめとする香料が主であり，インド産の綿布も利潤の多い商品であった。しかし，18世紀半ばに紡績業を筆頭とする産業革命がイギリスで進行すると，イギリス産の綿布をインドへ輸出するという逆の動きとなった。それを支えたのが，19世紀の蒸気機関駆動で自在に航走する砲艦と元込め銃の軍事力であり，イギリスはインド亜大陸の大半を植民地とし，オランダはインドネシアを，フランスはインドシナ半島を支配した。さらにイギリスは，1840～42年のアヘン戦争で中国の清朝を屈服させ，香港を割譲させるとともに中国大陸での権益を増大させた。

　一方，アメリカ南部では，砂糖，綿花，煙草などを栽培するプランテーションが発達した。収穫された綿花はイギリスへ輸送されて綿織物に生産され，その製品はアフリカなどへ輸出され，そこで徴発された黒人奴隷をアメリカへ運ぶという三角貿易が発達した。その拠点がイギリスのリバプール港であり，港は大きく発展した。

　イギリスが先導した産業革命が各国に波及するにつれ，多国間にまたがる物資の流通が促進された。数多くの帆船が建造され，桟橋や岸壁が世界の各地の港で新設された。その代表がロンドン港であり，19世紀初頭には船を係留して船荷の積み卸し（荷役）作業を行うためのドックが10以上も建設された。ロンドン港は，ロンドン塔に接するテムズ川左岸を埠頭として始まり，やがて右岸も利用

するようになった。

　テムズ川は潮汐の影響を強く受け，河口から64 kmさかのぼったロンドンでも干満の差が6 m近くある。このため，潮が引いても座礁しないように工夫したのがドックである。船を建造するためのドックは門扉を閉めて中の水をすべて排除するので，ドライ・ドックといわれる。これに対して荷役作業のためのドックはウェット・ドックといわれ，満潮のときに船を入れて門扉を閉め，水を逃がさないようにする。荷役を終えた船は，次の満潮時に開けられたゲートから出ていき，別の船が入渠する。ロンドン港では1692年に最初のドックが建設され，幅150 m，長さ326 mの大きさがあった。当時の平均的な帆船（100総トン級）120隻を収容できた。フランスのル・アーブル港ではその前の1667年，リバプール港では1709年に最初のドックを建設している。ただし，これらの初期のドックには門扉は設けられていなかった。18世紀前半になると運河の閘門と同様な二重門扉が導入され，ウェット・ドックが普及したのである。

汽船の登場による港湾の大型化

　帆船の時代には，最大でも排水量4,000 t，船長80 m程度であり，喫水も4 m程度以下であった。港の岸壁や航路は，そうした船を受け入れるだけの水深があれば十分であった。しかし，1807年にロバート・フルトンは，ハドソン川のニューヨーク・オールバニー間に蒸気船クラモント号を定期運行させることに成功した。これが汽船の時代の幕開けであるが，初期の蒸気機関は効率が低くて石炭消費量が多かった。このため，遠距離航海ではいくつかの寄港地で石炭を補給しなければならず，その輸送に帆船が使われたほどであった。しかし，やがて高圧の多段膨張エンジンが開発され，19世紀末には帆船が姿を消し，汽船全盛の時代が到来した。それとともに，船がどんどん大型化した。1850年代には汽船の平均総トン数は200 t程度であり，2,000 tの汽船は非常に大きい船とみなされた。それが1900年には平均総トン数が1,500 t前後となり，定期航路の旅客船のなかには8,000総トン級の船も現れた。

　こうした船舶の大型化は，港の航路・泊地・埠頭の水深の増大を必要とした。これに対処できない港は，世界貿易の舞台から消え去っていくだけであった。フィラデルフィアの都市発展の停滞は，外港であるセーラム港が船の大型化に対応できずに港の機能を失ったのが一因である。また，アムステルダム港は北海へ直

接航行できる北海運河(全長19 km,水深15.5 m)を1865〜83年に建設したが,20世紀に入ると国際貿易港の地位をロッテルダム港に奪われた。ロンドン港では,テムズ川下流に大型船用に一連のドック群を建設し,15,000 t級までの船を接岸できるようにした。

　船舶の大型化は20世紀初頭に一段落し,埠頭の水深が11〜12 mあれば十分との認識が普及した。これは後で述べるパナマ運河の閘門を通過できることが船の建造の制約条件となり,また人力による荷役作業の効率の限界から巨大船が経済的ではなかったことによる。しかし,第二次世界大戦後は石油を運ぶ大型タンカーや鉄鉱石・石炭運搬のための大型専用船が次々に建造され,水深20〜30 m級の専用桟橋が必要になった。さらに,貨物をあらかじめコンテナに詰めて運ぶコンテナ専用船が1966年に就航したことで,港の荷役作業が著しく高能率化した。現在では,コンテナを一度に6,000個以上も運ぶ巨大コンテナ船が稼働しており,国際貿易港では水深15〜16 mの長大な岸壁が必要とされるようになった。国際貿易貨物はフィーダー港と呼ばれる二次港からハブ港と呼ばれる主要港へ集められ,相手地域のハブ港へ運ばれてそこから各地のフィーダー港へ分配される体制となっている。世界の主要港は,ハブ港の地位獲得を目指して激しく競争しているのである。

スエズ運河の開削とエジプトによる国有化

　先に68頁で述べたように,古代エジプトではナイル川の支流からスエズ地峡へ続く「ファラオの運河」が開削されていた。しかし,周囲の砂漠の砂が風で吹き飛ばされて運河内に堆積するために長期間の維持管理が困難であり,やがて放棄されてしまった。こうしたナイル川との連絡ではなく,地中海と紅海を直接に水路で結ぶ構想は7世紀末から幾度か提案された。しかし,その構想を実現させたのは19世紀半ばのフランス外交官フェルディナンド・ド・レセップスであった。それ以前にも,ナポレオン・ボナパルトは1798年のエジプト遠征の際にスエズ運河計画の調査を命じた。しかし,砂漠の悪条件によるためか,紅海の海面が地中海よりも9 mも高いとの測量結果となり,運河構想は断念された。

　ナポレオン時代の測量結果は1847年の再測量で訂正され,海面差の問題は解消していた。レセップスは1854年11月,親密な友人であったエジプト副王(パシャ)から「万国スエズ海洋運河会社」を設立して運河を建設する許可を取り付

けた。また，外交官としての幅広い人脈を生かして多方面に働きかけ，1858 年 12 月にスエズ運河会社設立の株主総会を開催し，翌 59 年 4 月に運河建設の起工式を執り行った。

工事は，まず地中海側の出入口にポートサイド（サイドの港）と名づけた港と市街地を建設することから始まった。そして，紅海側のスエズ港までの延長 164 km の水路が掘削されていった。水路断面は，**図-41** のうちの一番小さいものであり，水深が 8 m，底幅 22 m であって，2,000 t 級の船で喫水 5 m 以下を想定していた。掘削工事が本格化したのは 1861 年からで，最初の 4 年間は最盛期に 2 万人の労働者を動員した人海作戦で掘り進められた。1865 年からは蒸気機関で駆動する浚渫船その他の機械が投入されて水路掘削が急速に進展し，1869 年 11 月 16 日に開通式を挙行することができた。掘削総土量は 7,500 万 m³ であり，クフ王のピラミッドの約 30 個分，1 カ所に積み上げると直径 1,200 m，高さ 200 m の円錐形の山となる。

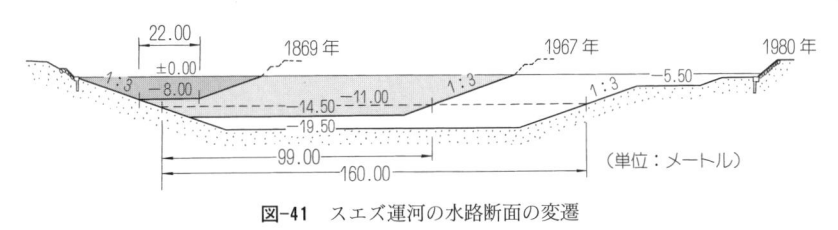

図-41 スエズ運河の水路断面の変遷

スエズ運河は投資プロジェクトとして大成功であった。通航船舶は開通の直後から急激に増加し，1900 年には 3,441 隻，合計 974 万総トンに達した。これらの約 7 割はイギリスの商船であった。イギリスは，1875 年にエジプト副王が累積負債返済のために運河会社の株を売りに出した機会をいち早くとらえ，その株を買い取った。これによって，フランスと共同でスエズ運河を経営する権利を握ったのである。さらにイギリスは，1882 年にエジプト副王に対する民族主義者の反乱が起きた際に軍隊を進駐させてスエズ運河を支配下に置き，それ以来，運河を管理してきた。

しかし，第二次世界大戦後の植民地解放の大きな流れのなかで，1956 年 7 月，エジプト大統領ナセルはスエズ運河の国有化を宣言した。これを容認しないイギリスとフランスは，10 月末にイスラエルも加えた軍事介入を行った。しかし，アメリカをはじめとする国際世論の厳しい反対・批判によって，イギリスほかは

戦闘を8日間で停止して撤兵し，スエズ運河は完全にエジプト政府の手に戻った。これ以降は，政府組織の一つであるスエズ運河庁が運河の運営・維持管理を行っており，船舶通行料がエジプトの大きな外貨収入源となっている。日本政府はこのスエズ運河庁に対して多大な技術・経済協力を行っており，図-41に示す1967年および1980年の水路拡幅・増深工事に当たっては，五洋建設(株)を筆頭とする日本の建設会社がその大部分を担当したのである。

パナマ運河の建設

　スエズ運河を完成させたレセップスは，次に大西洋と太平洋を結ぶパナマ運河の建設に挑んだ。コロンビア政府から建設許可を取り付けて1880年に会社を設立し，翌年1月に工事を開始した。スエズ運河は平坦な砂丘地帯を掘削すればよかったが，パナマ地峡では標高100m近い岩山を切り崩さなければならない。しかしレセップスは，閘門を設けずに水路全体を海面以下に掘り下げる海面式運河とすることに固執した。工事は難航し，運河会社は1889年に破産してしまい，工事は中断した。レセップスの名声に惹かれて投資した多数の中産階級の株主は資産を失い，政界をも巻き込む一大スキャンダルとなった。

　フランスは運河建設の権利を保持するために1894年に新会社を設立し，計画を閘門式運河に変更した。一方，アメリカ合衆国は1898年の米西戦争の経験から地峡運河の必要性を痛感し，フランスの運河会社を引き継ぐべくコロンビア政府との交渉に入った。交渉が運河地帯の土地使用料などで決裂した後，1903年11月にパナマ地区の政治家・有力者たちが「革命」を起こしてパナマの独立を宣言した。アメリカ政府は直ちに新国家と運河条約を結び，運河ルートを含む幅16kmの土地の管理使用権を取得し，運河の建設に着手した。

　アメリカは1904年9月に工事を開始した。まず最初に，レセップスの会社の労働者22,000人もが犠牲となった疫病撲滅のために，蚊の大殲滅作戦を開始した。また，作業基地を整備し，家族を含めた労働者6万人の宿舎を用意した。陸軍工兵隊のゴーサルズ大佐を技師長として工事が本格化したのは1907年であり，7年後の1914年8月15日に開通式を挙行した。

　パナマ運河は，カリブ海側のコロン市から太平洋側のパナマ市まで約80kmの閘門式運河である（図-42参照）。この地峡には中央部からカリブ海へ向かうチャグレス川が流れていたが，河口から約18kmの地点に高さ32mの石積みの

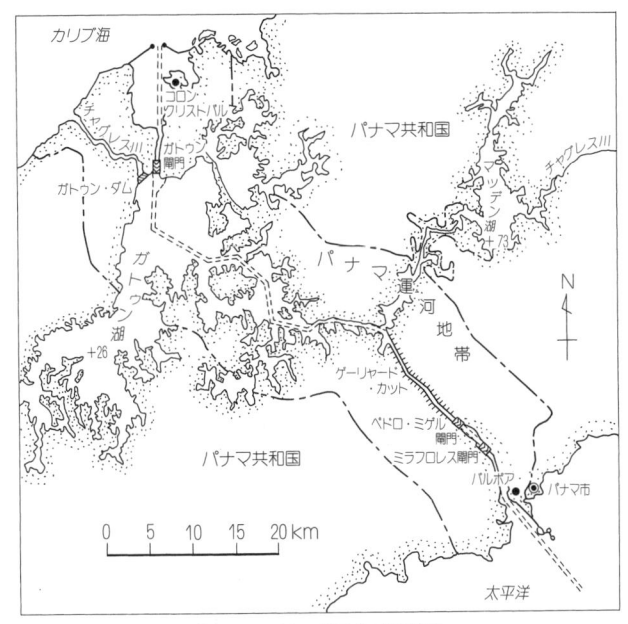

5 物資輸送のための水運開発—港と運河— 99

図-42 パナマ運河の平面図

ロックフィルダム（第9章, 148頁参照）を築いた。これによって水面を標高25.9 m に高めた広大なガトゥン湖（水面積425 ha）を誕生させ、地峡部分の掘削土量を大幅に削減した。海から運河に入った船は、カリブ海側も太平洋側もそれぞれ3段の閘門で26 m の高低差を乗り越えてガトゥン湖に上がり、また下りていく。

パナマ運河の閘門は、戦艦が通航できるように閘室の幅が33.5 m、奥行き305 m、水深12.2 m という大きさで設計され、両方向の船舶が同時に利用可能な複線式である。門扉は両開き構造で、幅19.8 m、厚さ2.1 m の鋼鉄製であり、そのうちの最大の扉は高さ25.0 m、重量730 t である。また、閘室内の水位調節のため、閘室の底版には多数の小管路が接続してあり、バルブを開閉することで閘室に注水あるいは排水する。閘室には約10万t の水が入るが、これを7〜10分で満杯あるいは空にすることが可能である。

工事の最大の難関は、ガトゥン湖とパナマ市との間にあるクレブラ丘陵地帯の開削（ゲーリャード・カットの区間）であった。ダイナマイトで破砕しなければならないような岩盤でありながら、雨が降り続くと岩盤の間の粘土層が地滑りを

起こした。また，切り取った斜面には山側からの圧力がかかって地層全体が動き，掘り下げた部分を埋め戻した。幾度となく掘削と地滑りを繰り返し，切取り斜面の勾配は次第に緩やかなものに変わり，掘削箇所の頂部の幅は最も広い所で550 m にも達した。運河開通後もクレブラ切取り斜面の崩壊は止まらず，そのたびごとに浚渫あるいは掘削除去を繰り返している。パナマ運河の当初の掘削量は1.8 億 m^3 であったが，その後 1945 年までにさらに 1.9 億 m^3 の浚渫・掘削を行っている。

　パナマ運河の開通による航路短縮はスエズ運河よりも著しく，ここを利用する船舶は年を追って増加した。開通の翌年の 1915 年には 1,058 隻，1921 年には約 2,800 隻，1974 年には 17,000 隻を超え，積載貨物量は約 1.5 億 t であった。パナマ運河とその周辺の土地は，パナマ政府とアメリカ合衆国との間で 1977 年に調印された新パナマ条約に基づき，1999 年 12 月 31 日をもって全面的にパナマに返還され，2000 年 1 月 1 日からはパナマ政府が運河の管理運営を行っている。

【検討課題】
① 水運と産業発達の関連性について考察してみよ。
② 日本では中国やヨーロッパに比べて運河があまり発達しなかった。その理由について考え，今後の日本における運河整備の可能性について検討してみよ。
③ ヨーロッパでは内陸水運が健在である。その状況について調査してみよ。

6 情報通信路としての帝国道路

自然の道と人為の道

　人は，歴史に記録される以前から交易のために遠くへ旅をした。海を渡った黒曜石は，おのずと踏み固められた道を通って，旧石器・縄文時代人によって運ばれた。ヒスイもまた，古くからの交易品であった。この原石は，日本では新潟県の姫川の支流でしか産出しない。このヒスイの装飾品が北海道から九州の熊本まで運ばれた経路は，古代ヒスイロードと名づけられ，考古学者の一つの研究テーマである。

　古代地中海世界では，琥珀（こはく）がその透明でかつ明るい褐色の美しい色調によって珍重された。しかし，琥珀はバルト海沿岸でしか産出しない。このため紀元前1900年頃から，バルト海沿岸を起点として地中海に至る，ヨーロッパを縦断する数本のルートが形成された。これは「琥珀の道」と呼ばれる。このルートは，ライン川，ドナウ川など限られた渡渉地点やアルプス越えの峠などで，当時の交易品が発掘されることで確認されている。

　こうした先史時代の道であっても，全くの自然のままであったわけではない。谷間の湿地地帯では，丸太を敷き並べて木道としていた。横浜市港北区ニュータウンの造成地では，紀元前2000年前後の木道が発掘されている。また，「琥珀の道」でも数カ所で丸太や厚板を敷き並べた遺構が確認されている。

　しかし，路面を舗装し，排水溝を設けた道を築くようになるのは，文明が誕生し，都市が成長してからである。紀元前2000年前後のクレタ島では，幅約4mの道が石で舗装されていた。道路面の下は土地を20cmほど掘り下げて均し，その上に厚さ10cmほどの粗い砕石を並べて石膏モルタルで固めた。それから厚さ約6cmのローム（土）を混ぜたモルタル層をクッションとして置き，その上に石の舗装版を敷いていた。このミノア文明のクレタ島の道が，現在までに知られている最古の舗装道路である。

メソポタミアの王の道

　古代メソポタミアでは，第3章（23〜25頁）に略述したようにいくつもの王朝が興亡を繰り返した。王朝が国内の統一を保つためには，軍隊と同時に通信連絡の手段の確保が欠かせない。古バビロニア王国では，ハンムラピ大王（在位，前1792〜50）が「早馬」の制度を設けたことが記録されている。地方への命令伝達などが目的である。次のアッシリア帝国では，主要な道路を「王の道」として整備し，その主要地点には役人を配置した駅を設けた。王室関係の命令や郵便などは，この駅役人を通じて次々に伝達された。「駅伝」の制度であり，これによって王は的確に情報を管理し，各地に任命した知事や地方君主を意のままに動かすことができた。すなわち，古代の帝国における道路は，軍隊の行進路であるとともに，情報を伝える大切な神経回路でもあったのである。

　アッシリア帝国の後の新バビロニア王国を滅ぼしたペルシャは，紀元前525年にオリエントの大統一を果たし，前330年にアレクサンドロス大王によって滅ぼされるまで，オリエント世界に君臨した。ペルシャ帝国はアッシリアの王の道をさらに発展させ，**図-43**のように長大な王の道を整備した。首都スーサから，小アジアのサルディス（現在のイズミル市北東の小村サルト）までの約2,500 kmを最短距離で結び，さらに国内主要都市への道も完備していた。

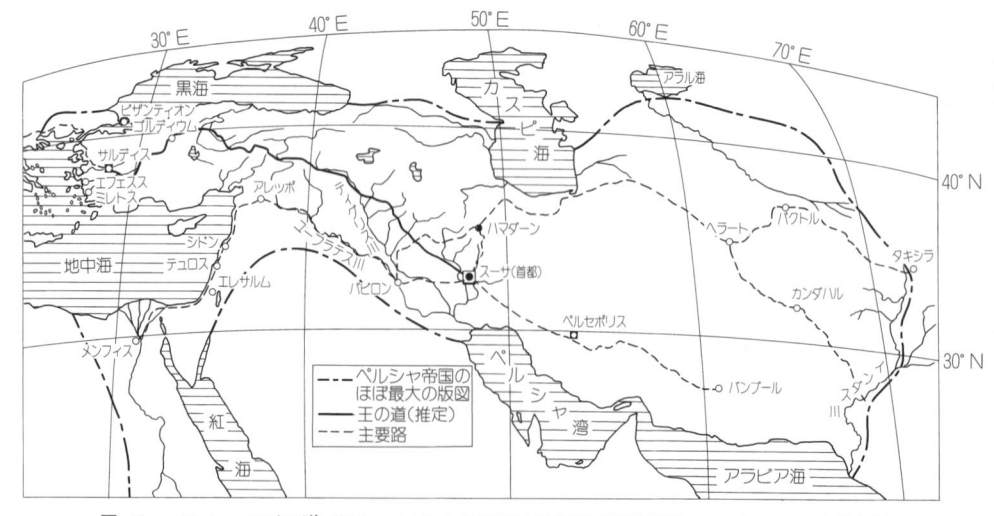

図-43　ペルシャの王の道（朝日＝タイムズ『世界考古学地図』朝日新聞社，1991年，p.159を簡略化）

このペルシャの王の道については，ヘロドトス（紀元前484頃～430以前）が『歴史』のなかで，約20～25 km間隔で王室公認の宿場が111カ所あると述べている。スーサからサルディスまでは約3カ月の行程であったが，王の急使は宿場ごとに用意されている替え馬を乗り継ぎ，10日ほどで駆け抜けた。公用旅行者は公務を証明する旅券を携帯し，宿舎や替え馬の便宜を受けた。

ペルシャの王の道は，距離を短縮するために途中の大都市のいくつかをとばしており，そうした都市へは支道で連絡した。通信の迅速性と軍隊の行進速度を第一に考えた路線計画であった。なお，この王の道は，現在では小アジアの一部に砕石を敷いた短い区間が残されているだけであり，道路幅や舗装状況などは不明である。

インカの道路

ペルシャよりも年代は2,000年近く遅れるけれども，南米に興ったインカ帝国もまた見事な道路網を展開した。旧大陸の諸文明とは全く交流がないままに独自に発達させたもので，比較文明学で「共時性（Syncronism）」といわれる事象の一例である。

南アメリカでは紀元前2000年頃から土器が出現し，トウモロコシを主食とする文化が成長した。紀元前1000～前200年頃にかけてチャビン文化がペルー全域に影響を及ぼしたが，その後は各地で独自の文化が生まれた。海岸の砂漠地帯に巨大な地上絵を残したことで有名なナスカ文化もその一つである。やがて，ペルー北部ではチムー帝国，南部ではチンチャ王国が成立した。そうしたなかでインカ族が1200年頃から興隆し，最初は小さな部族国家であったものが15世紀半ばにチンチャ王国を服属させ，1470年頃にはチムー帝国を征服してアンデス文明の政治統一を果たした。ただし，1533年にはピサロに率いられたスペインの遠征隊によってインカ帝国は滅ぼされ，大量の黄金が略奪された。

インカ帝国は，支配下におさめた諸王国の文化を巧みに取り込み，それを帝国全体にわたって集大成した。「インカ道」もその一つであり，それまで各地で建設されていた道路を連結し，さらに機能的なものに整備した。図-44のように2本の幹線道路からなり，1本はアンデス山地を通る道で「王の道」と呼ばれ，延長約5,200 kmに達した。もう1本は海岸沿いであり，延長約4,000 kmであった。これに支道や連絡道を加えると，総延長は2万～3万kmあったと推定さ

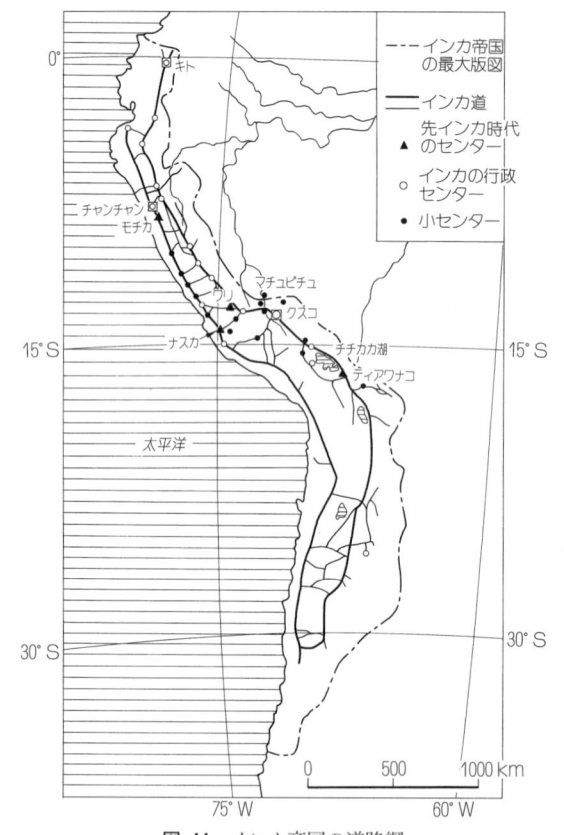

図-44　インカ帝国の道路網
(朝日＝タイムズ『世界考古学地図』朝日新聞社，1991 年，p. 223 を簡略化)

れる。インカ道には，インカの距離単位である1トポ（7.25 km）ごとに里程標が立てられていた。

　インカの道路は，各地を最短距離の直線で結んだ。丘や山に突き当たってもそのまま真っ直ぐに延ばし，急な傾斜地では階段を刻んだ。山地を通る「王の道」では道幅が5〜6m，海岸沿いの道は幅約8mが基本であった。インカ道は王のためのものであって人民は利用できず，集落を通る箇所では道の両側に高さ1m以上の壁が築かれた。こうしたインカ道の建設と維持は沿道の村に課せられた労働奉仕の制度によるもので，インカ帝国の滅亡後はインカ道も荒廃した。

　インカ皇帝は，道路沿線にタンプと呼ばれる宿駅を1日行程の距離ごとに設け

た。ペルシャの王の道と同じように，公用旅行者へ宿泊と食事を提供した。また，宿駅に建てられた倉庫は，行軍する軍隊へ食料や必需品を補給する役割も担っていた。さらに，皇帝の通信回路として機能させるため，チャスキと呼ばれる飛脚がタンプに常に待機していた。飛脚は，近隣の村々から労働奉仕制度で派遣されて特別な訓練を受けた若者であり，15日交替で勤務した。飛脚による通信の伝達速度は，1日に280 kmを超えることがあったといわれる。この飛脚制度によって皇帝の意志が広大なインカ帝国の隅々まで行き届き，軍隊と行政組織を動かすことができたのである。

ローマの道路網

　ペルシャ帝国がアレクサンドロス大王に滅ぼされた紀元前4世紀，イタリア半島の小都市国家であったローマは徐々に力をつけて近隣の都市国家や部族を支配下におさめ，地中海世界に乗り出した。紀元前146年に第三次ポエニ戦役で宿敵カルタゴを抹消し，紀元前30年にはプトレマイオス王朝最後の女王クレオパトラを自殺させてエジプトを併合し，これによって地中海全域の支配者となった。この頃までには，アルプスを越えたガリア，さらにブリタニアの地もローマの属州となり，紀元前27年にアウグストゥスが実質的な初代ローマ皇帝となったときには，中近東からイングランドに至る広大な領土の帝国となっていた。

　この強大なローマ帝国を支えたのが，広大な領土内に張り巡らされたローマの道路網であった。**図-45**は2世紀頃のローマ帝国の版図と主要な道路，都市を示している。主要幹線は372本，総延長86,000 kmといわれる。

　この膨大な道路建設の第一歩が，紀元前312年のアッピア街道であった。この頃，都市ローマの同盟都市カプアは，カンパニアの山地を本拠地とするサムニウス部族と戦争状態にあり，ローマは援軍を送るものの200 km以上も離れた戦場に到着するのが遅れて戦機を逸しがちであった。このため，戸口監察官であったアッピウス・クラウディウス・カエクスは元老院を説得し，ローマからカプアまで一直線に延びる街道を建設した。ローマ軍団はこのアッピア街道を速やかに行軍してサムニウス軍を打ち破り，紀元前290年にはこれを降伏させている。なお，アッピウス・クラウディウスは52頁で紹介したローマ最初の水道の建設者であり，インフラストラクチャーの重要性を認識した最初の政治家である。

　アッピア街道が軍事道路として役立つことが証明された後，ローマ共和国はイ

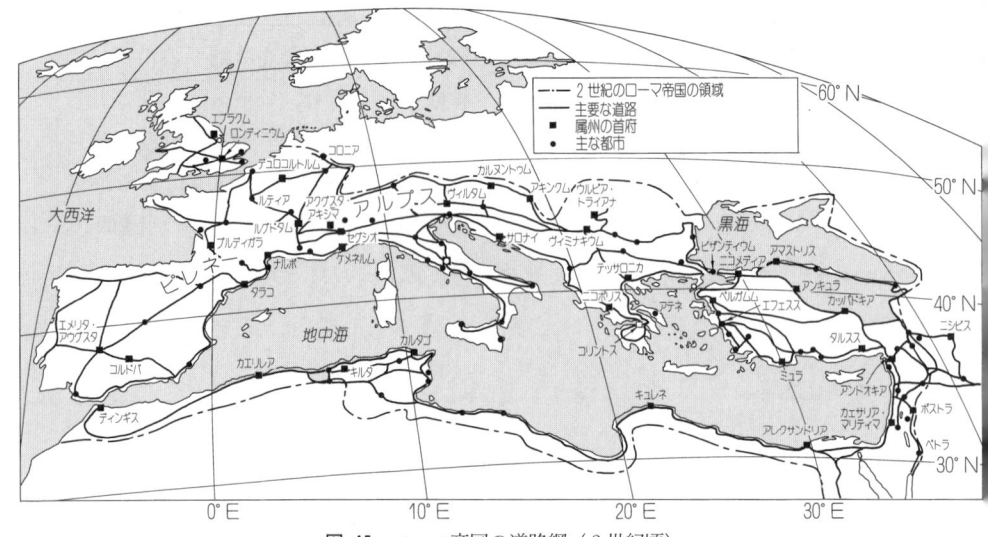

図-45 ローマ帝国の道路網（2世紀頃）
（朝日＝タイムズ『世界考古学地図』朝日新聞社，1991年，p.171を簡略化）

タリア半島の各地へ至る道路を次々に建設した。これらの道路には，ローマ水道と同様に建設者の名前がつけられた。ローマ共和国がイタリア半島の外へ膨張し，ガリア，イベリア，ブリタニア，ダルマチア（旧ユーゴスラヴィア），マケドニア，アナトリア（現在のトルコ），シリア，エジプト，北アフリカを版図に加えるにつれて，道路の建設も着々と進められ，**図-45**のような道路網を築き上げた。

　ローマの道路は，あくまでも直線を貫いて建設された。ローマ帝国が崩壊してローマの道も忘れ去られ，その上を農地が覆うようになった現在でも，ローマの直線道路の痕跡がしばしば確認されている。航空写真の上に農地を走る直線上の模様が見えることがあり，発掘すると道路の基盤の砕石層などが現れる。土壌の透水性の違いによって作物の育ち方に微妙な差が生じるためである。

　ローマの道路は，非常に手間をかけた舗装を行っていることも特徴的である。**図-46**は舗装の横断面の一例で，地面を1mも掘り下げて建設している。最初に切り揃えた石を敷き詰めてセメントモルタルで固め，その上に大きさを少しずつ変えた砕石や砂利を3層にわたって突き固めている。この例は交通量も少ない地区の道であって路面を砂利で固めただけであるが，交通量の多い所では平らな石

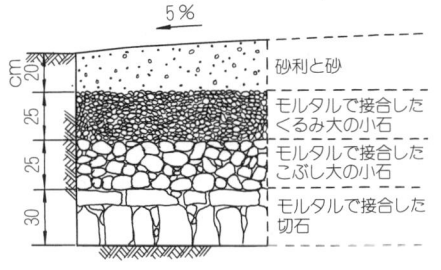

図-46 ローマの道路の舗装構造の例
(武部健一『道のはなしⅠ』技報堂出版，1992年，p.13より)

で舗装した。このため，中世ヨーロッパではローマの道路が石材の供給源となり，教会建築や石垣の材料として運び出されていった。

　道の幅は幹線で約12 m，準幹線で約6 m，一般道で約3.6 mを目標とした。こうした道路は，ローマ軍団の兵士によって建設された。そもそも軍事道路であったこと，また平時にも兵士を労働に従事させるためである。軍団の将校は，土木技術にも精通していることが求められた。

　第3章（24頁）で触れたように，古代の都市攻防戦では築城とその破壊の数多くの局面が土木や機械技術の総力戦であり，将校は技術の面でも兵士を指揮できるエンジニアであった。こうした軍事技術から分かれて公共事業を専門とするシビルエンジニアが現れるのは17世紀のことであり，1716年にはフランス政府内に土木公団の組織が発足した。1747年には政府のエンジニア養成を目的として，土木学校（エコール・デ・ポンゼ・ショッセ）が設立されている。

　ペルシャの王の道と同様に，ローマの道路も帝国の通信回路として重要な役割を担っていた。ペルシャの駅伝制はエジプトのプトレマイオス朝に取り入れられていたが，初代皇帝アウグストゥスはこれを参考として紀元前31年に駅伝制を定めた。宿駅は40～50 kmごとに設けられ，中間には簡易な宿泊所があった。公用旅行者は，旅行許可証「ディプロマ」を携行した。

　ローマのすべての道には主要地点からの距離を記入した里程標（マイルストーン）が1.48 kmごとに立てられていた。こうした道路の路線，宿駅の施設などを順に記載した道路地図がいろいろ作成され，一般の旅行者は道路沿いの里程標と照らし合わせながら旅を続けた。『ポインティンガー図』と名づけられた3世紀頃の道路地図の写本が現代に伝えられている。

中国の道路網と駅伝制

　中国では，前漢のころから「南船北馬」の成句が用いられるように，華北では馬が交通の手段であった。黄土の堆積した関中・華北平原を大勢の人や馬車が行き交い，各地の都市国家間に道路網が形成されていった。西周の時代（紀元前11〜前8世紀）には，水工・土木をつかさどる司空の職が設けられ，その任務の一つとして道路の維持補修の仕事を統括していた。道路には並木を植え，道を修理する者たちの休憩所を4kmごとに設置したという。

　秦国は紀元前7世紀後半から発展して大国の一つとなり，紀元前221年に始皇帝が中国全土の統一に成功した。その過程では，西と南へ向かう道路の建設に努めている。南へは，渭河沿いの宝鶏市から山を越えて嘉陵江の上流へ出て，さらにまた山越えをして漢江上流の襃河へ道をつけ，陝西省の漢中に到達する。73頁の**図-30**で襃斜道と記したあたりである。渓谷の切り立った山肌に木の棚を取り付けるようにして道をつけたので，北の桟道あるいは秦の桟道といわれた。さらに，漢中から蜀の成都へ出るために，南の桟道あるいは蜀の桟道といわれる山道を切り開いた。紀元前316年に秦は四川盆地を征服しているので，軍事目的で建設を督励したと思われる。

　秦の始皇帝は，全国に郡県制を敷き，中国最初の中央集権国家を樹立した。そして，首都咸陽から全国へ延びる馳道を**図-47**のように建設させた。この馳道は幅が67mと広大であって周りよりも高く突き固められ，中央の約7mは皇帝専用の通路でさらに一段と高く築かれていた。馳道の総延長は約7,500km，馳道から分岐して主要都市へ接続する幹線道路約4,900kmも同時に建設された。始皇帝の即位から死去まで11年であり，在位中にはこの馳道を通って何度も各地の郡県を視察しているので，馳道はわずか数年間で建設されたのであろう。

　馳道建設の第一の目的は，統一の過程で滅亡させられた旧六国の貴族層の反乱を未然に防止すること，すなわち戦車を主体とする軍隊を迅速に派遣することであった。第二の目的は，通信・運輸の確保であった。秦の郡県制では100戸を1里とし，10里を1亭としてこれを行政組織の最小単位とした。亭長はその地区の治安維持が主な仕事であったが，同時に道を行く使者や官吏に宿舎・食事・替え馬を提供する役目も担っていた。すなわち，駅伝の制度である。秦の始皇帝は，竹簡に記された上奏文書を毎日31kgも閲覧したとの伝説が残されている。始皇帝は，馳道と幹線道路網を使って全国の財貨・物資を速やかに咸陽へ輸送さ

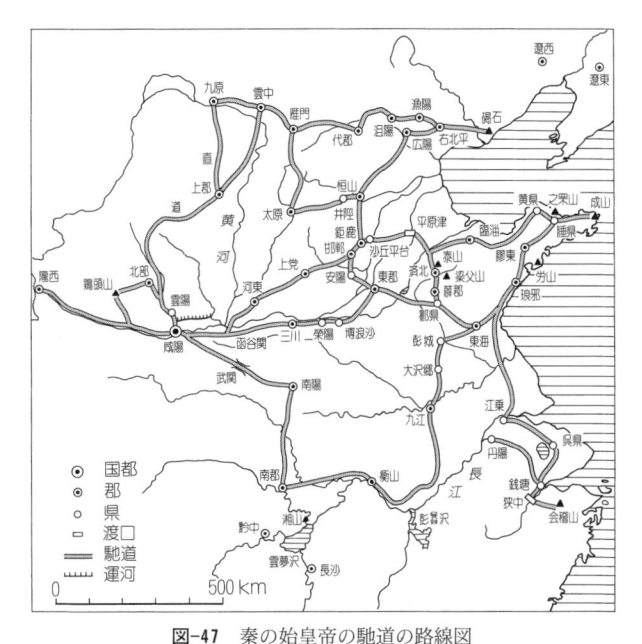

図-47 秦の始皇帝の馳道の路線図
(松丸道雄・永田英正『世界の歴史 5 中国文明の成立』講談社, 1985 年, p. 158 より)

せ，土木建築事業を遂行させた．物資輸送には刑徒 70 万人が動員されたという．

中国の道路網は秦以降も次々に拡大され，整備されてきた．西域や雲南省方面への道路も開かれた．漢・隋・唐・宋・元・明・清の歴代王朝は，そのときどきの国都へ向かう幹線道路に固有の名をつけ，駅を整えた．例えば唐代には，30 里（約 12.5 km）ごとに 1 駅が設けられ，全国では 1,639 駅があったと記録されている．すなわち幹線道路だけで約 2 万 km に達する．駅伝の制度は各王朝の衰亡期には機能しなくなるが，新しい王朝が興隆すると，装いを新たにして再び整備されてきた．すなわち，基本的には秦以来の道路網が拡大され，維持されてきたのである．

古代日本の道

日本においても，計画的な道路が古代につくられた．15 頁の**図-8** に示す，上町台地を南北に通る難波大路や，これと東西に交わる大津道と丹比道などである．いずれも直線上に延びており，人為の道である．5 世紀末から 6 世紀初めの

建設と推定される。さらに奈良盆地には，37頁の**図-18**に見られるように，南北に走る上ツ道，中ツ道，下ツ道，および横大路が建設された。南北の3本の道は，約2.1 km（4里）の間隔で平行している。7世紀初めの推古天皇の代に，隋，新羅などの外交使節を迎える大路として整備されたものである。発掘調査によれば，これらの道は幅が約23 mもある広いものであった。

全国の道路網としては，**図-48**に示す古代の七道が整備された。畿内を中心として反時計回りに東海道（常陸国まで），東山道（下野を経て陸奥へ），北陸道（越後，佐渡へ），山陰道（石見まで），山陽道（長門まで），南海道（紀伊・淡路より四国へ）の7路線であり，これに西海道（筑紫から九州一円）が加わる。七道は，同じ名称の地方行政区へ通う道の意味をもち，建設時期は不明であるが，7世紀半ばには機能していたのではないかと思われる。

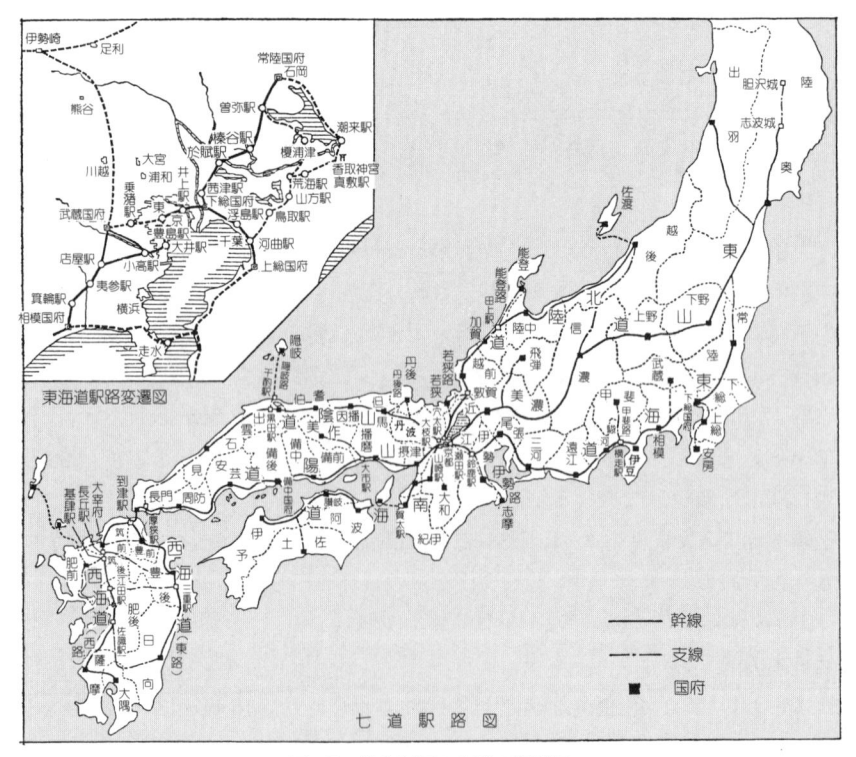

図-48 律令制下の七道の駅路図
（豊田武・児玉幸多『体系日本史叢書 24 交通史』山川出版社，1970年，p.12 より）

七道は駅伝制を伴っていた。大化改新の翌646年に発せられた「改新の詔」には，「畿内に駅馬・伝馬を置く」の規定がある。駅馬は緊急の公務出張や公文書伝送ための替え馬，伝馬は国司の赴任や国内巡視などに使われる馬である。律令制下では，駅馬を使うときは公務利用を証明する駅鈴の提示が必要であった。701年施行の大宝令には，駅伝制を全国七道へ適用することが記載されている。原則として30里（約16 km）ごとに駅を設け，駅の重要度に応じて5匹から20匹の駅馬が用意されていた。公文書を伝送する駅使や官吏は駅で食事をとり，宿泊した。特急の駅使は飛駅といい，太宰府から京まで5〜6日で到着した。

駅伝制が整ったころの七道は，ローマの道と同じように一直線を通すことが原則であった。丘があれば切り通し，谷間には盛土をした。いわば，古代の高速道路である。道幅も10〜15 mあったことが各地の発掘によって明らかにされている。七道の駅路とその支線には全国で401の駅があり，総延長は約6,500 kmである（武部健一氏の計算による）。武部氏はまた，古代の幹線道路が現代の高速道路とほぼ同じ路線を通り，しかも古代の駅と現代のインターチェンジの位置がよく対応することを指摘している。

班田給付制を基本とした律令制も9世紀半ばから機能しなくなり，荘園が拡大して朝廷への租税も滞りがちとなった。こうした国家体制の変質によって，駅伝制や道路網も10世紀からは十分に維持管理できなくなった。幹線道路も次第に見捨てられ，道も村々を結び，自然の地形をたどる経路に移り変わっていった。

源頼朝が開いた鎌倉幕府は，関東地方の各地と鎌倉を結ぶ鎌倉街道を整備した。現在でもその名を残した道路が各地にあるが，全体像は把握できていない。山林の中に残されている道から判断すると，道幅は5〜6 mほどあったようである。

江戸時代の道路

江戸時代の幹線道路すなわち街道は，東海道，中山道，甲州道中（俗に甲州街道），日光道中，および奥州道中の5街道であった。この5街道から分岐する道路は脇街道と呼ばれた。5街道と脇街道の一部は幕府が直接に管理し，道中奉行を任命した。奉行は街道の改修・整備，宿駅や人馬の賃銭に至る道路交通の諸事を管轄していた。それ以外の道路は，諸国大名および地方の代官が管轄した。主要街道には江戸日本橋を起点として，1里ごとに道の両側に丸い塚が築かれ，1

本ないし数本の木が植えられた。これが一里塚である。また，街道には並木が整備され，その一部は日光や箱根の並木のように現代まで保存されている。

こうした江戸時代の街道のほとんどは，古代・中世から利用されてきた道路を改良したものである。東海道は7m近い道幅があり，他の街道でも少なくとも4m近い道幅があった。さらにその両外側には，約2.7mの敷地をとって並木が植えられた。道路の大半は土を突き固めた上へ砂と砂利を敷いただけであったが，日本では中世・近世を通じて馬車が用いられず，街道を利用したのは歩行者と騎馬の者が主であったので，そうした簡易構造でも路面を維持することができた。

しかし，箱根八里の坂道や静岡県金谷町の坂道，あるいは京都山科の日岡峠などの交通の難所には，石畳が敷かれた。特に，日岡峠は大津と京都を結ぶ大津街道の難所であった。琵琶湖を渡って運ばれてきた物資は牛車で京へ運ばれたが，交通量が多いため17世紀末の元禄時代から人馬の通る道と牛車の通る車道を分離していた。1736（元文1）年からは，3年がかりで牛車専用の石の軌条が敷設された。これは，牛車の重量に耐えるだけの厚みのある石に溝の凹みを刻み，これらを牛車の車輪の幅に合わせて2列に並べたものである。この際には，坂道を緩やかなものとするために切通しを設け，延長約530mの坂道区間の勾配を1/20に抑えたのである。

街道には宿駅が設けられていたが，貨幣経済の発達によってすべて民営であり，『東海道中膝栗毛』に描かれているように，宿屋同士の客引き競争も盛んであった。江戸・京都間の東海道は距離126里6町余（約495km）であったが，ここに53の宿駅があったことはよく知られている。

街道が整備されると，飛脚による通信業務が発達した。幕府は，公用の信書や荷物を継送するための継飛脚を各宿駅に配置した。諸大名も独自の飛脚を抱えた。さらに，商人が力をつけるにつれて民間の飛脚屋が現れた。飛脚は書状だけでなく，両替商宛の為替手形や若干の商品も運んだ。また，江戸時代には伊勢神宮その他の有名地へ向かう，大衆の一種の観光旅行が盛んに行われ，旅行案内書もいろいろ刊行された。ヨーロッパの産業革命をもたらした蒸気機関などの発明はなかったが，江戸時代の社会は産業革命の前段階にまで成熟していたのである。

ヨーロッパ大陸の道路

　5世紀後半に西ローマ帝国が滅びると，軍団移動路および皇帝の通信網という道路の二つの設置目的も消滅し，ローマの大道路網は見捨てられてしまった。わずかに，カール大帝（シャルルマーニュ）の父が始祖であるカロリング朝（8世紀中期から10世紀末）の王たちが領土内の道路網に注意を払っていた。この王朝の宮廷は国内の枢要地を順に移動していたので，1日行程の距離ごとに修道院を建設し，これに宿泊機能を兼ね備えさせた。

　10世紀に入ると人々の暮らしにもいくらか余裕ができ，スペイン北西端の町サンチアゴ・デ・コンポステラの教会（聖ヤコブの遺骸を納めた墓の上に建立）を目指す巡礼が始まった。また，聖地エルサレムやローマへの巡礼も盛んになった。巡礼者たちは途中の教会や修道院，有料の宿屋などに泊まりながら，長途の旅を続けた。巡礼者保護の法制度が整えられ，橋の建設や道路の修復も行われた。ただし，橋は有料が通例であり，貧しい巡礼者は徒歩で渡れる場所を探して回り道をした。

　12世紀末頃からフランス国内で王権が強まるにつれ，幹線道路は公道として国王の権限下に置かれるようになった。フィリップ2世（在位，1180～1223）は一部の道路の舗装を命じ，それ以降の国王も少しずつ道路の整備に乗り出した。しかし，本格的な整備は17世紀に入ってからである。1338年から1453年の間は英仏間の百年戦争の期間であり，また1562～98年の間はカトリック派とプロテスタント派の間で熾烈な宗教戦争（ユグノー戦争）が続いた。これをナントの勅令で終結させたアンリ4世（在位，1589～1610）は，財政部局の中に「フランス道路長官」のポストを1599年に創設し，宰相シュリー公爵を任命した。公爵は各県に地方道路長官を置き，1607年に道路法を制定し，道路整備年次計画を策定して，少しずつこれを実施していった。

　道路長官のポストは次のルイ13世のときに廃止されたが，ルイ14世（在位，1643～1715）が幼年で即位したあとまもなく復活した。1661年に財務総監に昇進したコルベールは道路長官を兼務し，道路網の整備を推進した。ルイ14世は太陽王と呼ばれるようにヨーロッパ諸国に覇を唱え，幾度も侵略戦争に乗り出したが，整備された道路網は軍隊の動員に不可欠であった。また，コルベールが推進した重商主義による国内産業の育成にも，交通網の整備が必要であった。第5章（89頁）で紹介したミディ運河も，この観点からコルベールが推進したので

ある。彼が1683年に死去するころには，フランスの道路は見違えるように良くなった。ただし，石張りの道路はごく一部で，かなりの道路は土を固めただけの構造であった。

次のルイ15世（在位，1715〜74）の治世下では，107頁に述べたように土木公団の組織が発足し，やがて土木学校も設立された。18世紀のフランスの国道は第1級道路から第4級道路までに分類され，第1級道路は用地幅を約42mとして中央の幅約6.5mを石で舗装した。これを含む幅約20mが道路であり，その両側に4m離して並木が植えられた。道路構造の研究も進み，1764年には土木公団の技師トレサゲが新しい施工法を開発した。トレサゲ法では道路面の排水を良好に保つため，道路の床面を中央がやや高い凸形の局面に仕上げる。この土の路床をよく突き固め，その上に厚さ約25cmの砕石層を3層構造で形成した。最初に大きめの石を立てて敷き並べてハンマーで叩いて固め，次にやや小さい砕石をよく噛み合わせて敷き並べ，表層はクルミ大の砕石を約7.5cmの厚さで敷いた。

こうして道路が良くなるにつれ，駅馬車や乗合馬車が各地に広まった。駅馬車は1517年にパリとオルレアンの間を走ったのが最初で，1610年までにはパリを出発する5路線が営業していた。17世紀末には，フランス国内の主要都市は駅馬車によってパリと結ばれていた。このフランスの道路を見習って，ヨーロッパ諸国でも道路が次第に整備され，18世紀半ばまでにはヨーロッパ中を駅馬車で旅行できるようになった。

イギリスのターンパイクと郵便馬車

イギリスではウェストミンスター寺院へ通じる道路が1314年に舗装されたとの記録があるが，ヨーロッパ大陸に比べて整備が遅れていた。1555年にメアリー女王が一般幹線道路法を布告したが，国王ではなく，沿道の教区や市に道路管理の責任を負わせたものであった。17世紀半ばからは有料道路の制度が導入され，1路線ごとに議会が法令で認可することで各地に建設されていった。1663年のロンドン近郊の道路が最初であり，次第に普及した。

しかし，有料道路の入口で料金を払わずに突っ走る無法な馬車が増えたため，1695年には道路の入口に槍（パイク）を横置きして通行を遮断し，通行料金を払へばパイクを回転（ターン）して通すことを認める法令が制定された。有料道

路すなわちターンパイクの語源である。ターンパイクは，資金を投じて道路を整備することで利用者が増え，利潤も上がったため，これを経営する会社がイギリス各地に次々に設立された。1770年頃までには，総延長が24,000 kmに達し，有料道路網がイングランド・ウェールズを広く覆うようになった。1840年には約1,000の会社が総延長35,000 kmに達する有料道路を経営した。しかし，それ以降は新登場の鉄道の利便・快適性に圧倒されて経営が悪化し，次第に姿を消していった。

　イギリスの駅馬車はフランスよりやや遅れて登場した。長距離の駅馬車の営業は18世紀に入ってからである。イギリスの道路交通を発達させたのは，王室の郵便馬車であった。イギリスでは「王の使者」の制度が12世紀につくられ，16世紀には幹線道路に沿ってほぼ20 kmごとに宿駅を設けた。当初は公用郵便だけであったが，1635年からは一般の郵便も運んだ。さらに，1748年には郵便馬車として旅客10人ほどを乗せるようになった。運行時刻を公表し，時間を厳守して時速16 kmで走り抜けた。これに刺激されて民営の駅馬車も高速運行するようになり，ロンドンと地方都市との間の旅行者は急増した。

　こうした頻繁な馬車の運行は道路舗装の改良をうながした。フランスのトレサゲ工法が導入され，イギリスの風土に合わせて改良された。後に英国土木学会の初代会長となったトーマス・テルフォードは，水道・橋梁・道路・運河など各分野で活躍したが，道路舗装でも1805年頃に新しい工法を開発した。道路の床面は水平に仕上げ，最初に大きな石をきっちりと詰めて手で敷き均し，基層をつくる。頂部の凸部はハンマーで打ち欠き，締め固める。その上にクルミ大の石で中層をつくり，この段階でしばらく道路を馬車の交通に開放する。馬車の鉄輪で路盤が締め固まってから表層の石を敷き均して完成させた。

　このテルフォード工法は長持ちしたが，工費がかさんだ。このため，1815年にはブリストルの有料道路の主任技師となったマカダムが新方式を開発した。この方法では基層の大きな石を省略し，直径5 cm以下の砕石を約25 cmの厚さで一様に敷き均し，工事の途中段階から馬車の交通を許す。ある程度締め固められたところで砕石層を重ね盛りし，これを3回ほど繰り返した。マカダム工法は，路面を走る馬車の重量を土の路床で受け止めることを前提としており，路床面を常に乾燥状態に保つことを基本とした。地中の湿潤面が高い場所では，盛土をして路床を高め，排水をよくした。マカダム工法は建設費が安く，工期が短く

て済んだため，この工法は急速に普及した。なお，この工法の考え方は，現代のアスファルト舗装やコンクリート舗装の基層づくりに取り入れられている。

【検討課題】
① 道路の幅によって軍隊の行進速度がどのくらい変わるか考察してみよ。
② 日本において馬車が普及しなかった理由や，そのことが道路の発達に及ぼした影響について考察してみよ。

7
世界を変えた鉄道

蒸気機関車とレールの結合

　重い荷物を陸上で運ぶときは，地面に敷いたレールの上で荷を積んだ車を押すのが一番効率的である。凸型の木製レールはドイツその他の鉱山で12世紀頃から使われたようで，文献では1519年の鉱山技術書に挿し絵として現れる。

　イギリスでは炭鉱でレールと貨車の組合せが使われた。数台の石炭運搬車を1頭の馬が牽引した。坑内から運河あるいは港の積出岸壁まで，市街地や民有地を通ってレールを敷くためには，軌道の占有認可を議会で法令として可決してもらった。最初の法令は1758年であり，イングランド北部の都市リーズとミドルトン炭鉱を結ぶ路線に対して公布されている。製鉄所では，やがて木製のレールに代えて鋳鉄製のレールを使うようになり，これが炭鉱にも普及した。

　実用的な蒸気機関を最初に発明したのはトーマス・ニューコメンであり，1712年である。1766年にはジェームズ・ワットがこれは改良して熱効率を高め，紡績工場や炭鉱で数多く使われるようになった。さらに，リチャード・トレビシックは蒸気機関を高圧力のものに改良し，1804年に炭鉱用の蒸気機関車を製作した。しかし，機関車があまりに重いために鋳鉄レールが損壊してしまい，炭鉱主に採択してもらえなかった。

　馬車軌道で石炭を運んでいた炭鉱主たちも，ナポレオン戦争が長引いて馬の飼料が値上がりするにつれ，蒸気機関車に注目するようになった。これによって数種類の蒸気機関車が発明されたが，なかでもジョージ・スチーブンソンが1814年に開発したものが好評であり，1825年までに16両が各地の炭鉱で活躍した。

専用軌道から公共鉄道の時代へ

　炭鉱や製鉄所の専用であった馬車軌道は，やがて有料の公共軌道へと拡大した。1801年に議会で可決された，ロンドン南西のクロイドンから約15 kmの軌道が最初である。ストックトン・ダーリントン鉄道も，1821年に認可を受けたと

きは馬車軌道であったが，ジョージ・スチーブンソンの説得によって，世界で最初の蒸気機関車牽引の鉄道に変更された．この鉄道は，イングランド北部ダーリントン市西方のオークランド炭鉱からティー川沿いのストックトンまで石炭を運ぶためのものであるが，旅客や一般貨物も扱った．また，有料で鉄道馬車の運行も許可した．この鉄道路線は，**図-49** の中央部に見出される．

図-49 英国の初期の鉄道の開通状況

ストックトン・ダーリントン鉄道の開業は1825年9月27日であり，「ロコモーション」号と名づけられた機関車が，10両の石炭貨車，1両の小麦貨車，1両の特別製客車，および21両の臨時客車を牽引して，全延長22 kmを走り抜いた．貨車・客車の総重量は80～90 tであり，平地では時速約6 kmであった．

この鉄道のレール2本の内側間隔（軌間あるいはゲージという）は，炭鉱の専用軌道と同じ4フィート8インチ1/2（1,435 mm）であった．以来，これが鉄道レールの大勢を占めて標準軌間となったのである．日本の鉄道は，最初に軌間1,067 mmの狭軌が導入され，それが標準となった．狭軌鉄道は，建設費が少なくて済む代わりに高速運転ができない．そのため，東海道新幹線では標準軌間を採択し，運行速度の向上を目指したのである．

世界最初の旅客鉄道の誕生

　ストックトン・ダーリン鉄道は石炭輸送が主体で，軌道の賃貸しも行った。しかし，旅客を主体とした本格的鉄道は，リバプール・マンチェスター間約50 kmの路線が最初である。両都市とも産業革命の中心都市として発展中であり，1820年代にはいずれも人口を十数万を擁し，しかも年率4～5％で急増していた。両都市間の物資・旅客輸送はブリッジウォーター運河会社（91頁参照）によって独占されていたため，両市の有力者が集まって鉄道会社を設立し，運河会社の反対を押し切って1826年に議会の鉄道認可を取り付けた。

　この鉄道建設は，リバプール市東側のオリーブ・マウントと呼ばれる岩盤の切通し（最大深さ30 m，延長約3 km），中央区間のサンキー渓谷を越える陸橋（高さ21 m，延長80 m以上），さらにマンチェスター側のチャット・モスと呼ばれる泥炭の軟弱な湿地地帯の埋立などの難工事を伴っていた。

　当初，鉄道会社は蒸気機関車の牽引能力を疑問視し，ワイヤー牽引方式を優先していた。すなわち，所々に蒸気エンジンを定置して大きなドラムを回し，そのドラムに巻き付けたワイヤーで列車を牽引する方式である。リバプール・マンチェスター鉄道の技師長の地位を獲得していたジョージ・スチーブンソンは会社の幹部を説得し，蒸気機関車の性能を立証するための試走会を開催させることに成功した。

　この蒸気機関車の試走会は，路線中央のレイン・ヒル地区に設けられた約3.2 kmの区間において，1829年10月6～14日に実施された。試走では3両の機関車が競い，ロバート・スチーブンソンが製作した「ロケット」号が会社の示した条件以上の性能を発揮した。**図-50**のように小型で重量4.3 tであったが，給炭水車と2両の貨車を牽引して試験区間を20往復し，平均時速22 km，最高速度47 kmを記録した。ロケット号の成功は，ボイラーを改造してその中に25本の銅管（直径約8 cm）を通し，燃焼室の熱風と煙が銅管を通って煙突に抜けるように設計したことによる。これによって蒸気の発生効率が格段に向上し，蒸気機関の出力が強まったのである。

　試走会の成功によって蒸気機関車が正式に採用されることとなり，1830年9月15日に開業式が華々しく挙行された。ときの首相ウェリントン公爵も臨席し，約600名の貴顕紳士淑女が8編成の列車に分乗して，リバプール駅とマンチェスター駅間を往復したのである。

図-50　ロケット号の側面図（ロンドン科学博物館の掛図より）

イギリスにおける鉄道建設ブーム

　リバプール・マンチェスター鉄道は，開業当初から好調な営業成績を上げた。この成功は，鉄道への投資熱を駆り立てることとなり，いわゆる「鉄道狂時代」が到来した。**図-49**には，主要鉄道路線の開通状況を示してある。また**表-5**は，イギリス（連合王国）および主要国の年代別の鉄道営業キロ数を示しており，イギリスで1930年代後半に著しく鉄道路線が拡大したことが読みとられる。

表-5　年代別各国の鉄道営業キロ数

年	連合王国	フランス	ドイツ	ロシア	アメリカ合衆国	日本
1830	157	31	—	—	37	—
1835	544	141	6	—	1,767	—
1840	2,390	410	469	—	4,535	—
1845	3,931	875	2,143	144	7,456	—
1850	9,797	2,915	5,856	501	14,518	—
1855	11,744	5,037	7,826	—	29,570	—
1860	14,603	9,167	11,089	1,626	49,288	—
1865	18,439	13,227	13,900	3,842	56,464	—
1870	…	15,544	18,876	10,731	85,170	—
1875	23,365	18,744	27,970	19,029	119,246	62
1880	25,060	23,089	33,838	22,865	150,091	158
1885	26,720	29,839	37,571	26,024	206,511	577
1890	27,827	33,280	42,869	30,596	268,282	2,349
1895	28,986	36,240	46,500	37,058	290,739	3,783
1900	30,079	38,109	51,678	53,234	311,160	6,300

［『マクミラン世界歴史統計Ⅰ．ヨーロッパ編，1750-1975，同Ⅱ．日本・アジア・アフリカ編，同Ⅲ．南北アメリカ・大洋州編』原書房による］

鉄道ブームは，必然的に有料道路会社および運河会社の凋落を招いた。鉄道は低料金であるばかりか，所要時間が短く，かつ運行が確実であり，また馬車よりも快適であった。イギリス初期の鉄道は，こうした有料道路や運河との輸送競争を前提として建設された。このため，現代よりも出力がはるかに小さい機関車であっても高速運転が可能なように，線路はできるだけ直線を通し，勾配もできるだけ小さくなるように土木工事を行った。例えば，ロバート・スチーブンソンが技師長であったロンドン・バーミンガム鉄道では，線路勾配を最大でも 3/1,000 に抑えた（東海道新幹線では 20/1,000 まで許容）。このため，ロンドンの北西約 50 km にあるトリングの丘を通過する区間では，約 4 km にわたって深さ 12～15 m の切通しを開削し，掘削土量は約 120 万 m³ に達した。また，長さ約 2.1 km のキルスビー・トンネルの掘削では，地下水を含む砂層を掘り抜いたため，幾度も掘削坑道が崩壊する事故に見舞われた。このロンドン・バーミンガム鉄道は 1838 年に開通し，その前年にバーミンガムからリバプール・マンチェスター鉄道への連絡路線が開通していたので，これによってロンドンとリバプール，マンチェスターが直接に結ばれたのである。

このようにイギリスの鉄道は当初から高速運転を心がけていたため，機関車がディーゼル，電気駆動と代わって出力が増大するにつれ，運行速度は次第に上昇した。現在では平均時速 150 km 以上の特急列車も数多く運行している。また，鉄道会社が路線ごとに設立されたことと，鉄道が誕生したときにはロンドンの多層建築の市街地が完成していたという状況のために，各鉄道会社は市街地の周辺にそれぞれ乗り入れる駅を建造した。その結果として，ロンドンには行き先別に主要な駅が 9 カ所にあり，旅行者を迷わせる一因となっている。

ヨーロッパ諸国の鉄道建設

イギリスでの鉄道ブームに刺激されて，大陸諸国でも鉄道が次々に建設された。1832 年にフランス，35 年にベルギーとドイツ，38 年にロシア，39 年にイタリアでそれぞれ最初の鉄道路線が開業した。表-5 によると，フランスはスタートが早かったものの初期の段階では鉄道の普及に慎重であったのに対し，ドイツはイギリスからほぼ 5 年の時間差で鉄道建設を推進したことがわかる。大陸諸国の鉄道建設に際しては，イギリスのエンジニアや建設業者が招かれて活躍した。また，初期にはロバート・スチーブンソンの会社で製造した蒸気機関車が数多く

輸出されたが，やがて各国で機関車製造工場が設立され，独自の機関車が製造された．大陸諸国の鉄道建設では，国が大きく関わった．ベルギーでは国が全体計画を立案するとともに，自ら建設に乗り出した．フランスでは政府組織の土木公団が策定した鉄道網計画に合致したもののみを民営鉄道として認可した．また，1842 年には鉄道憲章を法令として定め，土木公団が鉄道の基盤施設（路盤・橋梁・駅舎）を建設し，民間企業が営業施設（線路・車両その他）を準備することとした．

なお，鉄道の建設費はイギリスに比べて低廉であった．1853 年の計算では，1 km 当りの建設費はイギリスを 100 として，フランスが 68，ベルギーが 47，ドイツが 35 と報告されている．米国では 17 とさらに低コストであった．これはイギリスのように有料道路や運河との競争がほとんどなく，鉄道を敷設して交通路線を確保することが第一の目的であり，建設費の節約に重点が置かれたためである．路線は地形に応じて曲線や勾配をつけ，できるだけ短期間に路線を延ばすことを心がけた．アメリカでは，ボギー車が 1832 年に発明された．このボギー車というのは，車輪の軸を台車に固定せず，線路の曲線区間では台車の前と後で車軸の方向が自動的に変わる構造の車両である．また，現在世界中で使われている底の平らな鉄のレールは，1830 年にアメリカで誕生した．

アメリカ合衆国における鉄道の普及

北アメリカでは，第 5 章（92 頁）に紹介したように，17 世紀初頭に東部沿岸への入植が始まった．1776 年の独立宣言の後，1803 年にはミシシッピー川の西からロッキー山脈までの広大な領土「ルイジアナ」をナポレオン治世下のフランスから 1500 万ドルで購入し，米国の領土が約 1.9 倍に増大した．1848 年にはメキシコへの侵略戦争に勝ってニューメキシコからカリフォルニア一帯を領土とし，さらに 1.7 倍に拡大した．1800 年の人口は 531 万，1850 年には約 4 倍増の 2,319 万，さらに 1900 年には 7,600 万に増大した．

このように増加し続けた人口を吸収したのは，最初はアパラチア山脈以西のミシシッピー川東岸の流域，次いでミシシッピー川西岸の中西部，そして太平洋沿岸の西部であった．こうした西への人口移動は，19 世紀前半までは水運あるいは幌馬車であったが，19 世紀後半からは鉄道が主力となった．

米国における鉄道の発達は，イギリスのすぐ後を追うようにして発展した．

1825 年にはアメリカ最初の蒸気機関車が試作され，1831 年にはサウス・カロライナ州のチャールストン市から南西に延びる鉄道が営業を開始し，1833 年 10 月にはジョージア州のサバンナ市まで 218 km の全線を完成させ，その時点で世界最長の鉄道となった。

　土地が広大なアメリカでは，鉄道はいくら建設しても交通需要に追いつけなかった。表‒5 に見られるように，米国の鉄道は 1835 年にイギリスを追い越して 1,800 km 近い路線で営業し，それ以降は世界最大の鉄道国の地位を維持し続けた。1850 年代にはサンフランシスコ周辺のゴールドラッシュによって，太平洋沿岸にも鉄道建設ブームが波及した。アメリカ大陸の東岸と西岸から内陸へ向けて鉄道が次々に延びていき，1869 年にはユタ州プロモントリー・ポイントで両方からの線路が結合され，ここに初の大陸横断鉄道が完成した。1885 年には営業路線が 20 万 km を超えるまでになった。

植民地における鉄道

　西欧諸国が植民地を大規模に広げたのは，19 世紀に入ってからである。武器としての元込め銃の発明と，内陸河川を自由に航行できる汽船に大砲を装備した砲艦の登場が植民地獲得を容易にした。イギリスによるビルマ（現ミャンマー）征服（1824 年）および中国清朝を圧倒したアヘン戦争（1840〜42 年）はその典型である。

　植民地の経営に際しては，鉄道が支配体制を固める上で重要な役割を果たした。インド内陸部で栽培した綿花をボンベイやカルカッタの港へ運び，それをイギリス国内で紡いで織った大量の綿布をインド大衆に販売するには，鉄道の巨大な輸送能力が不可欠であった。また，アフリカから鉱物資源を搬出するのも鉄道が頼りであった。さらに，頻発する反乱鎮圧には，鉄道による軍隊の即時輸送が効果的であった。このため，植民地では鉄道の建設が精力的に進められた。例えば，現在のミャンマーからパキスタンまでのイギリス領インドでは，1849 年から 1902 年までの約 50 年間に，総延長 42,000 km に達する鉄道を建設した。

　また，鉄道敷設の権利を取得することで勢力圏の拡大を図る政策も強力に推進された。プロイセン王国を中核として興隆したドイツ帝国は，当時オスマン・トルコ領であった中近東地区にバグダード鉄道を建設してイギリスに対抗しようとした。また，帝政ロシアはシベリア鉄道を建設して太平洋へ進出し，清朝から中

国東北部の東清鉄道の敷設権を得て，1903年に旅順港までの路線を完成させた。日本はこの帝政ロシアの中国進出を日本の朝鮮支配に対する脅威として受け止め，ロシアと戦端を開いたのが日露戦争であった。このように19世紀から20世紀にかけて，鉄道は極めて政治的・戦略的武器でもあったのである。さらに，第二次世界大戦後であっても，中国が援助して1975年に完成させたタンザン鉄道（タンザニアとザンビアを結ぶ）も，こうした政治的戦略の一環であった。

鉄道の隆盛と凋落

　鉄道の路線網が広がるにつれて，人々は鉄道による長距離旅行を楽しむようになった。トーマス・クックは1873年に大陸各地の鉄道の時刻表を発行し，イギリス中産階級の旅行ブームを誘った。クック社の鉄道時刻表は現在も引き続き発行されており，鉄道愛好者の旅行必需品である。1883年には，パリからイスタンブールまでの寝台車付き国際特急列車が運行を始めた。いわゆるオリエント特急である。アメリカではそれ以前から鉄道各社が寝台車付きの列車を運行しており，長距離旅行者の便宜を図っていた。

　貨物の輸送においても鉄道は陸の王者であり，産業の興隆は鉄道網の整備に依存する時代が続いた。列車を牽引する機関車も，蒸気機関車から電気機関車，ディーゼル機関車と進化した。電気機関車は1879年のベルリン万国博覧会で直流式のものが初めて登場し，1899年には交流式電気機関車が開発された。ディーゼル機関車は1910年に小型のものが開発され，1930年代に蒸気機関車と対抗できるまでに改良された。アメリカでは1939年から本格的なディーゼル化を開始した。

　20世紀に入り，第一次世界大戦（1914～18）のあたりから自動車が鉄道の地位を脅かし始めた。世界で最初に自動車が普及したアメリカでは，この頃から鉄道会社が経営を縮小するようになった。ヨーロッパでも，1929年の世界大恐慌で貨物輸送量が減少し，失業対策としての高速道路網の建設などで自動車輸送が活発化したことによって，鉄道経営が苦しいものとなった。このため，ヨーロッパでは民営鉄道を国営化する動きが強まった。第二次世界大戦では鉄道による物資輸送が一次的に復活したものの，戦後はさらに経営が悪化した。アメリカでは1971年に鉄道旅客輸送公社（アムトラック）を発足させ，都市間旅客列車の維持に努めている。

日本における鉄道の発展

　1859年に横浜が開港すると，早速に外国人による鉄道敷設権請願書が何件も外国奉行に提出された．そのうちの1件に対しては，徳川幕府が免許書を交付したものの免許日が大政奉還の後であったので，明治政府はこれを無効として自ら鉄道の建設に乗り出した．明治政府はイギリスで外債100万ポンドを募集し，そのうち30万ポンドを鉄道建設に当て，エドモンド・モレルをはじめとして多数のイギリス人技術者・職工を招聘した．

　1870（明治3）年3月，新橋・横浜間29 kmの鉄道建設に着手し，1872年9月に開通させた．また，大阪・神戸間32.8 kmは1870年10月に着工し，1874年5月に開通させた．この蒸気で走る鉄道は，人々に文明開化を実感させるのに最大の効果を発揮した．当時の横浜駅は現在の桜木町駅であり，ここまで鉄道を敷設するには神奈川から海を埋め立てて土手を築かなければならなかった．

　イギリス人技師のモレルは，できるだけ国産の材料を使うことを主張し，多摩川を渡る六郷川橋梁をはじめ23カ所の橋をすべて木のトラス橋あるいは桁橋とした．また，日本人技術者の早急な育成を強く進言し，明治政府はこれを受けて1873（明治6）年9月に工部大学校を開校し，また1877（明治10）年には工部省鉄道寮に工技生養成所を設置して鉄道技術者を育てた．神戸・大阪間の鉄道は1877年2月に京都まで延伸され，1880年7月には大津まで通じて全長94 kmとなった．京都・大津間には逢坂山があり，そのトンネル665 mの掘削は難工事であったが，これを日本人だけの力で完成させ，鉄道技術自立の記念碑となった．

　新橋・横浜間および神戸・大津間の鉄道は技術的にも営業的にも成功であったが，財政に余裕のない明治政府はそれ以上の鉄道建設を行わず，民営鉄道を支援する方策をとった．これによって1881（明治14）年12月，東京・青森間の営業を目指す日本鉄道会社が設立された．1883年7月には上野・熊谷間が開通し，1891年（明治24）年9月には青森まで全線710 kmが通じた．1886～89年はわが国の企業勃興期に当たり，鉄道が有利な投資対象となって北海道炭鉱，関西，山陽，九州の鉄道会社が続々と設立された．いわば，日本の鉄道狂時代であり，イギリスに遅れること約50年であった（**表-5**参照）．

　明治政府は全く鉄道建設から手を引いたわけではなく，東京・京都間を連絡する鉄道として中山道を通る路線を1883（明治16）年に選定し，高崎・横川間を

1885年に開通させた。しかし，山岳地帯を通る難工事であることが明らかになったため，1886（明治19）年に東海道線への変更を決定した。それまでに，琵琶湖以東の長浜・大垣間および名古屋・武豊間の路線が開通していたため，新橋・神戸間の東海道線は1899（明治22）年7月に最初の列車を通すことができた。政府は，このほか敦賀・米原間や直江津・軽井沢間の鉄道を建設した。敦賀港は当時，シベリア鉄道経由のヨーロッパ旅行の玄関口であったのである。

　こうした民営鉄道依存の政策は，鉄道の重要性が認識されるに従って改められ，1892（明治25）年には「鉄道敷設法」を公布して幹線鉄道網の国有化方針を明らかにした。政府は，1904～05（明治37-38）年の日露戦争に勝った翌1906年に「鉄道国有法」を制定し，主要私鉄17社（路線総延長4,545 km）の資産を買い上げ，全国約7,000 kmの路線を国有鉄道とした。幹線以外の約600 kmの路線は民営鉄道として存続した。国有化後も政府は鉄道路線の拡大に努力し，地方の政治家や有力者は鉄道路線を誘引することに努力した。このため，「我田引水」ならぬ「我田引鉄」の言葉が生まれたほどであった。

日本の新幹線による高速鉄道の復活

　日本の産業発展を支えてきた日本の国有鉄道も，第二次大戦中にはアメリカ軍の爆撃によって多大の施設を破壊され，戦後はまずその復旧から始まった。また，日本経済復興のための人員・物資を輸送することが使命となった。しかし，経済復興を果たして高度成長期に入った1960年代には，貨物の大半をトラック輸送に奪われ，欧米諸国と同様にその経営に苦しむようになった。

　第二次大戦後の苦境期にあっても，日本国有鉄道（国鉄）は東海道線の輸送力が限界にきていることを指摘して，新幹線建設の必要性を強く主張した。明治以来のわが国の鉄道は，軌間1,067 mmの狭軌で建設されてきたが，国鉄は標準軌間1,435 mmで高速運転することを目指し，十河信二総裁が中心となって鉄道斜陽論者を説得し，1958（昭和33）年に政府から建設認可を取り付けた。

　東京・新大阪間515.4 kmの東海道新幹線は，1959年に着工して1964年10月1日，アジアで初めての東京オリンピックの10日前に営業運転を開始した。このように短期間で完成できた背景には，戦時中に東京・下関間に標準軌間の幹線鉄道（弾丸列車）を建設することが決定され，一部の用地買収や新丹那トンネルの掘削工事が開始されていたことが挙げられる。何よりも，設計・施工技術が

戦前に比べて大幅に進歩していたことが大きかった。

　東海道新幹線は最大速度を 210 km/h として設計され，曲線区間は原則として半径 2,500 m 以上，線路の縦断勾配を 20/1,000 以下とした。これによって東京・大阪間を 3 時間 10 分で定期運行し，平均時速 162.2 km/h と世界最速を誇った。この日本の新幹線に刺激されて，フランス国鉄は TGV（高速鉄道の略）を開発し，1981 年にパリ・リヨン間 433 km を平均時速 169.3 km/h で運行するのに成功した。

　経済の高度成長期に入った日本にとって，東海道新幹線はなくてはならない施設であった。それまで東京・大阪間の旅行に 1 泊 2 日を費やしていたのが，日帰りで業務を済ませることが可能になった。国鉄は東海道新幹線に続いて，1967 年に山陽新幹線の工事に着手し，1975 年 3 月に博多までの全線営業運転を開始した。ここでは最大速度を 260 km/h で設計し，曲線半径は原則として 4,000 m 以上，縦断勾配 15/1,000 以下とした。山陽新幹線では平野部を通すことが難しかったため，全線の約 1/2 をトンネル，約 1/3 を橋梁あるいは高架橋として建設しなければならなかった。

　新幹線はさらに東北・上越方面へも延ばされた。東北・上越新幹線は設計速度が山陽新幹線と同じであり，1971 年に工事が開始された。上越新幹線では世界最長の山岳トンネルである大清水トンネル（延長 22.3 km）をはじめとして，トンネル区間が全体の 4 割近くを占めた。また，積雪・融雪対策にも資金を投入した。両新幹線は，当初は大宮を始発駅として，盛岡へは 1982 年 6 月，新潟へは同年 11 月に営業運転が開始された。都心への乗り入れは用地買収や地下工事で難航したが，上野駅へは 1985 年 3 月，東京駅へは 1991 年 6 月に乗り入れることができた。さらに，将来的には北陸方面へ延ばすことを目標として，長野までの新幹線が 1997 年 10 月に開業した。

　なお，日本国有鉄道は 1987 年 4 月に分割・民営化され，東海道新幹線は JR 東海，山陽新幹線は JR 西日本，東北・上越・長野新幹線は JR 東日本によって運営されている。また，福島・新庄間および盛岡・秋田間の区間には，レールを標準軌間で敷設し直したミニ新幹線が運行されている。

　日本の新幹線は，大都市間の旅客の大量輸送に高速鉄道の果たす役割が大きいことを如実に示した。このため，世界各国は高速鉄道を見直すようになり，既存路線での高速運転あるいは専用路線の建設を進めている。1990 年 12 月，当時の

ヨーロッパ共同体閣僚理事会は**図-51**のようなヨーロッパ高速鉄道計画を承認した。新線建設はフランスが先行しており，TGVの走行路線が広がっている。イギリスは121頁で述べたように，昔の路線のままレールその他を取り替えるだけでかなりの高速運転が可能である。ヨーロッパでは多数の航空機が飛び交い，航空管制に余裕がなくなっているため，高速鉄道網の整備が進められているのである。さらに，韓国，台湾，中国はそれぞれ新幹線工事を発注する段階であり，またアメリカでも東海岸など高速鉄道を導入することが検討されている。

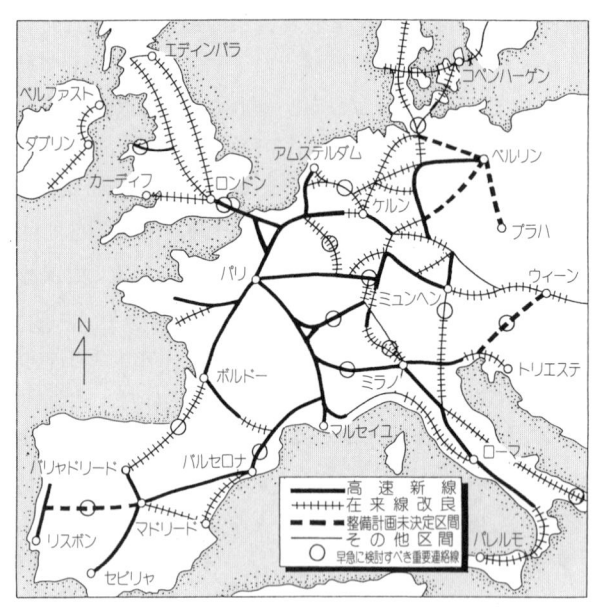

図-51　ヨーロッパの高速鉄道網計画
(M. ヒューズ/管建彦『レール300』山海堂，1991年，p.272より)

【検討課題】
① 鉄道による輸送の特徴を自動車と比較して考察してみよ。
② 鉄道線路の軌間が国・時代によって異なった経緯を調査してみよ。

8

日本の近代化に貢献した土木事業

黒船で破られた日本の鎖国体制

　わが国近世の鎖国体制は，徳川第三代将軍家光が1641（寛永18）年にオランダ商館の長崎出島移転ならびにオランダ船以外の西欧船の渡来を禁止したことによって完成した。この鎖国体制は，1853（嘉永6）年，アメリカ合衆国提督ペリーが率いた4隻の黒船によって激しく揺さぶられた。徳川幕府は，強大無敵と思われていた清国がアヘン戦争（1840～42年）でイギリスに完敗し，屈辱的な講和条約を結ばされたことを熟知しており，ペリー艦隊の来航についてもオランダ商館や琉球政府からの情報で承知していた。しかし，対応不十分なままにペリー提督の来航，さらに翌年の再航を迎えてしまい，1854（安政1）年に日米和親条約（神奈川条約）を調印することとなった。これによって在留が認められたアメリカ領事ハリスは幕府と交渉を重ね，1858（安政5）年7月，日米修好通商条約（安政条約）の調印にこぎつけた。

　この安政条約により，幕府は神奈川（横浜），長崎，箱館，新潟，兵庫（神戸）の5港に外国人の居留を認め，1859年7月に横浜・長崎・箱館を開港した。神戸は1867年，新潟は明治改元後の1868年に開港した。外国貿易の開始による経済変動に加えて，尊皇攘夷を唱える諸藩との抗争のなかで力を失った徳川幕府は大政を奉還し，1868年1月，王政復古が実現した。明治政府は日本の社会・経済の近代化を急ピッチで推進したが，そのために江戸時代が文化・技術において欧米よりも著しく遅れていることを強調し，新政府の文明開化政策を正当化した。

　しかしながら，江戸時代は中国を除けば日本は世界の人口大国であり，明治元年の時点で約3,400万の人々が本州・四国・九州の限られた国土の中で自給自足の暮らしを続けていた。当時のイギリスは人口約2,500万，フランスが約3,700万，アメリカ合衆国は約3,800万であり，日本と同規模であった。また，日本では寺子屋で代表される初等教育が著しく普及していた。推計では日本の全男子の

40〜50％，女子の15％程度が教育を受けており，江戸・大坂などの都会では読み書き算盤（そろばん）は必須に近かったといわれる。初等教育に関しては，イギリスやフランスよりも高い水準にあった。さらに，徳川幕府や諸藩の行政組織が確立していて，人口動勢も宗門人別改帳（しゅうもんにんべつあらためちょう）（略して人別帳）によって把握されていた。

　商業資本の発達も著しく，各種の加工業が成長して全国を対象とした市場が形成され，綿業などではマニュファクチュア制が成立していた。諸藩においても，商品経済育成に成功して財政に余裕が出たところでは，橋梁の建設や新田開発に乗り出した。18世紀後半からは，干潟干拓が主となって農耕地が拡大した。江戸時代中期に3,000万を上下して停滞していた日本の人口も，1820年代から増加に転じていたのである。

明治政府の土木事業への取組み

　外国貿易を開始した徳川幕府は，アヘン戦争などで発揮された列強の軍事力に対抗できるだけの洋式軍備を整えるべく努力した。1863年の薩英戦争，1864年の馬関戦争で敗北した薩摩藩，長州藩その他の諸藩も同様であった。幕府は造船所，製鉄所，大砲製作場などを次々に建設した。なかでも，1865年に着工した横須賀製鉄・造船所はフランスの借款供与を受け，フランソア・L・ヴェルニーほかの技術者の指導の下に建設を進めた。また，洋式灯台の建設のためにイギリスからリチャード・H・ブラントンを招聘したが，来日は明治維新後となり，ブラントンは明治政府の下で，灯台のみならず横浜の都市づくり，その他に活躍した。

　明治政府が行政体制を確立したのは，戊辰（ぼしん）戦争を終結させ，版籍奉還を実現させた直後の1869年6月以降である。太政官の下に民部・大蔵・兵部・刑部・宮内・外務の6省を設置し，民部省に土木司が置かれた。やがて，1870（明治4）年10月には「殖産興業」政策を推進するために工部省を設置し，鉄道掛を民部省から移管した。翌71年7月の廃藩置県に続いて官制が大蔵・兵部・宮内・外務・工部・神祇・文部・司法の8省制に改められ，土木司は工部省に移されて土木寮となったものの，その10月には大蔵省にまた移された。さらに，1873（明治6）年11月に内務省が設置された翌1月に，土木寮は新設の内務省に移管され，ここにようやく土木行政の体制が整った。官選知事がつかさどる府県には，早くから土木掛，土木課が置かれて府県工事を施工するとともに，町村以下の工事を監督した。こうした明治政府の土木官吏の多くは，旧幕府勘定方や諸国の藩

士で土木の仕事に当たっていた役人から採用されたと思われる。

　明治政府は1871（明治4）年2月に治水条目を布告して堤防費その他の規則を定め，1873年8月にはこれを改正して「河港道路修築規則」とした。これによって，河川・港湾・道路・橋梁修築の基準を示すとともに，工費負担の制度を整えた。全国の河港・道路は1等から3等に区別され，国が負担する割合が異なった。道路については1876（明治9）年6月に国道・県道・里道の分類に改め，それぞれ1等から3等に区分した。例えば，1等国道は東京から開港場に達するもの，2等国道は伊勢神宮から府県鎮台（師団）に達するもの，3等国道は東京から各府県庁に達するものおよび各府県・各鎮台を連絡するものとされた。

　政府が土木事業を監督し，工事に補助金を支出するのは，徳川幕府の伝統を受け継いだものである。しかし，公共施設の不足を補うために，1871（明治4）年には有料利用制度を導入した。すなわち，民間人が資金を拠出して水運・道路・橋梁などを整備する場合には，年限を限って利用料を徴収することを認可する布告を出した。例えば，1890（明治23）年には江戸川と利根川を結ぶ小型汽船の運航のために利根運河が開通したが，これは民営であり，オランダ人お雇い技師ムルデルの調査設計によるものであった。

　明治政府の基本政策は「富国強兵」であり，そのための「殖産興業」であった。西欧文明の移植のため，大勢のお雇い外国人を高給で招聘し，その技術・経験を日本人に学ばせた。一方，優秀な若者を留学させて，文化・技術の導入に努めた。土木の分野でも，最初の鉄道建設を指導して病魔に倒れたエドムンド・モレル（在日，1870～71），河川整備を指導したC・J・ファン・ドールンと6名の同僚オランダ人技師，横浜の近代水道・港湾を設計し，監督したヘンリー・S・パーマー（在日，1885～93）など枚挙にいとまがない。やがて，1880年代に入ると古市公威（きみたけ），沖野忠雄，広井勇（いさみ）などが帰国し，また田辺朔郎（さくろう）など工部大学校の卒業生が活躍を始めて，日本人の手による土木事業が次々に進展した。125頁に紹介した逢坂山トンネルはこうした事業の最初の例である。

　なお，近代日本の土木事業のうち，鉄道建設については第7章で述べたので，本章では割愛する。

疏水事業による民生安定—安積疏水と琵琶湖疏水—

　明治の新政権下では，多くの士族が廃藩置県によって職を失い，家禄を大幅に

削減された。その家禄も，1876（明治9）年の金禄公債証書の交付と引替えに打ち切られた。これを秩禄処分という。これによって旧中・下士族層は困窮し，政府に対して不満を募らせた。明治政府は，士族授産政策をいろいろ打ち出し，こうした士族層の救済に努めた。内務卿大久保利通が主導した石巻湾の野蒜港の開発はその一つである。

野蒜港は1882（明治15）年に完成したものの，その2年後の暴風浪によって壊滅し，事業は放棄されてしまった。しかし，大久保内務卿が推進した東北諸藩の士族授産施策の一つである安積疏水は，現在に至るまで灌漑用水の機能を果たしている。この疏水はもともと猪苗代湖疏水といい，猪苗代湖の水を山を貫くトンネルで郡山盆地へ導いて2,000 ha以上の水田を新規に開発するとともに，水不足であった古田約3,000 haにも灌漑することに成功した。オランダ人技師ファン・ドールンの基本設計に基づき，全長52 kmの幹線水路と7本の分水路を1879（明治12）年から3年がかりの工事で完成させた。

また京都は，1869（明治2）年に皇居が東京に遷ったことで帝都の地位と機能を失った。沈滞著しい京都の再興に大きく貢献したのが琵琶湖疏水である。本来は舟運のための人工水路であり，**図-52**に示すように大津市三保ヶ崎から乗り入れ，長等山・小関峠と日岡峠の下をトンネルで通過する。京都市蹴上からは，インクラインで36 mの標高差を下って京都市内の鴨川運河へ接続した。インクラインというのは小型の舟（30石積み）を台車に乗せ，その台車をケーブルで牽引して斜面を昇降させる装置であり，ヨーロッパなどの運河に多用される施設である。蹴上からは本線から枝線が分かれ，北を回って堀川に至った。

この琵琶湖疏水は，京都府知事北垣国道が若干23歳の技師田辺朔郎を工事主任に起用した大工事であり，1885（明治18）年に着工し，1890年に完成した。幹線水路の全長は約7.4 km，長等山を抜く第1トンネルは全長2,436 mで，当時わが国で最長のトンネルであった。この琵琶湖疏水の完成によって，日岡峠越えの難路が回避され，京都への物資搬入の輸送費が大幅に低減したのである。

また，田辺朔郎は蹴上の高低差を利用して日本で最初の水力発電所を建設した。送電は1891（明治24）年に開始され，1895年には日本初の市街電車が京都・伏見間を走るようになった。電力は次第に西陣ほか市内の工場や家庭に普及し，京都近代化の牽引力となった。電力需要が増大するにつれて疏水の水量が不足となり，1908～12年には田辺朔郎の設計に基づいて第2疏水が建設された。

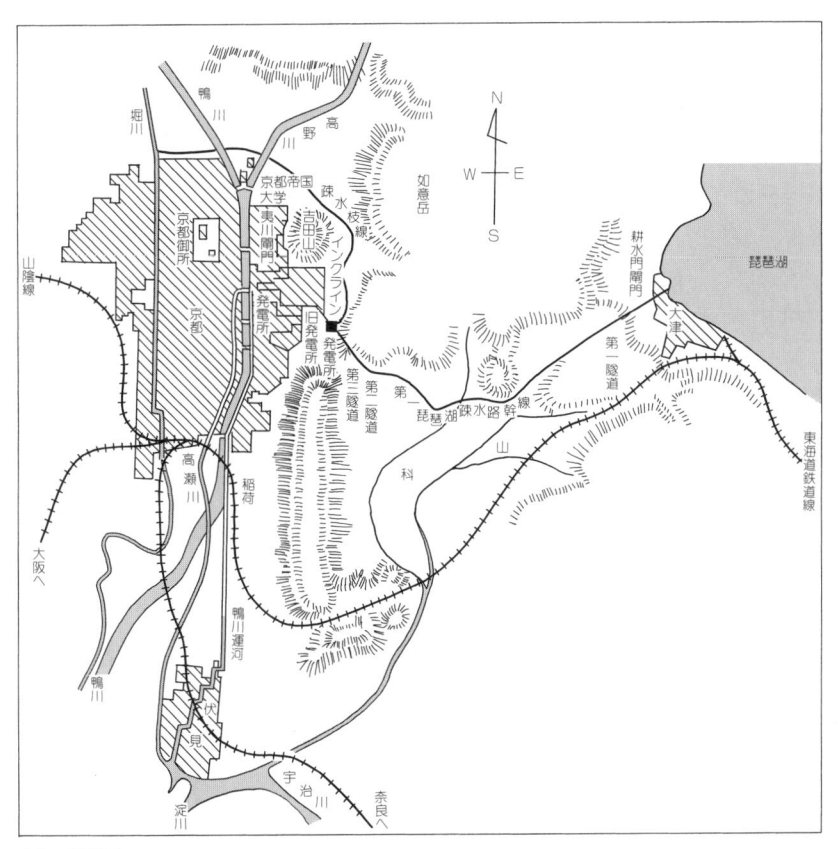

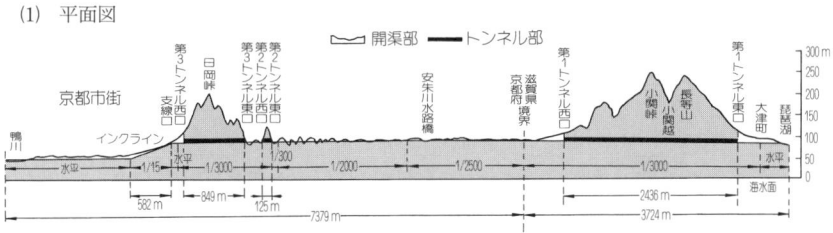

8　日本の近代化に貢献した土木事業　　133

(1) 平面図

(2) 縦断面図

図-52　琵琶湖疏水（松浦茂樹『明治の国土開発』鹿島出版会，1992年，p.107，および高橋裕『現代日本土木史』彰国社，1996年，p.100 より）

また，疏水を水道用水として利用するため，1912（明治45）年には蹴上に浄水場も設置された。琵琶湖疏水の舟運は1930年代から衰退して既に廃止されているが，疏水は上水道の水源として今も京都市民の生活を支えている。

貿易振興のための港湾整備

幕末の1859年の横浜開港によって始まった外国貿易は，明治に入るとさらに増加を続けた。輸出入合計額は，国家の年間歳出額とほぼ同額となり，この関係は現在も続いている。明治政府は貿易振興のために港湾整備を検討したものの，財政難のために着手が遅れ，1889（明治22）年になってようやく横浜港第1期修築工事を開始した。

横浜の地は図-53(1)に示すように，もともと神奈川台地，戸部・野毛台地，および本牧台地が突き出した地形であり，その間を帷子川と大岡川が流れて入江をつくっていた。入江は江戸時代から新田開発で次第に埋め立てられてきた。横浜は本牧台地から延びた砂州であり，戸数百余の漁村であった。

開港に当たって幕府は，外国人との摩擦を避けるためにこの横浜の砂州の一帯を外国人居留地とし，本牧台地との間に掘割りを設け，出入りを取り締まる関門を吉田橋をはじめとする4カ所に設置した。

図-53(2)は1882（明治15）年の状況であり，新橋・横浜間の鉄道が大岡川の際まで乗り入れている。港の施設としては東西の二つの波止場があるだけで，外国航路の大型船はすべて沖に停泊し，乗客や貨物ははしけで運ばれた。貿易貨物量の増大につれて横浜港の施設整備が急務となった。

横浜港の築港計画は，第4章（62頁）で紹介した，横浜の近代水道の建設を指導したイギリス工兵少将（退役）ヘンリー・S・パーマーに依頼し，その指導の下に1889年から工事が始まった。図-53(3)のように，北・東水堤の二つの防波堤で泊地を大きく取り囲み，大桟橋で大型船が横付けできるようにした。パーマーは工事途中の1893年に病没したが，工事は石黒五十二技師の監督で続けられ，1896（明治29）に第1期工事が竣工した。引き続き，第2期工事が1899〜1917（明治32〜大正6）年にかけて行われ，埠頭の埋立と岸壁築造が行われた。図-53(3)ではこの埠頭が完成した状態にある。

横浜港は，さらに第三次修築工事にとりかかったところで関東大震災によって大きく被災した。緊急復興の後，修築工事を続けて埠頭を増設し，外防波堤を建

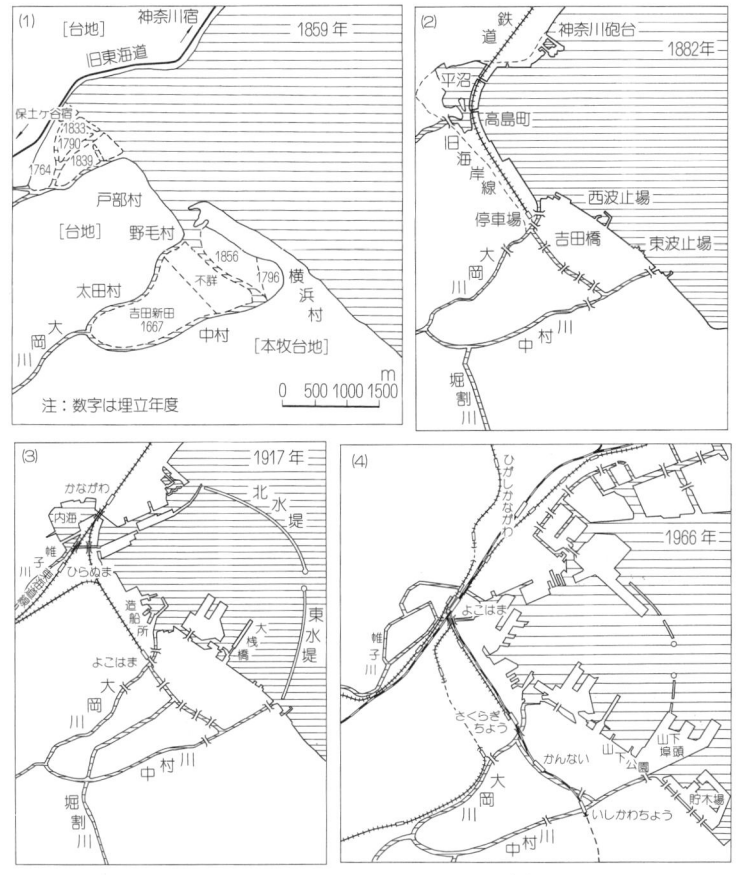

図-53 横浜港の発展（1859〜1966年）

設して将来の拡張に備えた。第二次世界大戦後は、戦災復興のあと建設工事を再開し、1966年には**図-53**(4)のようになった。図の右外側では本牧埠頭の建設が始まっていた。

　港の発展はとどまることなく継続し、外防波堤は大部分が撤去されてその上にはベイブリッジが架かり、人工島として建設された大黒埠頭に連絡している。また、南本牧地区には新しい港湾施設が建設中である。横浜港に限らず日本の港湾は、経済発展とともに増え続けた貨物を取り扱うために、埠頭施設を次々に拡張、建設してきた。また、石油タンカーやコンテナ船に代表される船舶大型化に対応して、水深の大きな岸壁を新設してきた。このため、10年も経つと港の形

が大きく変わり，昔の港の形がわからなくなるほどである。

　技術の面で特筆すべき築港工事は，広井勇による小樽港建設である。この港は北海道開拓の玄関として，1897（明治30）年から国営事業として築かれた。横浜港のような内湾の風浪ではなく，日本海の荒波に耐えることのできる防波堤を建設しなければならなかった。広井は，当時，コロンボ港やマドラス港などで建設されていた方式を採用し，大型のコンクリート方塊を互いにもたれかかるように傾けて積み上げ，鉛直な壁を形成して波の力に対抗させた。また，波力の観測を実施し，経験と理論的考察を組み合わせて，防波堤設計のための波力公式を導いた。この公式は，その後の防波堤設計の基本式として，1970年代に至るまで広く使用されたのである。なお現在は，著者の提案した計算方式が使用されている。

海を運河に変えた臨海工業地帯の開発

　図-53(4)の右上には，直線状の水路に挟まれた形の埋立地がある。ここは，工場用地として造成された京浜工業地帯の一角である。日本が欧米に学んで産業を育成したのは，綿・絹の繊維工業が最初であり，やがて製鉄・武器・造船などの重工業を対象とした。重工業は原料・製品ともに大量の重量物を扱うため，輸送費が生産コストの大きな割合を占める。このため，欧米では河川あるいは運河沿いに工場を立地してきたが，日本では内湾の埋立地に工場を立地し，海を利用して原料・製品を輸送する臨海型工業を発展させてきた。

　こうした臨海工業地帯の可能性にいち早く着目したのが，一代で財閥を築いた浅野総一郎である。浅野は欧米の港湾を視察して近代化の進展ぶりに感嘆し，川崎・鶴見の沿岸に一大工業地帯を造成することを決意した。民間資金を集め，1913（大正2）年に工事を開始して，1927（昭和2）年に面積460 haの用地を造成した。埋立地には縦横に運河を通し，大型船が接岸できる岸壁を用意した。この川崎から横浜にかけての沿岸域にはその後も埋立が進められ，京浜工業地帯の中心となった。

　こうした港湾に工業地帯を直結させる考えは，鈴木雅次をはじめとする内務省の土木技師たちによって積極的に推進された。鈴木は第一次世界大戦後に欧米の運河研究に派遣されたものの，地勢・国情の違いから内陸運河は日本に適さないと見切りをつけ，「海洋運河論」を1921（大正10）年に提唱した。これは，日本

の周囲の長大な海岸を運河に見立て，沿岸各地に港湾を配置して臨海型工業を振興させるという方策である。第二次世界大戦で疲弊したわが国経済を復興し，発展させる上では臨海型工業地帯が大きく貢献したが，その開発を支えた理論が海洋運河論であった。1950年代以降の石油タンカーや鉱石専用船の巨大化によって輸送費が激減し，日本の産業は原料を海外から輸入しても，欧米よりもむしろ安いコストで工場に持ち込むことができたのである。

河川の水運利用から洪水制御への転換

　江戸時代，河川については用水と舟運の二つの利水機能を重視した。大洪水は不可避の自然現象と受け止めて被害を最小にとどめるよう工夫し，洪水常襲地帯では屋根裏に小舟を用意していた。

　明治政府はそうした伝統を引き継ぎ，当初は低水工事を中心に実施した。これは，物資輸送の主力を占めていた舟運が円滑に行われるように，平常時の川の流れを制御するものである。お雇い外国人であるファン・ドールン技師たちの指導により，オランダの河川技術が導入された。川の流路が移動しないように，堤防から川中へ突き出すケレップ水制という突堤もその一つである。粗朶沈床（木の枝を切り取って束ね，重しとして石を載せて沈めたもの）を基礎として石を積み，表面に石を張って丈夫なものとした。また，河川の水位を観測する量水標も1872（明治5）年に淀川と利根川に設けられたのを始めとして，各地の主要河川に次々に設置されていった。

　また，お雇い外国人のなかでただ1人残って30年間（1873〜1903）もわが国の治水に尽力したデ・レーケは，禿げ山からの土砂流出を防止する砂防工事の重要性を説き，木津川，木曽川，吉野川などの工事を指導した。

　国が行う低水工事に対し，農業用水の管理と水害防御は村・集落単位で行われた。国から1割程度の補助金が支給されたが，費用の大半は地域住民が負担した。しかし，1885年頃から各地で大洪水が頻発し，洪水対策工事（高水工事と呼ぶ）を国が実施するよう求める声が高まった。このため，政府は1896（明治29）年に「河川法」を制定し，指定河川については国が直接に工事を行うようにした。洪水災害の頻発は，人口増加によってそれまで遊水池として残されていた土地を開拓し，水田や畑に利用し始めたことが一つの原因である。なお，洪水対策を河川工事中心とすることに切り替えた背景には，物資輸送の主力が舟運から

鉄道に代わった事情がある。イギリスで鉄道の発達によって運河が衰退した状況と同じである。なお，洪水対策については第9章で述べる。

都市基盤施設の整備

　日本の都市は，上水・下水については江戸時代から良好な水準を維持していた。しかし，明治期に入って横浜のように新しい都市が生まれ，また東京など人口が急増するにつれて良質の水を十分に供給できなくなり，疫病がたびたび発生した。このため，横浜を嚆矢として欧米の近代水道を各都市に導入した。これについては第4章で述べたところである。また，下水道についても既述のとおりである。

　都市内の道路その他の整備は，1888（明治21）年に公布された「東京市区改正条例」が始まりである。もっとも，政府の財源難のために事業の実施は遅れがちであり，一応の完成をみたのは1917（大正6）年であった。これによって道路が拡幅され，日比谷公園ほかの公園がつくられ，魚・青物市場が開設された。

　東京市区に対する上記の条例は，1918（大正7）年に大阪・京都・名古屋・横浜・神戸の5大都市に準用されることとなった。また，1919（大正8）年には「都市計画法」と「市街地建築物法」が公布され，都市を総合的に整備する法制度が整えられた。もっとも，都市計画のための財源の手当てが極めて不十分であったため，都市整備の事業はなかなか進展しないまま，今日に至っている。

都市内および近郊の交通施設

　都市内および都市近郊の交通手段としては，横浜が開港してから自家用馬車が外国人によって導入され，明治政府の高官その他が利用するようになった。また，1869（明治2）年には横浜・東京間の乗合馬車が開業するなど，東京を中心にいくつかの路線が開設され，京都・大阪間の乗合馬車も1873（明治6）年に開業した。

　市街地でも乗合馬車が営業したが，市内の街路が砂利を敷き詰めただけの簡易な構造であったために路面の損傷が激しかった。また事故も少なくなく，交通安全のための取締りも厳しく行われた。

　一方，道路に軌道を敷設して客車を馬で牽引する馬車鉄道が1882（明治15）年，新橋・上野・浅草間（約15 km）に登場した。この馬車鉄道は，1899（明

治32）年に品川まで路線を延長している。こうした馬車鉄道は，ニューヨークで1832年に出現し，その当時は事故が多かったためにまもなく廃止されたものの，1852年に復活して路線が拡大し，都市膨張時代のアメリカ・カナダの諸都市に普及していた。市街電車は132頁で述べたように1895（明治25）年の京都が最初であり，東京では1900（明治33）年に馬車鉄道とは別の会社に電車敷設の免許が与えられた。馬車鉄道の会社も1903（明治36）年には動力を馬から電気に変更し，翌1904年には全路線を電車で運行するようにした。大阪では1903年に公営の市街電車が開業した。

また，都市間を結ぶ電車や郊外への鉄道建設のために，1890年代から多くの会社が創立された。東京・川越間の川越鉄道（のちの西武鉄道，1892年），名古屋・犬山間の名古屋電気鉄道（1894年），東京・横浜間の京浜電気鉄道（1899年），大阪・神戸間の阪神電気鉄道（1899年），大阪・京都間の京阪電気鉄道（1906年），大阪・奈良間の大阪電気軌道（のちの近畿日本鉄道，1910年），東京・横浜間の武蔵電気鉄道（東京横浜電鉄と改名し，現在は東京急行電鉄，1910年）などである。これらの私鉄は次々に路線を拡張して交通網を形成するとともに，郊外住宅地の開発を推進した。

東京市内では，125頁に述べた日本鉄道会社が1895（明治25）年に品川・新宿・板橋・赤羽間の営業を開始し，1903（明治38）年には池袋・田端間も開業した。1906（明治39）年の鉄道国有法によってこの路線も買い上げられ，山手線となった。人口の増大につれて山手線は都市内交通の役割を担うようになり，品川・新橋間および田端・上野間に路線が延伸された。これによって1909（明治42）年には新宿回りで新橋・上野間に電車が運行するようになった。新橋・神田・上野間は既に市街地が密集していたため，高架鉄道とする必要があり，この工事が完成したのは1925（大正14）年であった。この完成によって，山手線の環状運転が開始されたのである。

しかし，山手線と市街電車だけでは東京の交通需要に対応しきれなくなり，地下鉄建設の機運が高まった。早川徳次（のりつぐ）は賛同者を募り，東京地下鉄道株式会社を1920（大正9）に創立した。ただし，工事開始は関東大震災のために延期されて1925（大正14）年となり，1927（昭和2）年末に上野・浅草間が営業を始めた。やがて，1934（昭和9）年には浅草・新橋間の全長約8kmが開業した。新橋・渋谷間は東京高速鉄道が路線免許を取得し，1939（昭和14）年に営業運転を始

めた。二つの地下鉄は相互乗り入れをして，浅草・渋谷間（今の銀座線）を直通運転するようになった。

大阪では関一（はじめ）市長の指導の下に市営地下鉄道を発足させ，1933（昭和8）年に御堂筋（みどうすじ）の梅田・心斎橋間3.1 kmを開通させた。

第二次世界大戦中には戦時体制の下で多くの企業の合併が強制されたが，東京の二つの地下鉄道会社も1941（昭和16）年に帝都高速交通営団（営団地下鉄）に統合された。戦後の混乱が収まった1951（昭和26）年には2番目の路線である丸ノ内線の建設を開始し，1962（昭和37）年に池袋・東京・荻窪間の全線が開通した。それ以降は，都営地下鉄も加わって建設のピッチが上がり，1996年現在，12路線237.4 kmが営業している。大阪では7路線105.8 kmが営業しており，このほか名古屋5路線，札幌3路線，横浜2路線，福岡2路線，神戸・京都・仙台・広島各1路線が営業している。

関東大震災とその復興

日本の1920年代初期というのは，第一次世界大戦中からの好景気の余韻が残り，自由の雰囲気が漂う時代であった。そのさなかの1923（大正12）年9月1日，東京・横浜を中心に関東一円はマグニチュード7.9の大地震に襲われた。無数の家屋が倒壊して人が圧死しただけでなく，昼食準備中の台所を火元とする火災が至る所で発生し，非常に広範な地域が焼失した。この地震と大火災による死者約99,000人，行方不明者約43,000人という史上最悪の大災害となった。その3年前の国勢調査では，東京市の人口が217万，横浜市が42万であったので，死亡率（行方不明者を含む）が5％以上にも達したのである。

日本の政治・経済の中枢を襲った大震災は，大変な社会的混乱を引き起こし，その復興は緊急を要した。政府は震災復興のために特別都市計画法を制定し，その年の12月27日に帝都復興院を設置した。もっとも，経費縮減のために翌1924年2月には内務省外局の復興局に改められた。

帝都復興事業は東京で約3,140 ha，横浜で約330 haを対象とした。区画整理を行い，幅22 mの幹線道路を通し，墨田公園・山下公園ほかの公園をつくった。この復興事業は約8年間にわたって実施され，1932（昭和7）年3月に完了した。隅田川には，一連の鋼橋群が架けられた。河口から順に相生橋（鋼桁），永代橋（タイドアーチ），清洲橋（チェイン・ケーブル吊橋）など，景観を考えて

形を定め，設計技術を駆使して建設された．

関東大震災は，構造物の設計に大きな変革をもたらした．「市街地建築物法」は 1924（大正 13）年に改正され，地震による水平力を考慮する静的震度法が取り入れられた．この方法は，建物だけでなく土木施設の設計でも採択され，1926 年制定の「道路法」に基づく道路橋設計示方書に規定された．また，擁壁などが背後の土によって押される圧力については，内務省土木研究所の物部長穂（もののべながほ）が地震時の計算法を提唱した．その後の大地震の経験や多くの研究によって，地震に対する設計法が進歩しているものの，今でもこうした静的震度法は多用されている．

電力の開発

1895（明治 28）年に京都市内を走った電車は，琵琶湖疏水の蹴上水力発電所の電力に依存した．しかし電力供給は，水力発電よりも蒸気機関による火力発電が先であった．トーマス・A・エジソンの電気会社は，1882 年に火力発電によってニューヨーク市内へ電気を供給した．日本でも 1887（明治 20）年には，東京電灯会社が 30 馬力のボイラーで駆動した 25 kW の直流発電機で発電し，狭い地域の電灯用の配電を行っており，他の都市でも電灯会社が給配電を開始した．

しかし，139 頁に述べたように市街電車や郊外電車が走るようになると，火力発電所の規模も拡大し，蒸気タービンによる 500～1,000 kW 級の発電が 1904（明治 37）年頃から始まった．しかし，日露戦争，第一次世界大戦のたびごとに石炭価格が高騰したことによって水力発電の経済性が着目され，1920 年代から積極的に開発が進められた．

当初は勾配の大きな河川をせき止め，流水を管路で下流に導いてその落差を利用して発電する水路式発電が主流であった．適地が得られれば，数万 kW の電力が得られ，数百 km 離れた需要地へも送電した．やがて，大型のダムを建設してその落差を利用する貯水式発電所が建設されるようになった．飛騨高地に源を発して富山湾に注ぐ庄川に 1929（昭和 4）年に建設された小牧ダム（堤高 80 m）はその初期のものである．また，日本が統治した朝鮮半島では鴨緑江の豊かな水量を利用し，1943（昭和 18）年に最大出力 70 万 kW の水豊ダム発電所が建設された．

こうした水力発電の技術は，第二次世界大戦で敗北して疲弊した日本経済の建

て直しに大いに活用された。1952（昭和27）年には「電源開発促進法」が制定され，これに基づいて発電専用の大ダムが多数つくられた。天竜川では高さ150mの佐久間ダムが1953年4月に着工され，わずか2年4カ月でダム本体を完成させ，1956年から送電を開始した。この建設ではアメリカから多数の大型機械を導入し，それまでの人力に頼る建設方式を一変させたのである。

しかし，1950年代後半からは水力発電に適した地点が少なくなる一方で，経済復興によって電力需要が急増したため，重油専焼の大容量火力発電が開発されてきた。このため，電力は火力が主体となって水力はそれを補うことに重点が置かれるようになった。また，1966（昭和40）年には日本原子力発電会社（原電）が茨城県東海村で発電を開始し，1970年には原電敦賀発電所と関西電力美浜発電所，1971年には東京電力福島第1発電所が次々に営業運転に入った。原子力発電は危険性が無視できないものの，1996年度における日本の一次エネルギー総供給量のうち12.3％を占めている。

【検討課題】
① 明治以降の土木事業の多くは国が実施したけれども，民間において行ったものも少なくない。そうした民間資本の果たした役割についてまとめてみよ。
② 近代において大きな仕事をした土木技術者について，伝記や文学作品などで調べてみよ。

9
自然災害の克服

黄河と長江の治水

　自然災害のなかでも被害が大きく，頻発しやすいのが洪水である。人が住まない原野の河川が溢れても洪水ではないが，人々が原野を田や畑として開拓し，集落をつくって居住するようになると洪水被害が発生する。

　中国文明を育んだ黄河と長江（揚子江）もまた，たびたびの洪水で人々を苦しめた。黄河は史書に記録されているだけでも，その流路を7回も大きく変えている。往時は山東半島の北を流れて渤海に注いでいたのが，1194年の大洪水によって河道を南へ変え，黄海へ入るようになった。現在は再び渤海へ流れている（74頁の図-31参照）。堤防の決壊あるいは溢水（いっすい）は，約2,600年間に1,575回を数える。

　中国の歴代王朝は，治水の責任者として特別の官職を設けてきた。伝説によれば，禹（う）は帝王舜（しゅん）によって司空に任命され，この職は漢代に至るまで水工・土木のことをつかさどった。唐以降は中央行政官庁である六部（りくぶ）の一つである工部の長官（尚書（しょうしょ））が建設事業全般を統括し，その下に黄河の治水を担当する官吏を任命した。歴代の治水責任者は，あるときは堤防の幅を広くして洪水が激しい勢いで堤防にぶつからないような方策をとり，あるときは堤防を強固に築き，河幅を制限して流路を固定する方策をとった。

　黄河の治水の難しさは，河が大量の黄土を運ぶことにある。毎年平均して16億tであり，これによって河口付近の海岸線が毎年150mずつ前進する。また，堤防の間の土地（堤外地という）は，黄土が堆積することによって周りの土地（堤内地という）よりも地盤が高い天井川の状態となり，一度決壊すると元の河道に戻ることがない。

　長江は黄河に比べると洪水回数が少ないけれども，人口が増えてそれまで放置されていた氾濫原や沼沢地が農地化されるにつれて，水害を受けるようになった。宋代から第二次世界大戦までの約980年間には145回の氾濫が記録されてい

る。また，20世紀後半にも大洪水がしばしば発生している。

　長江もまた大量の土砂を流下させる。河口デルタ地帯では，現在も海岸線が毎年約40 mずつ前進している。こうした自然の陸化現象を利用した干拓も早くから進められた。こうした干拓地を暴風による高潮から守るため，海塘と呼ばれる防潮堤の建設が唐の時代から始まり，明・清の時代には活発に進められたのである。

木曽三川の分離工事

　わが国でも，水稲栽培の開始とともに洪水被害に悩まされてきた。東大阪市の瓜生堂遺跡をはじめとして，河内平野の弥生遺跡のなかには2世紀前半の洪水多発期に土砂で埋没し，放棄されたものが数多く見出される。『続日本紀』には8世紀半ばの堤防決壊とその修築の記事がしばしば現れる。また，福山市を流れる芦田川の川原には，「草戸千軒」と称された中世の港町の遺構が埋没している。平安時代末期から室町時代に栄え，数度の洪水に襲われながら再建を繰り返したものの，1673（寛永12）年の大洪水で見捨てられたと考えられる。

　戦国時代には，武将たちが氾濫原を耕地化する治水事業を推進した。武田信玄の釜無川治水については17頁に述べたところである。徳川家康が江戸幕府を開いてからは，関東郡代伊奈備前守忠次とその子孫が伊奈（関東）流と称される技法を駆使して利根川，荒川水系の治水に努めた。洪水の大流量に対しては，堤防の越流を許す乗越堤あるいは霞堤（本堤防と川との間につくる不連続な堤防であり，洪水を霞堤の間からゆっくりと溢れさせる）を築いて被害を軽減した。また遊水池を各所に残し，河道を屈曲させて洪水を一度にどっと流れ出ないようにした。なお，伊奈一族による利根川の付替え工事については84〜85頁に既述した。

　江戸時代後半になると，紀州流といわれる技法が一般化した。この方式は，第八代将軍吉宗によって勘定吟味役に登用された井沢弥惣兵衛によるもので，堤防を強固に築き，河道を直線的に改修して洪水を一気に押し流すようにした。遊水池も新田として開発した。

　江戸時代の著名な治水事業としては，木曽川，長良川，および揖斐川の分離工事がある。この三川は河口付近で合流して川筋が網目状につながっていたため，一つの川が出水すると他川にも波及して洪水の被害が絶えなかった。1753（宝暦3）年，幕府は薩摩藩に対して三川を分離する木曽三川治水工事を命じた。特

に，木曽川と揖斐川を分流する油島締切が大変な難工事であった．治水工事は1754年2月に開始され，薩摩藩の総力を挙げての努力で1755年5月に完了させた．しかし，惣奉行の家老平田靱負(ゆきえ)は巨額な費用を支出して藩主に迷惑をかけ，藩士33名を工事途中で病死させたことなどの責任をとって自刃した．さらに，53名の藩士も共に自刃するという犠牲を払ったのである．

木曽三川の改修は明治時代に入ってからも，オランダ人技師デ・レーケの指導監督の下に工事が行われ，これによって現在の基本形が出来上がり，洪水の被害を免れるようになったのである．

大河津分水工事とその影響

明治政府は1896（明治29）年の河川法公布によって，低水工事から高水工事へと治水方針を切り替えた（137頁参照）．これによって，直ちに淀川，木曽川，筑後川の改修工事にとりかかった．続けて，1900（明治33）年には利根川ほか，1907（明治40）年には信濃川ほかの直轄河川改修工事を開始した．

信濃川は越後平野へ出て新潟の河口まで直線距離約50 kmの区間を蛇行し，分流し，また多くの支川の水を集めて流れていた（図-54）．越後平野は土地が低くて平坦であり，3年に一度は洪水で水田一帯が水面下に没し，米の収穫が皆無となる状況にあった．このため地域の農民は，信濃川に分水路を設け，洪水を越後平野に流すことなく直ちに日本海へ放流することを，江戸時代中期から請願していた．明治政府は地元の繰り返しの請願に応えて，1870（明治3）年に分水路の開削工事に着手したものの工事は難航し，また新潟の港湾関係者は港口が浅くなって港の機能が損なわれると強硬に反対した．このため，分水工事は1875年に取り止められてしまった．

しかし，1896（明治29）年の大水害で分水工事の機運が高まり，1909（明治42）年に大河津(おおこうづ)分水工事が再開された．蒸気機関で駆動する大型掘削機，土運搬の軽便軌道などの機械力を大規模に動員し，全長約10 kmにわたって総土量2,800万m³を掘削した．途中では高さ96 mの丘陵を切り下げ，幅は220〜720 mにもなった．また，信濃川本流と分水路へ流す水量を制御するための堰（鉄筋コンクリート造）と水門（鋼鉄製）の工事も同時に進められた．

分水工事は1922（大正11）年に終了し，通水を開始した．新潟港の航路は深く掘り下げて大型船舶が入港できるようにし，新潟市内は洪水災害のおそれがな

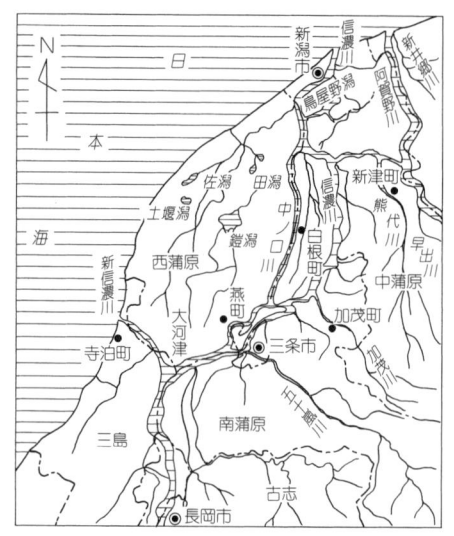

図-54 越後平野の水系と大河津分水の位置図
(土木学会『日本の土木技術』1975年, p. 49 より)

くなったことから，川幅をそれまでの約900mから大幅に縮めて約300mとし，市街地を拡張した。また，越後平野の湿田地帯に対しては，広い範囲で土地改良事業を実施した。雨水を集めて排除する水路網を整備し，排水ポンプ場を各地に建設した。これによって，越後平野は全国有数の穀倉地帯に生まれ変わった。

　大河津分水工事は，予見し得なかった二つの事態を引き起こした。一つは毎年の洪水流によって分水路の河床が次第に洗掘されたことである。このため1927（昭和2）年6月に，流量調節用の自在堰の基礎が陥没して堰が倒壊してしまった。政府は全力を挙げて復旧に取り組み，1931（昭和6）年6月に新しい可動水門を備えた堰を旧堰の100m上流に完成させた。また，河床の低下を防ぐための床固工事を追加した。

　もう一つの影響は，新潟海岸の決壊であった。長年にわたって洪水が運んできた土砂によって，新潟海岸には砂丘が数列に連なっていた。しかし，洪水とその土砂が流れてこなくなったことによって，海岸の砂は冬の荒波によって次々に沖合へ運び去られ，20年余の間に海岸線が最大で350mも後退してしまった。戦争が終わって，1947（昭和22）年から侵食対策工事が精力的に継続され，現在はようやく安定を取り戻している。

河川からの土砂供給が減少したことによる海岸決壊は,鳥取県の皆生(かいけ)海岸その他でも発生した。第二次世界大戦が続いていた間は,国内の公共施設の維持管理が後回しにされていたため,戦後になって全国の海岸侵食が各地で問題となったのである。

洪水を太平洋に導いた利根川改修工事

利根川は 84～85 頁で紹介したように,江戸時代前期に数十年をかけて流路が付け替えられ,舟が銚子・江戸間で航行できるようになっていた。しかし,この付替え水路の区間は洪水を流すだけの断面積はなく,江戸時代の洪水の大部分は現在の江戸川へ流れ,大洪水のときは中流域の一帯で氾濫せざるを得なかった。特に,1783(天明3)年の浅間山大噴火は天明の大飢饉の原因となったものであるが,このとき大量に降った火山灰が川に流れ出して河底を上昇させたため,これ以降の利根川は暴れ川となって洪水が多発した。

明治政府による利根川改修は,1896(明治 29)年の洪水によって東京の市街地が浸水する大被害を契機として,1900(明治 33)年から開始された。神流川(かんな)を合わせた烏川(からす)が利根川に合流する地点(本庄市の北約 4 km)から銚子までの約 204 km の川幅を広げ,河底を掘り下げて洪水流を速やかに太平洋に流すように計画した。ただし,このときは財政規模の制約から,2～3 年に一度の洪水である,毎秒 3,500 m³の高水流量(栗橋の地点)を対象とした。

しかし,1910(明治 43)年には利根川全域が再び大洪水に見舞われた。浸水区域は約 23 万 ha に及び,東京市区も冠水した。このため,計画高水流量を栗橋の地点で毎秒約 5,600 m³に増大し,このうち毎秒約 2,200 m³を江戸川へ流すように計画した。この計画高水流量は,足尾鉱毒事件で汚染された谷中村とその周辺を強制的に買い上げて造成した,渡良瀬(わたらせ)遊水池(面積約 3,500 ha)の洪水貯流効果を考慮して決めたものである。

利根川改修工事では,蛇行していた川筋を整理し,大量の土砂を掘削・浚渫し,長大な堤防を築いた。無数の大型機械を駆使しての工事であった。工事は 30 年近くかかり,1930(昭和 5)年にひとまず完成した。それまでの総土工量は約 2.14 億 m³にも達した。これは,100 頁に紹介したパナマ運河の当初の掘削量を上回るものであった。

このような大改修工事によっても,洪水被害を根絶することはできなかった。

特に，1947（昭和22）年9月のカスリン台風による大洪水では，栗橋で堤防が決壊して濁流が東京都の足立区・葛飾区・江戸川区にまで達し，1ヵ月近くも冠水が続いた。このため，計画高水流量をさらに大きなものに改定して改修工事が続けられたのである。

ダムによる洪水制御

　ダムは古代から灌漑用水や上水道の水源として建設されてきた。わが国6世紀の狭山池（14頁）や8世紀の満濃池（14頁）は土で固めた堰堤であり，今でいうアースダムである。ダムには**図-55**に示すように大別して4種類がある。ロックフィルダムは大小さまざまな石を積み上げてつくるもので，中央部分には遮水のために粘り気のある土で壁（コア・ゾーン）を築く。ブルドーザーをはじめとする大型土木施工機械が登場した20世紀半ばから普及した。重力式ダムは，大量のコンクリートを台形に打ち込み，その重量で貯水池の水の圧力に対抗する。一方，アーチダムはダム本体を上流へ向けて凸の曲線形につくる。水の圧力はアーチ作用によってダムの両側の岩山へ伝えられる。

（1）アースダム　　　　　　　（2）ロックフィルダム

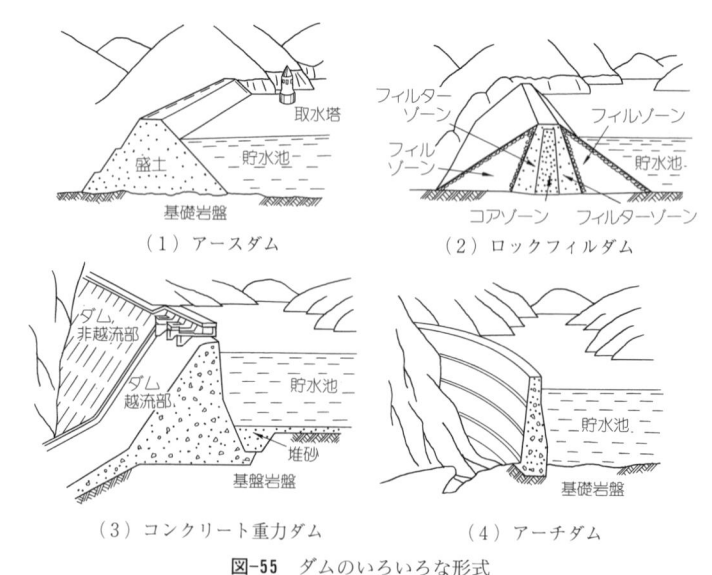

（3）コンクリート重力ダム　　（4）アーチダム

図-55　ダムのいろいろな形式
（鈴木勇・那須田稔『アルプスにダムができる』pp. 19-27 に加筆）
（室田明『河川工学』技報堂出版，1986年，pp. 305-07 による）

9 自然災害の克服

　重力式ダムやアーチダムは，ローマ帝国のころにも切り揃えた石をモルタルで接着してつくられていたが，コンクリート施工法の普及によって20世紀に入ってからはダムが急速に大型化した。ダムの堤高が増大し，1907年にはニューヨーク市の水道用ダムである新クロトン・ダム（石積み構造）が高さ約91 mを記録した。

　ダムが大型化し，貯水量が格段に大きくなると，大雨のときの出水を一次的に貯留して洪水を制御することが考えられた。この典型は，1931年に着工して1935年に完成させたフーバー・ダムである。このダムは，アメリカの著名な観光地であるグランド・キャニオンを流れるコロラド川が南へ向きを転じる地点（60頁の**図-27**参照）に築かれた，高さ221 mの巨大なアーチダムである。**図-56**の左側が建設途中であり，右が完成後である。堤頂は長さ約379 m，コンクリートの総量は約336万 m³に達した。

図-56 フーバー・ダムの建設予定地点と完成したダム
(D. C. Jackson "Great American Bridges and Dams" The Preservation Press, 1988年，p. 296 より)

　フーバー・ダムはコロラド川下流の洪水対策が主目的であったが，同時に最大135万 kWの水力発電，ロサンゼルスの都市用水，南カリフォルニアの灌漑用水の供給も目的としていた。

　ダムによって洪水を調節する考え方は，日本では物部長穂が1926（大正15）

年に提唱した。アメリカでは，1929年10月24日のニューヨーク株式市場の大暴落に端を発した大恐慌からの脱出策として，フランクリン・D・ローズベルト大統領がニューディールと総称される一連の政策を実行した。そのなかには，大型公共事業による失業者救済策ならびに景気刺激策があり，その一環としてテネシー渓谷総合開発計画をスタートさせた。TVA（テネシー川流域開発公社）は1933年5月の設立直後から，洪水調節ダムの構築，船舶航行のための閘門の設置，水力発電所の建設などを精力的に推進した。

　日本はこのTVAの事業を参考として，1937（昭和12）年から河水統制事業が始まった。これによって多目的ダムの調査・建設が始まったが，日中戦争の激化のために公共事業費が縮減され，着工されたダムは少なかった。戦後しばらくたった1957（昭和32）年に「特定多目的ダム法」が公布され，洪水調節を主目的とするダムが建設されるようになった。しかし近年は，十分な貯水量が得られるダムの適地を見出すことが困難になっている。

　一方，人口増加の著しい都市河川流域では，丘陵地の宅地開発などによって大雨の出水が急激となったため，公園や運動場を洪水時の遊水池として利用し，地下に放水路や貯水路を建設したりする対策がとられるようになった。また，水害危険地域を公表することも行われている。

長江の三峡ダムの建設

　ダム建設は，自然環境への影響などから世界的に見直しの時期に入っており，新規着工が見送られることが多い。しかし中国政府は，長江中流部の宜昌市のやや上流に高さ175 mの三峡ダムを建設することを1992年に決定した。この建設地点から上流約200 kmの区間には三つの著名な峡谷があり，多数の史跡や文化遺跡が存在する。しかし，近年の洪水では十数万人の犠牲者を出しており，この洪水防止がダム建設の第一の目的である。また，出力1,820万 kWという世界最大の水力発電によって電力不足を解消することを第二の目的とし，さらに水位を調節して上流の重慶まで1万t級船舶の航行を可能にすることを第三の目的としている。

　1997年秋には長江の本流がせき止められ，ダムは2009年の完成を目指して工事が進められている。堤頂の長さは約2,300 mであり，ダム湖の長さは約600 km以上に及ぶという。このダムによる水位上昇によって，約120万の人々が移

転を余儀なくされる。また，ダムの堆砂の問題も残されている。このダムの建設については賛否両論があったけれども，12億を超える中国の人口圧力の下，経済成長を優先しなければならない中国の現状が背景にあるといえよう。

高潮・津波対策

　高潮は，発達した低気圧や台風によって海面が異常に高まる現象であり，強風で発達した波浪も加わって甚大な被害を及ぼす。オランダの高潮被害とその対策については19～20頁で紹介した。日本では，1959（昭和34）年9月26日に来襲した伊勢湾台風によって，名古屋港での潮位が平均海面から約3.9mの高さにまで達し，伊勢湾全域で5,000人を超える犠牲者を出したのが最悪の記録である。また，1934（昭和9）年9月21日に京阪神地方を襲った室戸台風も大阪湾に著しい高潮を発生させ，激烈な強風とも相まって全国の死者・行方不明者は3,000人を超えた。

　高潮災害を防ぐには，海岸沿いに丈夫で高い堤防や護岸を巡らさなければならない。第二次世界大戦の最中から戦後にかけて日本は次々に台風による高潮災害を受けていたが，1953（昭和28）年に伊勢湾・三河湾沿岸を襲った13号台風を契機として，海岸を保全する施設を建設し，海岸を防護するための「海岸法」が1956（昭和31）年に公布された。高潮対策や次に述べる津波対策の施設の整備は，この法律に基づいて実施される。また，海岸侵食の防止も海岸法に基づいて行われている。

　高潮と並んで激甚被害をもたらすのは津波である。1896（明治29）年6月15日の三陸沖地震による津波では約27,000人が犠牲となり，続く1933（昭和8）年3月3日には再び三陸地方が津波に襲われて3,000人を超える死者・行方不明者を出した。これらの津波では場所によっては30m以上の高さまで海水が駆け上がり，流れ下る際に立木や家屋を根こそぎ運び去ったのである。また，1944（昭和19）年12月7日の東南海地震や1946（昭和21）年12月21日の南海道地震の際にも，津波はところによって10m近くの高さに達した。

　津波に対しては即時避難が第一であるが，地形によっては防潮堤が有効な場合がある。岩手県田老町では，1896年，1933年の二度の三陸沖地震津波で全集落を流失する被害を受けたが，1958（昭和33）年に高さ10m，延長1,350mという大防潮堤を完成させている。

また，湾の形状によっては湾口に防波堤を築き，津波の流入を減殺することが有効である．1960（昭和35）年5月22日夜半にチリ南部沖合で起きた巨大地震は，大きな津波を発生させた．この津波は毎時約800 kmの速度で太平洋を横断し，24日早朝に日本の太平洋岸全域を襲った．このとき大船渡湾では津波高さが6 mを超えて被害が大きかったため，幅約740 m，最大水深35 mの湾口に防波堤を建設した．この防波堤は5年間の工事で1967（昭和42）年に完成し，翌年の十勝沖地震津波の際に期待どおりの効果を発揮した．

　同じ三陸沿岸の釜石湾でも，さらに大型の津波防波堤を1978（昭和53）年から建設中である．ここは湾口中央の水深が63 mもあり，設置水深が世界最大の防波堤となっている．また，伊豆半島の下田港と高知県の須崎湾でも津波防波堤の建設が進められている．

【検討課題】
① 洪水などの自然災害への対策は，予期しない影響を与えることがあり得る．そうした事例と問題点について考えてみよ．
② ダムの効用と問題点について考えてみよ．

10

現代の自動車道路と空港の建設

自動車と飛行機が主役となった 20 世紀

　馬車を主要な交通機関としていた欧米では,「馬なしで走る車」が産業革命以降の発明家,技術者に対する最大の挑戦であった。蒸気機関で走る車は,キュニョー（1769 年）やトレビシック（1802 年）が試作し,1830 年代にはロンドン〜バーミンガム間に乗合蒸気バスが運行した。しかし,煤煙や騒音に悩まされる街道沿線の住民や馬車運送業者の反対によって運行が厳しく規制され,速度も郊外では時速 6.4 km（4 マイル）以下,市街地では時速 3.2 km 以下に抑えられた。

　現代の自動車は,1876 年にニコラウス・A・オットーが 4 サイクル内燃機関を実用化したことから始まる。1885 年にはゴットリーブ・ダイムラーがこの内燃機関を改良してガソリンエンジンの二輪車を開発し,同じ年にカール・F・ベンツも三輪自動車を製作した。この両者の成功に刺激され,自動車製造に乗り出す企業家が続出した。例えば,アメリカでは 1910 年までに 60 もの会社が自動車を製造販売していた。

　こうした自動車メーカーのなかで一頭地を抜いたのが,ヘンリー・フォードであった。1908 年に機能本位のT型フォードを発表し,これを革新的な流れ作業方式で大量に製造し,低廉な価格で大衆に供給した。これによってアメリカは自動車時代に入ったのである。自動車保有台数は,1900 年の 8,000 台（蒸気・電気自動車を含む）から,1910 年の 47 万台,1920 年の 924 万台,1930 年の 2,653 万台と爆発的に増加した。ヨーロッパ諸国もやや遅れて自動車時代に入り,このために鉄道会社の経営が苦しいものとなった（124 頁参照）。

　日本の場合は,自動車の普及が 50 年近く遅れた。全国の自動車保有台数が 20 万台に達したのは 1938（昭和 13）年のことであった。1960（昭和 35）年には乗用車が約 46 万台,トラックが約 84 万台となり,1970 年には乗用車が約 880 万台でトラックが約 860 万台に増加し,1980 年には乗用車約 2,400 万台,トラッ

ク約1,400万台となって，乗用車を保有することが普通の時代になったのである。

一方，エンジン付きの飛行機はライト兄弟が1903年12月17日キティホークで初飛行に成功したことから始まる。まもなくフランスで多くの開発，改良が進められ，1909年にはイギリス海峡の横断飛行が行われた。その5年後に勃発した第一次世界大戦（1914～18）は，飛行機を飛躍的に発達させた。1927年にはチャールス・A・リンドバーグが大西洋横断の単独飛行に成功し，世界中を興奮させた。

当時の陸上の飛行場から飛び立つ飛行機は，長距離の郵便物輸送に多く利用された。大洋横断の旅客輸送は，重量が多くなるために水上離発着の飛行艇が主役であった。旅客輸送機が陸地から飛び立てるようになったのは，第二次世界大戦中に大型爆撃機用滑走路の舗装工法が開発されたことが大きな要因である。やがて，1958年にはイギリスのコメット4型とアメリカのボーイング707型ジェット機が大西洋横断の定期航空路に就航し，ジェット機時代が始まった。これによって，船による長距離旅行は全く廃れてしまい，現在の旅客船は観光とレジャーを目的としたクルージング用に変化している。

アメリカでの道路舗装の開始

アメリカで郊外の道路舗装が始まったのは，1775～83年の独立戦争後のことである。1793年にフィラデルフィアから西のランカスターまでの約98 kmの路線が有料道路として建設され，砕石で舗装されて利用者から好評をはくした。これ以降，有料道路会社が次々に建設され，砕石舗装の有料道路が各地に延びていった。しかし，鉄道の急速な普及によって馬車の長距離輸送が衰退し，有料道路会社は解散していった。

しかし，自動車の登場は道路に新しい役割を与えた。それまでの砕石舗装は，馬車の鉄輪によって次第に締め固められるように設計されていた。しかし，高速で回転する自動車のタイヤは路面の石や内部の細粒分を引きずり出し，舗装道路を破壊しがちであった。このため，アスファルトによる路面舗装が取り入れられるようになった。

天然アスファルトを路面に敷き均して転圧する舗装は，市内の街路用として1854年にパリで施工され，1869年にロンドン，1870年にニューヨークに出現し

た。アスファルトには砕石や砂利を加えて強度を高め，その混合割合をいろいろ工夫した。1902年頃からは石油からアスファルトが精製されて大量供給が可能となり，道路のアスファルト舗装が普及した。

アメリカ連邦政府では，農産物の道路運送費の高騰を懸念して，1893年に農務省に道路調査室を設置した。ここでは農科大学や農事試験場と共同し，道路の維持・建設方法の改良の調査研究に従事した。やがて，道路の基礎を砕石のマカダム工法で築いてその上にアスファルト舗装を行う技術が確立され，またコンクリート舗装の技術も誕生した。1914年には，連邦政府と各州の道路担当者が全米・州道路行政協会（AASHO）を設立し，相互の連絡・協力体制を深めていった。なお，農務省道路調査室は1918年に農務省公共道路局に昇格し，1939年には連邦事業省公共道路庁となり，現在は運輸省道路局となっている。

アメリカの道路建設の進展

1914年の道路台帳調査では，道路総延長が393万kmであり，そのうち約5万kmがアスファルトまたはコンクリート舗装であった。アメリカでは1916年に連邦道路補助法が成立し，恒久的な構造の道路建設に連邦政府が費用の1/2を補助できることとなった。翌1917年，アメリカは第一次世界大戦に参戦し，大量の物資輸送を開始した。軍はトラックを大量に発注し，貨物列車の荷物をトラックに積み替えて配送する体制をつくりあげた。これが戦後の道路輸送の拡大をもたらしたのである。

連邦政府は，戦時中の経験から道路の重要性を認識し，1923年末に延長32.2万kmの道路を幹線道路網として認定し，連邦資金の補助を与えることとした。さらに，1929年10月の大恐慌による失業者救済策として道路事業の推進を図り，都市内道路や地方道路にも連邦資金を投じた。こうした諸施策によってアメリカの一般道路が急速に改善されていったが，一方で自動車台数の急増によって道路の渋滞が問題となった。

道路渋滞の解決策として登場したのがフリーウェーである。1925年にニューヨーク市で開通した，ブロンクス・リバー・パークウェーが最初である。パークウェーというのは，一般に公園の雰囲気を保たせた道路であり，トラックやバスの走行を禁じている。上記のパークウェーの場合には，さらに上下車線を分離し，平面交差を廃止したフリーウェーとして機能させたのである。ニューヨーク州で

は，公共事業の責任者であったロバート・モーゼスが1920年代から40年代にかけて，ニューヨーク市の中流階級のために大規模公園造成を強力に推進した。ロング・アイランドに大きな海浜公園をいくつもつくり，高規格のパークウェーを建設し，またトラックも通すエキスプレスウェー（幅30 m 級）を次々に建設した。

ロサンゼルス市では，流量のほとんどない川筋を利用して，北のパサデナ市とを結ぶフリーウェーを1940年に建設した。1940年代から50年代には，アメリカ各都市でフリーウェーが続々と建設された。これによって交通渋滞はかなり解消されたものの，上・中流階級が郊外に移住して市街中心部が空洞化するというドーナツ化現象が発生し，社会問題となった。

ドイツの高速道路―アウトバーン―

都市周辺だけでなく，全国的な規模での自動車専用道路を建設したのはドイツが最初であった。早くも1909年には道路技術を研究する民間団体が設立され，1913年にベルリン市の西部に延長約10 km の先進的な試験道路の建設が始まった。第一次世界大戦で建設が中断したものの1921年には完成し，ここでの自動車走行試験などの成果に基づいて，1927年に全国の自動車専用道路網の計画が作成された。しかし，1929年の世界大恐慌によってドイツの社会・経済は大混乱に陥り，1933年1月にはアドルフ・ヒトラーの率いるナチスが政権を掌握した。

ヒトラーは自動車専用道路網のなかから幹線となるもの約1.4万 km を選び，ライヒス・アウトバーン（帝国自動車国道）と名づけてその建設を推進した。大恐慌による失業者の救済策でもあり，多いときで25万人がアウトバーン建設に従事した。それと同時に，アウトバーンは軍事作戦用の道路として位置付けられ，1939年9月のポーランド侵攻に始まる第二次世界大戦ではその機能を十分に発揮した。アウトバーンは戦争途中の1942年に建設が中止されたが，それまでに3,859 km が完成していた。

アウトバーンは，自動車が時速120～160 km で走行しても安全なようにカーブを大きくとり，路面の横断方向に内向きの傾斜がつけられた。また，カーブの区間では，自動車のハンドルを一定速度で回転したときの自動車の軌跡に合うように，クロソイド曲線に従って道路の平面形状を設計した。また，道路が通過す

る自然の景観を損ねず，風景と一体となった美観をつくり出すように心がけた。

　ドイツが戦争に敗れた後には，アウトバーンが国土建設の資産として残った。東京への一都市集中型の日本とは異なり，ドイツは各地に中軸都市が並立しており，アウトバーンはこうした都市を連結し，国全体を有機的に発展させていく上で不可欠のものとなっている。戦後もアウトバーンの拡充・拡大の努力が続けられ，旧東西ドイツの路線を合わせて約1.1万kmが整備されている。

アメリカの高速道路—インターステート・ハイウェー—

　アメリカにおける長距離の自動車専用道路は，1938年から40年にかけて建設されたペンシルバニア・ターンパイク（有料道路）が最初である。この道路は，ペンシルバニア州西の工業都市ピッツバーグから州都ハリスバーグまで，アレゲニー山脈を横断する延長257kmの路線であり，自動車の走行速度を毎時117km（70マイル）としてカーブの大きさなどを設計した。在来路線に比べて燃料消費が半分となり，所要時間も大幅に短縮されたところから，有料にもかかわらずトラックが頻繁に利用した。このペンシルバニア・ターンパイクを手本として，1950年代前半までに15の州でターンパイクの建設が進められた。

　一方，連邦政府の公共道路局は1937年から全国有料道路網の経済性調査を始め，道路網全体としては事業収支が成り立たないことを1939年にローズベルト大統領に報告した。しかし，大統領は第二次世界大戦後に予想される不況の打開ならびに有事の際の物資輸送を確保することなどを目的とした，連邦資金による全国道路網建設計画の策定を命じた。この成果は1944年に議会に報告され，インターステート・ハイウェーが法令として承認された。

　しかし，建設が具体化したのは，ガソリン税等の連邦税収入を「道路信託基金」に繰り入れて道路建設に支出することを認める法律が1956年に成立してからである。全国各地で用地買収が始まり，総延長約6.5万kmの自動車専用道路の建設が始まった。図-57は1975年頃のインターステート・ハイウェー網であり，太線は完成部分，細線は未完成部分である。インターチェンジは約1.5万カ所，橋梁数は約6.5万にのぼった。

　この高速道路網は，国土の大動脈としてアメリカの社会を大きく変貌させた。遠隔地間の物資の大量輸送をはじめとして，人々の長距離の移動が容易になり，地方の医療サービスが向上し，スクールバスが遠方から生徒を運ぶことで田舎の

図-57　米国インターステート・ハイウェー路線網図
(K. A. Godfrye "Civil Engineering History" ASCE, 1977 年, p. 101 より)

中・高等学校の規模が拡大して教育水準が高められるなど，さまざまな効用をもたらした。

高速自動車道路網は，イギリスではモーターウェー，フランスではオートルート，イタリアではアウトストラーダなどの名称の下に，各国で建設が推進されている。20世紀後半の世界的現象といえる。

日本の道路整備事業

先に第8章（131頁）では，1876（明治9）年に国道・県道・里道の規定を設けたことを紹介したが，道路は物資輸送の補助的役割しか与えられなかった。「道路法」が単独の法律として公布されたのは1919（大正8）年のことである。また，自動車の普及が遅れたため，道路舗装を求める声は小さく，自動車保有台数が20万台の1938（昭和13）年における道路舗装率は，国道16％，府県道3％未満であった。

そうしたなかでも，全国の自動車国道網計画が1943（昭和18）年に立案された。ドイツのアウトバーン計画を参考とし，戦時下の軍事・産業政策推進を目的としたもので，現在のサハリンを含め，総延長5,400 kmの計画であった。

日本が第二次世界大戦の痛手からようやく立ち直った1954（昭和29）年，政府は第一次道路整備計画5箇年計画を策定した．その財源は，前年度に成立した臨時措置法に基づく揮発油税や自動車重量税などであり，自動車の普及によって道路建設が促進される仕組みを採り入れた．道路整備5箇年計画は次々に更新されて一般道路の改良が進められており，現在ではほとんどの国道・都道府県道が舗装されるまでに至っている．しかし，人口稠密で人家が密集しているわが国では，道路拡幅あるいは新設のための用地取得が難航しており，都市部の道路渋滞がなかなか解消されずにいる．

日本における高速道路の整備

　わが国は高速道路を有料道路として建設することとし，1956（昭和31）年に日本道路公団を設立した．最初は名古屋・神戸間の名神高速道路（全長189.3 km）であり，約8年の工期を費やして1965（昭和40）年に開通した．次いで，1969（昭和44）年に全長346.7 kmの東京・名古屋間の東名高速道路が完成し，ここに関東・関西を結ぶ大動脈が完成した．なお，名神高速の建設開始当時はわが国も外貨不足であり，世界銀行へ8,000万ドルの融資を求め，大型施工機械や設計技術を導入して建設を推進した．

　日本の高速道路は，名神・東名に引き続いて全国の路線が順次建設されていった．1969（昭和41）年には**図-58**の太線で示す全国32路線，総延長約7,600 kmが国土開発幹線道路として制定された．さらに，1987（昭和62）年に第四次全国総合開発計画（四全総）が閣議決定されたとき，図の破線で示す路線を加えた総延長14,000 kmの高規格幹線道路網計画が組み込まれている．

　一方，東京その他の大都市圏については，全般的な道路整備の遅れも相まって，フリーウェーの建設になかなか着手できなかった．東京圏では首都高速道路公団が1959（昭和34）年に設立され，1964年の東京オリンピック開催時までに30 kmの区間を完成させた．1997年には24路線の延長248 kmを供用している．関西圏では，阪神高速道路公団が1962（昭和37）年に設立され，名古屋，福岡，北九州では道路公社によって，それぞれ自動車専用道路網の建設ならびに管理運営に当たっている．いずれの都市においても深刻な用地不足のために，ロサンゼルス市にみられるような，マイカー通勤を奨励する広大な自動車道路の建設は思いもよらず，結果としてわが国では電車，地下鉄などの公共交通機関が活

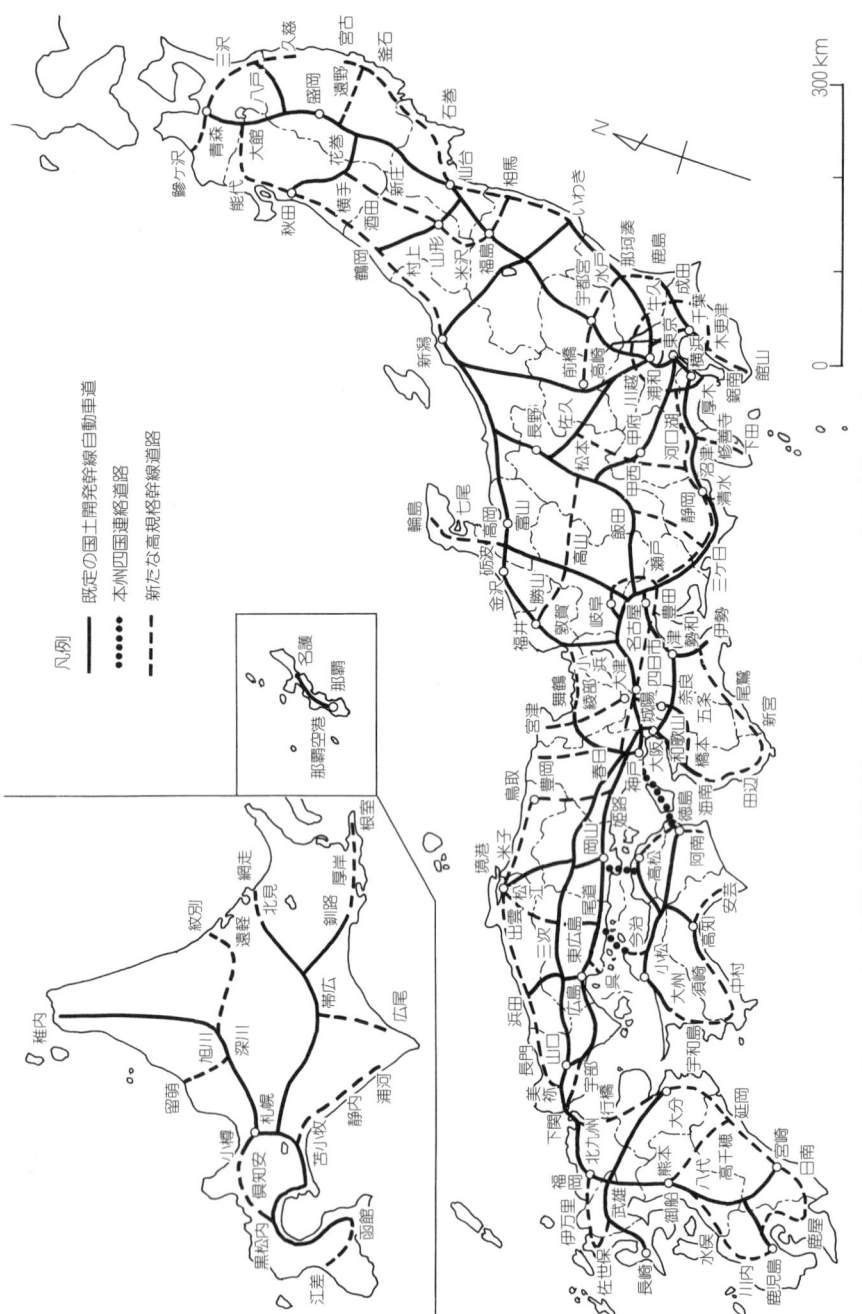

図-58 日本の高規格道路計画路図（武部健一『道のはなし II』技報堂出版，1992年，p.149 より）

躍を続けている。

大型化する空港建設

　第二次世界大戦中の米軍の主力爆撃機であった B29 は，発進時の重量が 60 t 以上であった。この爆撃機が離発着する滑走路は，車輪が押しつける輪荷重に耐える強度が必要であり，そのための舗装工法が緊急に研究された。舗装の設計法と同時に，太平洋の島々の熱帯林を切り開いて短期間に飛行場を建設するための，強力なブルドーザーやパワーショベルなどの施工機械も開発された。

　現在のジャンボジェット機 B747 は，離陸時の重量が約 400 t あり，主車輪の1脚には約 100 t の力が作用する。滑走路は厚さが1mもあり，まず原地盤をよく転圧して締め固める。そして，土，砕石，セメントを混ぜて締め固めたものを数層にわたって約 70 cm の厚さに形成して路盤とする。その上に，配合を変えたアスファルト舗装を総厚約 30 cm で仕上げている。アスファルト舗装を使用するのは，滑走路がしばしば補修を必要とするためである。ターミナルビルの前や航空貨物の積み卸し場所は，摩耗の少ないコンクリート舗装が多く用いられる。

　飛行機の大型化は，長大な滑走路を要求する。航空の安全のためには，どの国の空港も一定の基準を満たすことが必要であり，1944 年に「国際民間航空条約」が採択され，これに基づいて国際民間航空機関（ICAO）が 1947 年に設立された。滑走路の長さや幅などは ICAO の基準で定められており，標高の高い土地や気温の高い地域では，空気が薄いことを考慮して他よりも長い滑走路が必要とされている。日本では，大型ジェット機の離発着する空港の滑走路長 2,500 m 以上が標準である。ただし，長距離航空路線が多い新東京国際空港は 4,000 m，関西国際空港では 3,500 m で滑走路を建設している。滑走路には，その前後に航空機のオーバーランに備えた延長部分が設けられ，さらに航空機の進入灯その他の設置場所も必要である。また，交通量の多い空港や季節によって卓越風向が異なる空港では，複数の滑走路が必要となるなど，空港は非常に大規模なものとなる。

　世界的には，1995 年に開港したアメリカのデンバー新空港が最大規模で，敷地面積 16,000 ha，最終的に 12 本の滑走路が建設される予定である。この面積は長方形に区切ると縦 16 km，横 10 km の大きさである。この空港に次ぐのが

ダラス・フォート・ワース空港であり，7,082 ha の敷地面積があり，ダラス，フォート・ワース両市の共有施設として1974年に開港した。ヨーロッパではパリ市のシャルル・ドゴール空港が最大であり，3,104 ha の敷地に最終的に5本の滑走路が建設される予定である。

海上につくった関西国際空港

日本では，外国のように大都市の近郊に広大な空港用地を用意することが不可能に近い。新東京国際空港は成田の土地収用問題が長引いており，それが全面的に解決しても敷地面積は1,065 ha にとどまる。こうした土地問題を解決する一つの方法が，海を埋め立てて造成する海上空港である。羽田の東京国際空港も浅瀬の埋立で拡張を重ねてきたが，本格的な海上空港は1971～75年に建設された長崎空港である。大村湾南東部の箕島を削り，平均水深約15 m の水域約137 ha を約2,500万 m^3 の土で埋め立てて空港を造成した。

しかし，1994年9月に開港した関西国際空港は，世界で最大規模の海上埋立空港である。第1期工事は，縦4.37 km，横1.25 km，面積511 ha の大きさであるが，水深が約18 m あり，しかも海底が非常に軟らかい粘土のため，埋立が進むにつれて全体が次第に沈下した。1988年12月に土砂投入を開始して1991年12月に完了したときまでの沈下量は9 m を超えた。完成後も地盤が安定するまでにはあと2 m ほどのゆっくりとした沈下が見込まれ，埋立はそれを見越して土を高く盛り均した。埋め立てた土の層厚は約33 m，土量は全体で約1.8億 m^3 である。

関西国際空港の建設では，まず海底の厚さ20 m 近い軟弱粘土層に直径40 cm の砂柱を約2.5 m 間隔で打ち込んだ。砂柱の総数は100万本を超えた。海底の粘土層は埋立土砂の重みによって中の水分が抜け出して体積が減少し，海底面が沈下する。砂柱は粘土層の水分を迅速に抜いて地盤沈下を速く終わらせるためのもので，サンドドレーン工法といわれる。延長約11.2 km の外周護岸の一部には，基礎をさらに強固にする工法も用いられた。

埋立土砂は，大阪府阪南市，和歌山市加太，兵庫県の淡路島の山を削り，ベルトコンベアで海岸まで輸送し，大型の土運船（3,000 m^3 積み）で埋立地に運ばれた。阪南市と加太では掘削跡地をそれぞれ面積約150 ha の住宅地に開発した。空港ターミナルや滑走路その他の施設は，埋立の進行途中から建設が進められ，

また陸地と結ぶ延長約3.8 kmの橋梁（鉄道・道路併設）も建設された。さらに，大阪からの連絡自動車道路や鉄道の建設も行われた。こうしたすべての工事は7年半の期間で完了した。1999年度末からは，最初の滑走路に平行する第2滑走路建設のための第2期工事が開始されている。

　海上空港は，香港でもランタオ島周辺を埋め立てた新空港が1998年夏に開港し，韓国でもソウル新国際空港が漢江の河口の浅瀬を埋め立てて建設中である。また，国内でも中部国際空港の埋立工事が常滑市沖で2000年度から開始され，神戸新空港も海上に建設予定など，海上空港が増える状況にある。

【検討課題】
① 日本の高速道路網の整備においてどのような問題があるか考えてみよ。
② 現代の建設事業は，巨大規模の工事を限られた期間内で完成させるところが特徴的である。関西国際空港その他の実例について自分で調査してみよ。

11
都市の巨大化と環境問題

19世紀以降の都市人口の膨張

　先に46頁の**図-20**で示したように，18世紀までの世界では，都市は最大でも100万人前後にとどまっていた。しかし，19世紀に入ると都市人口は100万を超えて急増するようになる。ロンドンは1800年に112万人であったが，1850年には269万人，1900年には659万人となった。年率約1.8％の増加率が100年間続いたことになる。パリが人口100万を超えたのは1846年，ベルリンはプロイセン王国がドイツ帝国に変貌したあとの1877年頃に人口100万を突破した。ベルリンは，1860年代に年率4.2％という人口急増を経験している。アメリカでは，ニューヨークが急激に膨張した。1800年には人口7万以下であったのが，1850年には52万，1900年には350万となってロンドンに次ぐ世界第2の大都市となった。19世紀後半の人口増加率は約3.9％と計算される。

　こうした都市の膨張は，産業革命によって物資の大量輸送が可能となり，石炭が燃料として豊富に供給されるようになったことによる。しかし，都市の膨張は住居・交通・衛生をはじめとして，さまざまの困難な問題を投げかけた。先進諸国では一応の解決をみつつあるものの，発展途上国では都市の膨張が現代・近未来の最大の課題である。

　例えば，人口統計はあまり確かでないが，上海は清朝末期の1910年の人口が129万，日本の侵略戦争から立ち直った1948年に540万，1982年には1,186万であった。また，ブラジルのサンパウロ市は1890年に6.5万人であったのが，1900年には24万人，1980年には1,260万人を超えた。

　1992年に都市圏人口が1,000万を超えたのは世界で13都市であり，そのうち先進国は東京（横浜・千葉・大宮などを含め2,600万），ニューヨーク（1,600万），ロサンゼルス（1,200万）の3都市だけであった。西暦2000年の時点では1,000万都市圏が20を超えるが，そのうちの17都市は発展途上国の首都である。

地下鉄の登場

　都市膨張の最初となったロンドンでは，19世紀半ばから深刻な交通問題に悩まされた。交通機関は，乗合・自家用などすべて馬車であった。**図-59**は，1872年頃のロンドン市内を描いたものであり，街路の混雑は現代の交通渋滞と大差ない。郊外からは121頁に述べたように民間鉄道の各社がロンドン市街地の周辺に駅を建設したが，図に示すように1路線だけは高架鉄道で乗り入れた。しかし，これ以外の高架鉄道の建設が困難であったため，地下に鉄道を建設して通勤客を運ぶ構想が生まれた。

図-59　19世紀後半のロンドン市内の都市交通問題
(R. Trench & E. Hillman "London under London" 1993年，p.130 より)

　最初の地下鉄道会社はメトロポリタン鉄道といい，ロンドンの西からの列車が乗り入れるパディントン駅から東へ向かい，北からの列車が到着するキングス・クロス駅に接続し，さらに南東に市内へ2kmほど延びる，全線で6km弱の路線であった。工事は1859年末に始まり，1863年1月に開業した。この地下鉄は蒸気機関車が牽引した。機関士は，各駅でボイラーを焚いて大量の蒸気を発生させ，タンクに蓄めた蒸気で次の駅まで列車を走らせた。地下鉄の工事は，地表か

ら掘り下げる「開削工法」で行われた。土留めの擁壁を築きながら所定の深さまで掘り下げ，線路下の床，側壁，天井を順に煉瓦で築き，出来上がったところで全体を土で埋め戻した。

　この地下鉄が多数の利用者を集めたため，ロンドン中心街の南から西を半周する第二の地下鉄の建設が別の会社によって1865年から始まった。1868年にはテムズ川沿いのウェストミンスターに達し，国会議員のなかにも利用者が現れた。二つの地下鉄会社の対立があったものの，1884年には両者の接続が行われ，ロンドン中心街を一周するサークル・ラインが完成した。

地下鉄の発展

　ロンドンの第三の地下鉄路線は，電気機関車牽引方式で1887〜90年に建設された。電気機関車は1879年のベルリン万国博覧会で登場している。地下鉄の工事も開削工法ではなく，地中深くに円形トンネルを掘り抜く「シールド工法」で進められた（工法については第13章195頁参照）。トンネルの内径は約3.2 mと小さなものであり，車両の頂部もトンネルに合わせて円弧状に設計されている。

　また，地下十数m以深を通るため，地下駅への昇降には大型のリフト（エレベーター）が使われた。図-60はテムズ川南の地区のオーヴァル駅の断面図であ

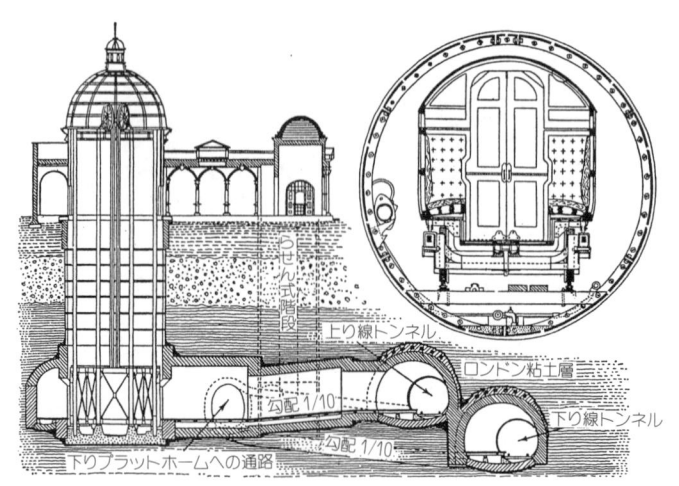

図-60　ロンドンの円形シールド地下鉄の断面図
(C. シンガー他『技術の歴史9』筑摩書房，1979年，p.270 より)

る。リフトは，最初の蒸気機関駆動から水圧式，さらに電気式に代わったが，今でもいくつかの駅で使われている。しかし，1906～07年にはエスカレーターが導入され，それ以降にはエスカレーターが標準となった。

　なお，イギリス国会は1891年に，それ以降の地下鉄のトンネルの内径を3.5 m以上とし，かつ低廉で頻繁な運行を維持することを条件として，地権者の許可を得ずに地下トンネルを掘削する権利を地下鉄会社に与えることを承認した。こうした，地権者の許可なしに大深度の地下掘削を可能とする法制化については，わが国でも検討中である。

　20世紀に入ると，地下鉄はロンドン以外にも広まった。パリが1900年，ベルリンが1902年，ニューヨークが1904年などである。なお，ニューヨークは高架鉄道を1869年から導入し，拡大させたが，ロンドンやパリでは街の美観を損ねるとして受け入れなかった。図-59に見えるロンドンの高架鉄道も既に地下鉄に切り替わっている。ヨーロッパ諸都市では地下鉄をメトロと呼ぶが，これはロンドンの最初の地下鉄道会社に由来する。また，ロンドンの地下鉄は総称としてはアンダーグラウンドであるが，シールド工法による円形断面の地下鉄はチューブ(tube)と略称されている。

都市内交通機関のさまざま

　巨大化した都市にあっては，市内の交通は大きな問題である。ロンドンでは馬車から地下鉄に切り替わった。ニューヨークでは，139頁に略述したように馬車鉄道が19世紀に活躍した。路面電車（市街電車）は，1881年ベルリン郊外で試みられ，徐々に各都市で採択された。わが国では，京都（1895），東京（1903），大阪（1903）などをはじめとして，各地に広まった。1950年代までは，わが国諸都市の主交通機関として活躍した。しかし，それ以降の自動車の増加による交通渋滞によって廃止されるところが多くなった。ヨーロッパ諸都市では，第一次世界大戦後の自動車の普及によって路面電車の経営が圧迫されたが，ドイツその他のように活躍を続けているところも少なくない。

　アメリカでは，世界で最初に自動車が大衆化したため，自家用車が都市内交通にも使われ，ロサンゼルス市などのように広大な幅の自動車道路網の建設を進めた都市が多い。しかし，通勤時の交通渋滞が慢性化したため，サンフランシスコ市のバート（BART, Bay Area Rapid Transitの略）のように都市高速鉄道を

都市交通機関のもう一つの主役はバスである。内燃機関を動力にしたバスは1895年にドイツで使用された。やがて各地に路線バスが登場し，ロンドンなどでは乗合馬車の伝統である2階バスが愛用されてきた。わが国での本格的な市内バスの営業は，1919年の東京市街自動車(株)によるものである。発展途上国では，地下鉄や高速鉄道の整備の遅れから，市内および都市間交通の大半をバスに頼っており，正規のバスだけでなく，トラックやジープを改造したものやステーションワゴンなども使われる。これらの改造バスなどは，求めに応じて客を随所で乗降させ，また運行経路を若干変更したりして融通性があるのが特長である。

世界の人口増加問題

　都市の巨大化の背景には，地球上の人口爆発がある。**表-6** は世界と日本の人口の推移を示したものである。ローマ帝国のころの世界人口が2億前後，中世に

表-6　世界と日本の人口の推移

世界		日本		
2050	約 100 億人	2050	約 11,200 万人	(推計参考値)
2020	約 85 億人	2020	約 12,800 万人	(推計値)
2000	約 63 億人	2000	約 12,800 万人	(推計値)
1990	約 53 億人	1990	12,361 万人	
1950	25.3 億人	1950	8,390 万人	
1900	16.3 億人	1900	4,439 万人	
1850	12.4 億人	1850	3,296 万人	
1800	9.5 億人	1792	2,987 万人	
1750	7.7 億人	1786	3,010 万人	(天明の大飢饉)
1700	6.8 億人	1721	3,128 万人	
1600	5.8 億人	1600	1,227 万人	(関ヶ原合戦)
1400	3.7 億人			
1200	4.0 億人	1150	692 万人	(平安末期)
1000	2.5 億人	900	644 万人	(平安時代)
800	2.2 億人	750	559 万人	(奈良時代)
400	2.1 億人	200	59.5 万人	(弥生時代)
1	2.5 億人			
400 BC	1.5 億人	900 BC	7.6 万人	(縄文晩期)
1300 BC	1.0 億人	1300 BC	16.0 万人	(縄文後期)
3000 BC	5000 万人	2300 BC	26.1 万人	(縄文中期)
		3200 BC	10.6 万人	(縄文前期)

[過去の人口は J.-N. Biraben (1979) と鬼頭宏 (1983) の推定値，将来人口は国際連合人口基金 (1992) と厚生省人口問題研究所 (1992) による推計値である]

入って漸増したものの1347～50年のヨーロッパ大陸のペスト猖獗によってヨーロッパ全人口の1/3が死亡した。その後は人口が次第に増加し，20世紀に入ると爆発的に急増した。15～18世紀は年率0.2％程度の増加率であったが，19世紀は0.5％強，20世紀後半は1.8％にも達した。日本の人口は，海外との物資の輸出入をほとんど行わなかった江戸時代に約3,000万で安定していたが，江戸末期からは年率約1％で急増し，現在の1億2,000万台に達している。ただし，今後は人口が減少すると推計されている。

　人口増加をもたらしたのは，産業革命による農業生産力の向上と近代医学の発達による死亡率の低下である。また，上下水道の整備による疫病の蔓延防止も貢献している。20世紀後半の人口爆発は，なかでも発展途上国における死亡率の低下によるところが大きい。

　世界の人口増加は，食糧増産を必須とする。幸いにして，1960年代から「緑の革命」といわれる小麦や米の品種改良と施肥その他の農法の技術革新によって，当面は世界的な食糧不足が起きるおそれはない。しかし，緑の革命を普及させるには，灌漑による水の適切な管理が必要である。地球上の水の供給量は地域によって大きく異なる。日本列島は年間降水量が多いけれども，1人当りにするとアメリカ合衆国の1/5にしかならない。水資源をどのように適切に配分し，利用するかは土木技術が解決すべき問題である。水資源については，コロラド川をめぐるアメリカ合衆国とメキシコとの間の水量配分，ユーフラテス川をめぐる中近東諸国間の論争その他，多国間の競合が顕在化しており，今後の大きな課題である。

巨大ダムとその影響

　20世紀に入って建設された巨大ダムのいくつかに対しては，近年，その効用を疑問視する声があがっている。灌漑，発電，洪水制御に役立つ反面，海岸侵食を招き，水域および周辺の生態系を変化させ，住民の強制移住によって貧困層を生み出したなどの批判である。

　ナイル川の上流に1960～70年に建設されたアスワン・ハイダムもそうした批判にさらされている。河底からの高さが112 m，河底の敷き幅が最大で980 m，堤頂部の幅が40 m，長さが約3.6 kmという巨大なロックフィルダムである。このダムによって，湛水面積が約3,200 km²という広大なハイダム湖が誕生した。

貯水量は約 1,600 億 m³ と世界第 3 位を誇る。

ハイダム湖の水は灌漑と水力発電に使われる。発電は最大 210 万 kW の能力があり，エジプト全体へ電力を供給するとともに，窒素肥料の生産にも利用されている。最大の貢献は，灌漑による農作物の増産である。年間を通じてほぼ一定量の水を供給することで二毛作が可能となった。また，洪水の危険地域を農地化するとともに，灌漑による農耕地も拡大した。

洪水の危険を取り除いたことは，一方において洪水の氾濫で大地に降り撒かれる泥土がなくなったことを意味する。泥土の肥沃な栄養分の代わりに，農民は化学肥料を施さなければならなくなった。河口のデルタ地帯では，海岸の侵食が始まった。ハイダム湖の周辺では生態系が砂漠系から河水系に変わり，寄生虫の中間宿主となる巻貝が繁殖して，住民の間に住血吸虫症が広まった。また，灌漑耕地では土壌の塩化現象も起きている。

こうした諸問題が顕在化したために，アスワン・ハイダムの建設がエジプトにむしろ損害を与えたのではないかとの議論を生んだ。しかし，ハイダム湖による灌漑面積の拡大や二毛作の普及なしには，エジプトの人口増加をまかなうだけの食糧増産は困難であったであろう。先に 150 頁に紹介した長江の三峡ダムについても賛否両論が長い間交わされてきたが，中国政府は経済成長を優先して建設に踏み切ったのである。

地球環境と建設プロジェクト

近年は，人間の産業活動による環境への影響が問題視されつつある。産業革命後，石炭・石油などの化石燃料の消費が急増したため，大気中の二酸化炭素の濃度が上昇した。18 世紀には約 280 ppm の濃度であったものが，現在は 340 ppm を超えている。二酸化炭素には，太陽からの輻射熱を大気圏内にとどめるという温室効果があるため，地球全体の気温が上昇し，気候が変化することが懸念されている。同時に，海水温度の高まりなどによって，今後の 100 年間に平均海面が 70 cm ほど上昇するのではないかと予測されている。太平洋やインド洋の珊瑚礁からなる島嶼国や，バングラデシュのような海岸沿いの低平地の国々にとって海面上昇は深刻な問題である。

一方，各種産業からの廃棄物が未処理で川や海へ投棄され，水域の汚染問題や人々の健康被害を招くことがある。発展途上国では廃棄物の規制が緩やかなこと

が多く，先進国の企業のなかにはそれを口実として，進出先の工場の廃棄物処理を怠っていることもある。さらに，酸性雨の問題もある。石炭を燃やしたときに出る硫黄分が大気中に拡散し，何百kmも運ばれた先で強い酸性の雨となって地上に落下し，山地の樹木を枯らしたり，湖沼を酸性化する問題である。

　二酸化炭素の濃度を上昇させないためには，炭素同定能力の高い熱帯雨林を保存しなければならないとの意見が強い。特に，先進国で強く主張されている。しかしある意味で，それは日本を含めた先進国のエゴイズムである。先進国が化石燃料を浪費して豊かで快適な生活を享受しているのに対し，発展途上国の人々は現在の貧しい生活水準にとどまれと強要しているようなものである。

　地球環境における最大の問題は，ホモ・サピエンスという種の異常なほどの繁栄である。**表-6**に示すように，狩猟採取経済の縄文人の時代には，日本列島には20〜30万人ほどが自然の生態系のなかで暮らしていた。石器時代の世界の人口は500〜800万と推定されている。逆に言えば，地球環境に負担をかけずに生活できる人間の数はその程度であった。

　建設プロジェクトは，自然に手を加え，人間が安全に豊かで快適に暮らせるように，自然の地形を変えていく事業である。しばらく前までは，自然環境の保全にあまり注意を払わずに事業を進めることが多かった。しかし，手つかずの自然の生態系が少なくなった現在は，工事完成後の自然環境の変化をできるだけ正確に予測し，環境変化による影響を最小にとどめることが要求されている。土工事の跡に，その土地に原生する樹木や灌木の苗木を植えて植生を回復することは，当然のこととなっている。海の工事でも，緩やかな勾配の石積み斜面を形成して海草・藻類が育ちやすい環境をつくる配慮や，干潟を人工的に造成することも始まっている。

　また，地球的な規模では砂漠化の防止が大きな課題である。西アフリカのサヘル地域などでは，それまで草原であった地域が砂漠に変わりつつある。中国北西部でも砂漠化が進行している。人口の増加に伴って，わずかの灌木を薪として伐採したり，放牧された山羊が残り少ない草を食べ尽くすなど，社会的な要因も少なくない。基本的には農業・林業関係者の努力に負うところが大きいであろうが，土木技術の観点からも何らかの貢献をしたい課題である。

【検討課題】
① 人口の都市集中は先進国，発展途上国を問わず世界的な趨勢である。どのような理由によると考えられるか。
② 地球の環境保全問題に対して土木技術がどのように貢献できるか考えてみよ。

12
橋梁の発達

橋の諸形式

　人々は，川を渡るためにいろいろ橋を架ける工夫をしてきた。橋の形式は，使うことのできる材料や技術に応じてさまざまに発展してきた。図-61 はこれを解説したものである。図の(a)は，川の両岸の間に丸木，木の梁(はり)，あるいは石の板を渡した桁橋(けたはし)である。橋の上を通る人や荷車の重み（荷重）で桁がたわみ，変形が限度を超えると桁が折れてしまう。これを防ぐためには，桁の高さを大きくしたり，川の中に支柱を立てて桁の長さを短くする。明治以前の日本の橋の大半は，木材を組み合わせた桁橋であった。

　図-61(b)は植物繊維などのロープを強く張り渡し，両岸から少し離した場所に

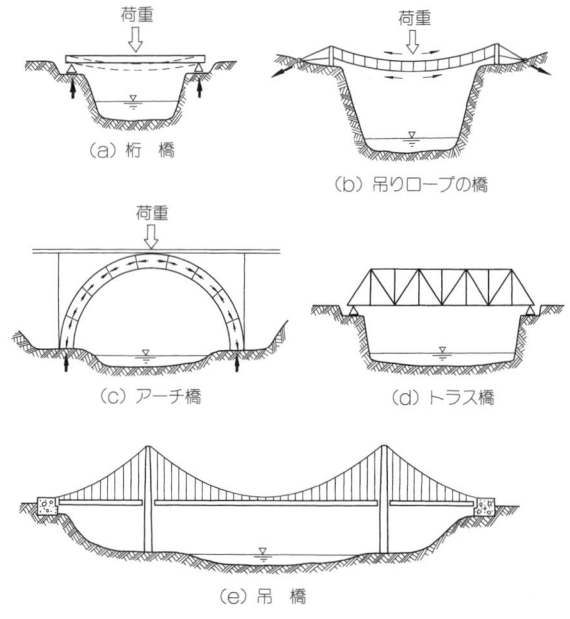

(a) 桁　橋
(b) 吊りロープの橋
(c) アーチ橋
(d) トラス橋
(e) 吊　橋

図-61　橋の形式の模式図

そのロープを固く結びつけた，吊りロープの橋である。荷重がかかるとロープが伸びるが，ロープの張力が限度内であれば荷重を支えることができる。橋を渡る人は，下側のロープの上をそのまま歩く。**図-62**は，ペルーの山間部でロープの吊橋を架け替えているところである。吊りロープの橋は，ペルー山地だけでなく，中国雲南省からミャンマーの山岳地帯その他で現在も使われている。

図-62 インカ時代から伝えられるロープの吊橋の架け替え
(大貫良夫『世界の大遺跡13 マヤとインカ』講談社，1987年，p.148 より)

図-61(c)は，形を切り揃えた石を弓形にせり持たせて築くアーチ橋である。上から荷重がかかると，切石は互いに押しつけ合って下へ抜け出ることがない。ローマ帝国時代の水道橋であるポン・デュ・ガール（55頁の**図-24**）やセゴビアの水道橋（55頁の**図-25**）などはアーチ橋の傑作である。

図-61(d)は真っ直ぐな棒を関節のようなヒンジで連結した構造で，トラス橋という。近世のスイスなどで木材を組み合わせた形で構築されたが，19世紀以降は鉄鋼材でつくるトラス橋が数多く架けられるようになった。**図-61**(e)は現代の吊橋である。人や車が通る直線状の橋桁をあらかじめ構築し，この橋桁を主塔の間に張られた鋼製ケーブルから吊り下げる形になっている。この図では主ロープが懸垂曲線を形づくっているが，主塔から多数の斜めケーブルを直線状に張って橋桁を支える斜張橋という形式もある。

橋の規模は，ひとまたぎに渡る距離で表される。**図-61**(a)では三角形で示される支持点間の距離であり，**図-61**(e)では主塔の橋脚間の距離である。これを支間（スパン）という。1998年4月に開通した明石海峡大橋は中央支間長が1,991mと世界最長である。

木橋で支間を広げるには

桁橋は日本では古くから架けられてきた。群馬県群馬町の三つ寺遺跡では，5世紀末から6世紀初めの豪族の館を巡る濠（幅10m）の途中に橋脚を立て，桁

橋を架けていた。また，西暦672年の壬申の乱では，桁構造の瀬田橋の上で最後の決戦が行われたことが『日本書紀』に如実に記述されている。

木の桁橋は，桁に使う木材の寸法で支間長が制約される。江戸時代の木橋では支間6〜8mが普通であり，最大でも10mほどであった。川幅が広く，しかも谷が深くて途中に橋脚が立てられないところでは，特別の工夫が必要であった。図-63に示す山梨県大月市桂川に架かる猿橋は，支間長30m余を一気に渡している。この架橋地点は甲州道中の難所の一つであり，古代からの道筋にある。

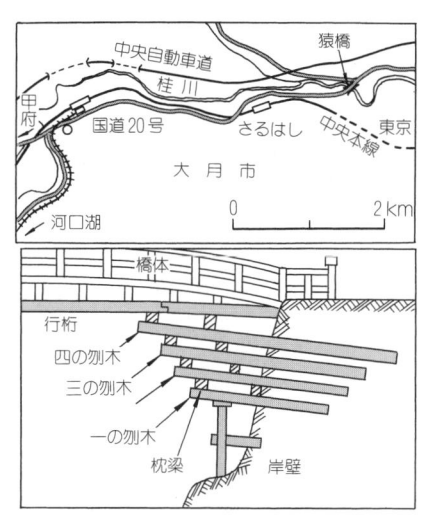

図-63 山梨県大月市の猿橋
（飯塚一雄『技術文化の博物誌』柏書房，1982年，p. 166, p. 168 による）

猿橋は刎木橋あるいは肘木橋と呼ばれる張り出し桁構造である。一から四までの刎木が石積みの岸壁の中に埋め込まれ，それぞれの刎木の先に設けられた枕梁によって支持点を少しずつ先へ延ばしている。これによって，最先端の四の刎木の枕梁と反対側の枕梁との間隔は11mにまで縮められている。4段の刎木は，上から見ると橋の両側と中央の3組で構成され，枕梁が刎木を互いに連結している。伝承では7世紀に百済の帰化人によって架けられたといわれ，少なくとも文書に記録が残る1226年以前から利用されていたことは間違いない。

木の橋で支間を大きくするもう一つの方法は，アーチ構造を木の梁で組み立てることである。ローマ皇帝のトラヤヌスは101〜2年および105〜6年の二度にわたってダキア地方（現在のルーマニア）へ遠征し，この地を帝国の版図へ組み入れた。この遠征では，ドナウ川の「鉄門」と呼ばれるオルショバの近くに橋を架けてトランシルバニア盆地へ大軍勢を進めた。凱旋を祝ってローマに建立された「トラヤヌスの円柱」にはこの遠征の諸場面が浮き彫りにされており，ドナウ川架橋が木の梁を組み合わせたアーチ構造として架けられたことが明らかである。近年の発掘によって，35〜38m間隔で橋脚を築き，全長約1,130mであったことが判明している。

日本の観光名所である岩国市の錦帯橋も，木のアーチ橋である。岩国藩の第三代藩主吉川広嘉（きっかわひろよし）が 1673 年に架けさせたもので，支間 35.1 m の太鼓形のアーチ 3 連と，両側のやや小さいアーチ各 1 連からなる。長さ 6.5 m 以下の木材を巻き金具などで緊結して虹の形の大きな梁に組み立て，これを石組構造の堅固な橋脚の間に架け渡したものである。

アーチの起源とその伝播

図-64 はアーチの基本形を示す一例であり，トルコの東地中海沿岸の都市アンタリアから南へ約 25 km 離れたローマ時代の植民都市ファセリスの水道橋の一部である。水路の部分は崩れ落ちているが，アーチリングの石組は 2,000 年近く経った今でも健在である。

図-64　石積みアーチの基本形

アーチの起源はメソポタミアといわれる。最初のアーチが築かれた年代を特定することはむずかしいが，紀元前 2600 年頃のウル初期王朝の地下王墓では，王墓の天井がドーム状に煉瓦で築かれていた。王の遺体や財宝が土にまみれないよう，アーチ構造の屋根を築いたのである。メソポタミアでは石が入手できないため，宮殿や神殿が日乾煉瓦や焼成煉瓦で築かれ，アーチも多用されたと考えられる。ただし，メソポタミア地方で現存するアーチ構造の遺構で最も古いのは，紀元前 7 世紀初めのバビロン宮殿跡にあるものである。

一方，エジプトでは，ピラミッドをはじめとして石を多用して神殿などを築き，アーチは重要な構造物には使わなかった。しかし，ルクソール郊外にはラメ

セス2世（在位，紀元前1290～24）の葬祭殿に付属した倉庫群が残っており，これらは日乾煉瓦のアーチリングを4層に重ね，これを縦に連ねて屋根とした構造である。

　メソポタミア起源のアーチは，小アジアから出たといわれるエトルリア人によってイタリア半島にもたらされた。ローマ人はエトルリア人の土木技術を学び，発展させた。ポン・デュ・ガールやセゴビアの水道橋をはじめとして，ローマ帝国の各地に数え切れないほどのアーチ橋を架けた。ポルトガルとの国境に近いスペインの町アルカンタラには，西暦106年に架けられた石造アーチ橋が現在でも使われている。タホ川の水面から60mの高さに全長188mの威容を誇っており，中央のアーチは支間長36mもある。

　ローマのアーチ橋の技術は，東西のイスラム諸王国によってひとまず受け継がれた。西のイベリア半島では，ローマ時代の石造アーチを再建しながらその技術を習得したようである。東方では，パルティア王国（中国名は安息国）およびその次に興隆したササン朝ペルシャがアーチ構造を建築その他に採用し，その伝統がイスラム帝国へ伝えられた。ローマのアーチはすべて半円形であったが，イスラム文化圏ではアーチの頂部が鋭角をなす尖頭アーチが好まれた。

　ヨーロッパ諸王国へはこうしたイスラム文化を経由してアーチの技術が伝えられた。シチリアのパレルモに残るアンミラリオ橋は，1113年に建設された綺麗な尖頭アーチ構造である。また，フランス中部では13～14世紀に尖頭アーチの石橋が多く架けられた。しかし，それ以降は円形アーチに復帰し，やがて偏平アーチへと進化していった。

円形アーチから偏平アーチの石橋へ

　アーチの基本形は真円の1/2の半円形である。この形であれば，荷重はアーチリングの円周に沿って伝達され，アーチの付け根で鉛直下向きの力となる。橋脚には横向きの力が働かないため，1本ずつ自立すればよく，アーチも1連ずつ順に築くことができる。しかし，円の半径と同じだけの高さが必要なため，橋の路面が高くなり，取付け道路が必要となる。

　この問題は，真円の上1/3～1/4だけを使う欠円アーチあるいは放物線形などの偏平アーチの採用で解決される。偏平アーチ橋を最初に建設したのは中国であり，西暦605年に李春という工匠によって築かれた。河北省趙県（石家荘市の南

東約40km）の洨河に架かる安済橋であり，趙州橋ともいう（図-65）。全長50m，弓形のアーチの支間は37m，アーチの高さは7.2mであって，高さと支間の比が1/5以下と非常に小さい。また，橋の両肩の部分に2個ずつの小さいアーチを載せ，全体の重量を減らすとともに洪水時の水流を妨げない工夫を凝らしている。この形式をオープン・スパンドレル・アーチといい，李春の独創的アイデアである。

図-65　中国の隋代に架けられた安済橋（605年）
（武部健一訳『中国名橋物語』技報堂出版，1987年より）

中国のアーチ技術がどのように発達したのかは，よくわかっていない。メソポタミアからの伝来も考えられるが，伝播経路途中のアーチ遺構などは発見されていない。アーチ構造で現存しているのは，前漢時代の地下墓室の天井部分である。焼成煉瓦の一種である大型平板の磚を縦に並べてアーチを形づくっていた。文献上では，西暦282年に洛陽の郊外に旅人橋というアーチ橋建設の記録がある。いずれにしても，中国では漢代から多数の石造アーチが建設されてきた。中国の水の都といわれる蘇州には，いたるところに石の太鼓橋が架かっている。

ヨーロッパで偏平アーチ橋が建設されたのは，中国の安済橋から700年以上後のことである。フィレンツェのベッキオ橋（1345年）など14世紀半ばにアーチの高さ・支間比が1/4～1/5の偏平アーチ橋が相次いで架けられた。図-66 はやや後の架橋であるが，ベネチアの大運河に架かるリアルト橋の断面図である。この橋の設計者はアントニオ・ダ・ポンテと記録されており，1588年に着工して1592年に完成した。支間長は約26mで，橋の上に商店の入る石造の小間割を当初から設けてある。これは当時の橋上市場の伝統である。偏平アーチ構造ではアーチの重量が橋台に斜めに作用するため，橋台の石積みは斜めに施工されている。また，ベネチアは地盤が軟らかくて沈下しやすいため，約6,000本の木杭を

12 橋梁の発達　179

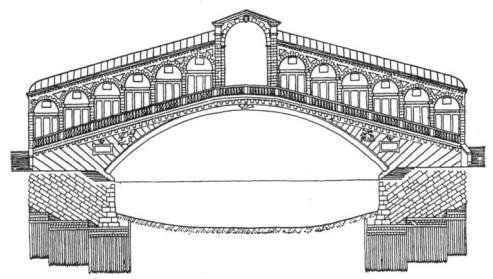

図-66 16世紀のベネチアのリアルト橋 (1588-92)
(C. シンガー他『技術の歴史 6』筑摩書房, 1978年, p.373 より)

びっしりと打ち込んで基礎を丈夫にしている。

　時代が進むにつれて，ヨーロッパの石橋はアーチの高さ・支間比が小さくなり，橋脚も細くなってすっきりと軽やかな印象を与える橋が増えてきた。**図-67**はパリ市の市域を離れて流れるセーヌ川に架かるヌイイ橋であり，国立土木学校の指導者であったペロネとシェジーによって1766~74年に建設された。全長は約210 m，5連のアーチは支間長がそれぞれ約37 mである。弓形のアーチが横方向に押す力は次々に隣のアーチへ伝えられ，最後に両岸の橋台で受け止められる。このため，組み立て中のアーチの切石を支える型枠は，5連のアーチがすべて組み上がるまで保持され，橋全体のアーチが完成したときに一斉に崩されてアーチの石組を自立させた。ヨーロッパの石造アーチの伝統は19世紀前半まで続き，イギリスでもジョン・レニーがテムズ川に架かるウォータールー橋（1817年）やロンドン橋（1831年）を設計している。

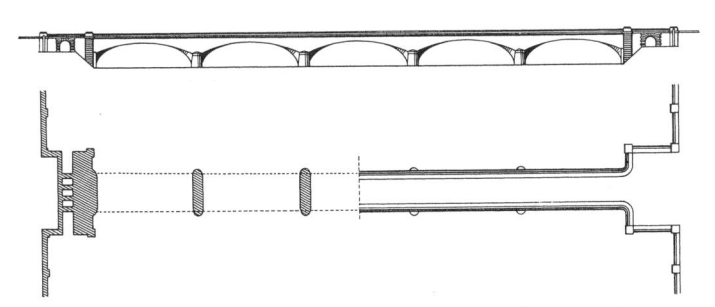

図-67 ペロネとシェジーによるセーヌ川のヌイイ橋 (1766-74)
(M. Daunas "A History of Technology & Invention III" 1980年, p.246 より)

日本の石橋

　日本で本格的な石造アーチ橋が築かれたのは，1634（寛永11）年に長崎の中島川に架けられた眼鏡橋が最初である．それ以前に，琉球王国では1420年にアーチ構造の城門が築かれ，また旧首里城の北の龍潭公園（りゅうたん）の円鑑池には，1502年につくられたアーチ構造の天女橋（支間3.3 m）と龍淵橋（りゅうえん）（支間1.7 m）が現存している．ただし，琉球の石橋の技術は本土へ伝えられることなく終わった．

　長崎の眼鏡橋は，中島川の中央に橋脚を立て，支間長約8.3 mの半円アーチを2連続けた全長約18 mの構造である．この頃は中国大陸で明朝が衰え，女真族が台頭して清朝を興した時代であり，多くの中国の文化人や商人が日本に移住してきた．眼鏡橋を架けたのは興福寺二代目住職の中国僧如定（にょじょう）であって，長崎に移住した中国人商人たちの援助によるといわれる．長崎の中島川にはその後も次々に石造アーチ橋が架けられ，1700年までに20橋を数えた．最初の眼鏡橋は二連アーチであって，水面に映る姿が眼鏡の形であったが，それ以降のアーチ橋は単一アーチであっても眼鏡橋と通称されてきた．

　長崎に石造アーチ橋が導入された後，大牟田市の早鐘川に支間長約10 mの石造アーチ水路橋が1674年に建設された．しかし，その後はあまり普及せず，1701年から1800年までの100年間には九州で11橋，本州で9橋，沖縄で6橋の石造アーチ橋を数えるだけである．しかし，19世紀に入ると肥後の石橋で知られるように熊本地方では半世紀に100橋以上のアーチ橋が架けられた．また，薩摩藩の財政危機を琉球からの砂糖の密貿易などで救った家老・調所笑左衛門（ずしょしょうざえもん）広郷（ひろさと）は肥後の石工・岩永三五郎を招き，鹿児島市内の甲突川（こうつき）に多連のアーチ橋群を架けさせた．不幸にしてこれらの石橋は，近年の都市化による洪水によってあるいは倒壊し，あるいは洪水災害防止のための通水断面確保のために撤去・移設されている．

　江戸時代末期に築かれた日本の石造アーチ橋で著名なのは，熊本県下益城郡砥用町（しもましきもち）の霊台橋（1847年，支間長28.3 m）と上益城郡矢部町（かみましき）の通潤橋（つうじゅん）（1854年，支間長28.2 m）である．前者は道路橋であるが，後者は水田の灌漑用の水道橋であり，逆サイフォンの原理で谷よりも高い丘の上へ送水していた．ただし，現在は食糧事情の変化によって灌漑用水路としては利用されていない．

鉄の橋の登場

　橋の材料に鉄を使ったのは，中国が最古である。1世紀頃から，錬鉄の鎖を使った吊りロープ橋が架けられてきた。ただし，**図-61**(b)でわかるように，たわみが大きいので車馬を通すことはできない。

　石積みのアーチ橋に匹敵する頑丈な鉄の橋は，イギリスで1779年に初めて架けられた。バーミンガムの西北西約70 kmに位置するコールブルックデール製鉄所のダービー3世が，石炭，鉄鉱石などを運ばせるためにセバーン川を渡る鋳鉄のアーチ橋を建設させた。**図-68**に断面図を示すように鋳鉄製のアーチリング5本で構成され，支間約31 m，幅約7 m，取付け区間を含め全長約60 mである。鋳鉄の総重量は約380 tであり，地元の人たちからアイアンブリッジの名で親しまれ，今でも供用されている。

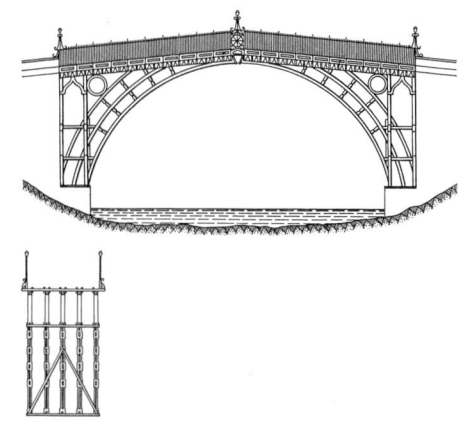

図-68　コールブルックデールのアイアンブリッジ（1776-79）
(M. Daunas " A History of Technology & Invention III "
1980 年，p. 250 より)

　アイアンブリッジは中世以来の伝統として，通行料を徴収する有料橋であった。この架橋に刺激され，イギリスの各地では次々に鋳鉄アーチの橋が架けられた。アーチの形も**図-68**のような円形アーチから偏平アーチに進化した。1796年にトーマス・テルフォードが建設したビルトワス橋は，支間40 mでありながら総重量約180 tとアイアンブリッジよりも軽快な設計である。1819年には，ジョン・レニーがテムズ川に中央支間73 m，全長201 mのサウスワーク橋を架設し

ている。

最初の近代的吊橋—メナイ橋—

　鋳鉄アーチ橋では支間長に限界があるため，錬鉄の鎖を使った吊橋がいろいろ試みられるようになった。そのなかで，支間長を飛躍的に広げたのがテルフォードによるメナイ橋（1826年完成）である。この橋は，アイルランドへの渡航地点であるウェールズ地方北西のホーリーヘッド島へ道路を通すために不可欠なものであった。イギリスは1801年にアイルランドを併合し，グレートブリテン・アンド・アイルランド連合王国を成立させた。このため，ロンドンからアイルランドの首都ダブリンまでの交通路の整備が急がれたのである。

　しかし，ホーリーヘッド島は幅300mもあるメナイ海峡で隔てられており，しかもこの海峡は英国海軍の航路であった。海軍省は，橋の下に30m以上のクリアランスをとること，しかも完成後だけでなく，工事中もこの条件を保持することを要求した。このため，支保構造の仮設を必要とするアーチ橋は不適格となった。テルフォードは，この難問を**図-69**のような吊橋を設計することで解決した。中央支間の長さは177mあり，それまでの支間長を2倍以上に拡大した。橋桁を吊ったのは板状の鎖である。長さ約3mの錬鉄の平板4枚を一体とし，両端に設けたピン穴に太いボルトを通して順に連結し，チェイン・ケーブルとした。

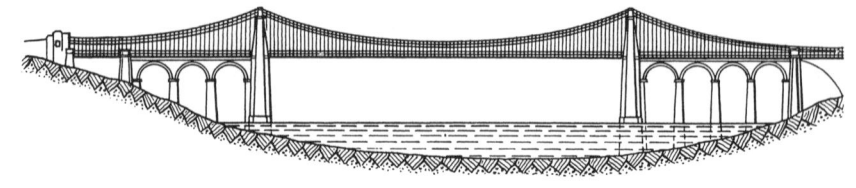

図-69 テルフォードによるメナイ橋（1819-26）
(M. Daunas " A History of Technology & Invention III " 1980年，p.255 より)

　この錬鉄板の鎖を使う吊橋は，ヨーロッパ大陸の各国でも採用された。ハンガリーの首都ブダペストに架かるセーチェニーイ橋もこの形式である。

長大鉄道橋の発展

　イギリスが馬車から鉄道の時代に移り変わると，アイルランドへの旅行も鉄道利用を望む声が高まった。リバプール南西のチェスターからホーリーヘッドまで

の鉄道会社が1845年に議会の法令認可を取得し，ロバート・スチーブンソンが技師長となった．鉄道建設にとっても，メナイ海峡横断が最大の問題であった．海軍省は再びアーチ橋の建設を拒否した．蒸気機関車牽引の列車の大重量を支える構造として，スチーブンソンは巨大な錬鉄の箱桁を考案した．高さ9.1m，幅4.5mの箱形の筒で，列車がそのまま中を走る構造である．メナイ海峡の中央の浅瀬と両岸に橋脚を立て，長さ140mの箱桁2本を中央の橋脚から両岸へ向けて架け渡した．鉄道は複線であり，箱桁は合計4本となった．**図-70**は，建設の状況のスケッチである．

図-70 ブリタニア橋（1846-50）
(T. K. デリー/T. I. ウィリアムズ『技術文化史 下』，筑摩書房，1971年，p.506より）

箱桁は，幅0.6m，長さ2.0〜3.6mの錬鉄の板を真っ赤に焼いた鉄の鋲（リベット）で打って張り合わせたもので，1本の総重量が1,475tであった．箱桁は川縁の木製架台の上で組み立て，完成後にはしけで曳航され，橋脚の基部に固定してから水圧ジャッキで少しずつ押し上げられた．

架橋工事は1846年春の石積み橋脚の建設から始まり，1850年3月18日には最初の営業運転が開始された．この鉄道橋はブリタニア橋と命名され，長い間活躍してきたが，1970年の火災の高熱によって箱桁が著しく変形したため，現在は鋼鉄製アーチ橋に架け替えられている．

ロンドンから西へ延びる鉄道では，プリマス市北西のティマー川横断が難題であった．プリマス軍港の港域であるため，幅約335mの川の中の軍艦の航行を

妨げないことが条件であった。鉄道会社の技師長イサムバード・K・ブルネルは、川の中央に橋脚を立て、図-71 のように 2 連の複合トラス構造の橋を建設した。支間長は約 138 m でブリタニア橋よりもやや短いが、トラス 1 連の重量は 1,000 t 強と、ブリタニア橋の約 2/3 であった。橋脚工事は 1853 年に始まり、1859 年 5 月 2 日にアルバート公の臨席を得て開業式が催された。橋はこれを記念してロイヤル・アルバート橋と命名された。

川の中央に立つ橋脚は、基礎の岩盤が水面下 24 m 以深にあるため、ニューマチック・ケーソン工法（潜函工法ともいう）で築かれた。直径約 11 m の大きな錬鉄製の円筒（ケーソン）を水中に立て、ポンプで排水した状態で作業員が底の土砂を掘り出す。ケーソンは自重で沈下し、岩盤まで到達させることができる。しかし、掘削深度が増すと水圧が高まり、ケーソン下端から水と泥が噴出してくる。これを防ぐため、ケーソンに蓋をして内部に圧縮空気を送り込み、気圧を水圧よりも高めておく。ロイヤル・アルバート橋の工事ではケーソンを二重にし、外側の円周部分だけに圧力調整を行った。ここでは、作業員に健康障害が起きなかったようであるが、ミシシッピ川横断のセント・ルイス橋（1874 年完成でイーズ橋ともいう）やニューヨークのブルックリン橋（1883 年完成）工事では、潜水病による多くの犠牲者を出す結果となった。これは高圧下で体内に溶解した窒素ガスが、作業を終えて大気圧の環境に戻ったときに血管中で気泡化して血液循環を妨げ、関節痛やショック症状その他を起こし、時には死に至る急性の病気である。潜水病を防ぐには、ゆっくりと減圧することが肝要である。

図-71 ロイヤル・アルバート橋（1853-59）
（提供：Sir Neil Cosson）

19 世紀における最大の鉄道橋は、スコットランドのエディンバラから北へ向かうフォース湾の架橋である。図-72 に示すフォース橋は、全長 2,530 m、3 径間の巨大トラスは支間長 520 m であり、総重量 51,000 t に達する。トラスの縦

図-72　フォース橋の遠景（1882-90）
（土木学会『フォース橋の100年』1992年，p.53より）

の支柱は直径約3.7 mの円形断面の鋼鉄パイプである．工事は1882年に始まり，1890年に完成した．

鋼鉄ワイヤーで張り渡す長大吊橋

　メナイ橋は錬鉄の板状鎖を主ケーブルに使ったが，アメリカのジョン・A・ローブリングは錬鉄ワイヤーで橋桁を吊る方法を採用した．数百本のワイヤーを平行して張り渡し，これらを一様に引っ張った状態で束ね，1本のケーブルに仕上げる方式である．ローブリングは1855年，ナイアガラ滝の下流に支間長約250 mの鉄道・道路併用の吊橋をこの方法で架橋した．

　1866〜67年の厳冬期，ハドソン川はしばしば結氷し，ニューヨークのマンハッタン島と東側のブルックリン市を結ぶフェリーの運航が途絶えがちとなった．このためニューヨーク州政府は懸案のブルックリン橋の架橋に踏み切り，技師長にローブリングを任命した．工事は1869年に始められたが，ローブリングは測量作業中の事故による破傷風で亡くなり，32歳の息子ワシントンが技師長に任命されて後を引き継いだ．

　ブルックリン橋は，中央の支間が長さ486 m，全長1,040 mとそれまでに例のない長大吊橋であった．ベッセマー法による鋼鉄の大量生産が可能になった時期であり，ケーブルには高強度の鋼線（直径4.8 mm，引っ張り強度1,100 MPa）を数千本束ねたものを使用した．図-73に見られるように，主ケーブルのほかに主塔から多数の斜めケーブルが併用されている．ワシントン・ローブリングは工事途中に潜水病にかかり，下半身不随となったが，エミリー夫人が数学・

図-73　ブルックリン橋竣工の日（1883年5月23日）
(J. Grafton " New York in the Ninteenth Century " 1980年, pp. 36-37 より)

工学を独習して夫を助け，工事を1883年5月に完成させた。図-73は開通式の日の情景であり，それまで活躍してきたフェリーも描かれている。

　ブルックリン橋で始まったワイヤー・ケーブルの吊橋は，各地で次々に支間長の記録を塗り替えていった。1931年には，ハドソン川を西へ渡るジョージ・ワシントン橋が完成した。この橋は支間長が1,067 mと，支間長をそれまでの2倍に一気に引き上げた。技術的には，ケーブルと橋桁の自重によるたわみを設計計算に取り込む理論ができたことで長大吊橋の設計が可能になったものである。

　サンフランシスコ湾入口のゴールデン・ゲート橋は1937年に完成したが，支間長1,280 mとその後27年の間，世界最長を誇っていた。主ケーブルは，直径約5 mmのピアノ線を約27,000本束ねて直径92 cmに仕上げている。吊橋が各地に建設されるにつれ，橋桁を薄くして橋の重量を軽減する傾向が強くなった。しかし1940年11月には，ワシントン州タコマ市郊外の支間長853 mのタコマ・ナローズ橋が強風でばらばらに引きちぎられる事故が発生した。橋桁が風で振動し始めると，その振動が風でさらに増幅されるという自励振動の現象であった。この事故によって風の動的作用の重要性が強く認識され，現在では長大橋を設計す

るときには風洞による模型実験で橋の安全性を確かめるようになっている。

現在の世界最長の橋は，1998年4月に開通した明石海峡大橋である。図-74はその側面図であり，中央支間は長さ1,990.8 m，全長3,911.1 mである。主塔の頂部は海面から297 mの高さにあり，橋桁の下は大型客船が安全に通航できるように65 m以上のクリアランスがある。主ケーブルと橋桁の吊りケーブルには合わせて6万tのワイヤー，橋桁には9万tの型鋼，主塔には5万tの鋼板が使われ，全体では約20万tの鋼材が使用された。

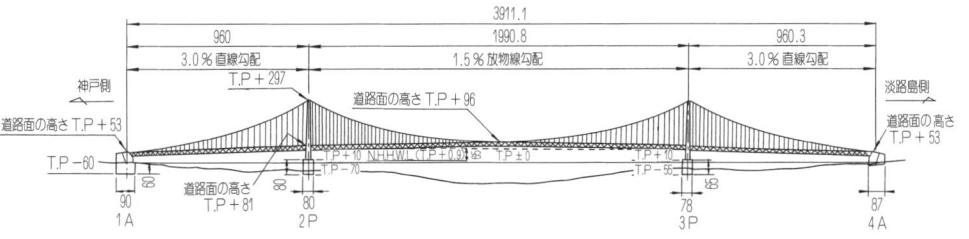

図-74 明石海峡大橋（1988-98）（提供：本州四国連絡橋公団）

この世界最長の吊橋を可能とした一つの要因は，高強度ピアノ線の開発である。明石海峡大橋のケーブルには直径5.12 mmのワイヤーが素線として使われているが，この1本で4t近い重さを吊ることができる。引っ張り強度は1,760 MPaであり，ブルックリン橋に使われた初期の鋼鉄ワイヤーと比べて1.6倍に増大したのである。

明石海峡大橋の工事は1988年5月に開始された。橋脚を設置する海底の掘削が最初である。海峡の往復潮流は，最強時には流速4ノットを超える。このため，直径80 m，高さ65 mという巨大な円形鋼製ケーソンを製作し，これを設置地点に曳航して一気に沈設し，内部にコンクリートを充填する方法を採用した。二つの橋脚が完成したのは1992年3月であり，4年近くの工事であった。巨大橋の建設では，目には見えない水面下の工事が橋の死命を制するといえる。

鉄筋コンクリート橋の発展

第14章（201頁）で述べるように，鉄筋コンクリートは19世紀後半の発明である。フランスのジョセフ・モニエは，鉄筋コンクリートによるアーチ橋の特許を1873年に取得し，1875年には支間長15.6 m，幅4.2 mのアーチ橋を実際に建設した。またプラハ大学のメラン教授は，鉄のトラス構造を骨格とするコンク

リートのアーチ橋の特許を1892年に取得し，このメラン式アーチ橋が各地に普及した。ピサ市では，支間長51 mのアーチ3連からなるメラン式鉄筋コンクリート橋が建設された。やがて，鉄筋コンクリートの設計理論が確立するにつれて，普通の鉄筋を使うアーチ橋が一般的となった。また，支間長が15 m程度以下であれば，桁橋として設計された。

鉄橋に比べて鉄筋コンクリート橋は経済的であるが，支間をあまり大きくできないのが短所であった。この難点を打開したのがプレストレストコンクリート（PCと略称することが多い）である。これは，引っ張り部材として高強度の鋼棒あるいはピアノ線ケーブルを用い，あらかじめこれらの鋼材を強く引っ張ってコンクリートに圧縮力を与えておく工法である。フランスのE・フレシネーが1928年に基礎理論を与え，1939～40年に実用的な施工法を開発し，その他の人々の貢献も相まって1940年代から普及した。日本でも1930年代から研究が始められたが，本格的導入は第二次大戦後のことである。

PC橋は，普通のコンクリート橋よりも桁高が小さく，広い支間長を架けることができる。日本では，浜名湖の入口に1973年に架けられた浜名大橋が支間長240 mで最長であり，世界で第3位のコンクリート橋である。近年は，PC桁を多数の斜めケーブルで引っ張る斜張橋が数多く建設されている。

【検討課題】
① 橋の諸形式が材料の開発に応じて発展してきた状況を取りまとめてみよ。
② 諸外国に比べて日本ではアーチ橋の導入が遅く，その普及が局地的にとどまった理由を考えてみよ。

13
トンネル掘削技術の発達

世界最古のトンネル

　文献の上でトンネルが現れる最初は，紀元前1700年頃の古バビロニア王国の首都バビロンである。ギリシャ人のディオドロスが紀元前1世紀に著した歴史書では，市街を二分して流れるユーフラテス川の川底にトンネルを築いたという。全長約1km，幅4.6m，高さ3.7mの大きさであり，ユーフラテス川を付け替えて川底を干し上げて溝を掘った。焼成煉瓦を巻き立てて馬蹄形の断面に仕上げ，天然アスファルトを詰めて水密とし，断面ができたところで土を埋め戻し，トンネルの完成後にユーフラテス川の流れを元に戻した由である。ただし，紀元前5世紀のヘロドトスの『歴史』では言及されていない。

　古代のトンネルは上水道および灌漑用が主であった。50頁で述べたカナートは一種のトンネルであり，また水道トンネルについては50～51頁で紹介した。イタリア半島のエトルリア人は，紀元前6世紀にアルバノ湖の水をアルバノ山地西の農地に供給するため，長さ1,200m，幅1.5m，高さ2.3mのトンネルを掘削した。この灌漑用トンネルは，幾度もの改良・拡張工事を経ながら，現在でも機能している。

　道路トンネルとしては，上記のバビロンの水底トンネルを除けば，ローマ帝国初代皇帝のアウグストゥス（在位，前30～後15年）がナポリ郊外に掘らせたものが最古である。延長約1kmであり，工事を迅速に進めるためにカナートのように山の上から数本の縦坑を掘り下げ，それらの基底から左右へ水平トンネルを掘り進めた。このトンネルが使われなくなると，縦坑から落ち込む土砂でトンネルが埋没し，19世紀半ばに発見されるまで忘れられていた。しかし，ローマから北東へアドリア海へ向かうフラミア街道では，フルロ峠越えを解消するため，峠の下に延長約40m，幅と高さが各5mのトンネルを西暦78年に開通させた。このトンネルは渓谷に沿ってS字状に曲がっているが，現在に至るまで利用されている。

トンネルの測量技術

　カナートやアウグストゥス皇帝の道路トンネルを例外として，トンネルはその両端から掘り進められる。山の下にトンネルを掘るときには，掘削予定線の真上の山の尾根の1カ所に見通し点を設け，この点が両側の掘削坑口を結ぶ直線状にあることを確認する。そして，この尾根上の見通し点と坑口を結ぶ直線を延長した外側に，それぞれ1カ所ずつ補助見通し点を設ける。この外側の見通し点と坑口とを結ぶ直線に沿って坑道を掘り進めば，中央のどこかで2本の坑道が合致し，トンネルが貫通することになる。

　しかしながら，珍しい失敗例もある。現在のアルジェリアの港町ブジャーヤはローマ時代の植民都市サルダエであり，ここで西暦152年に水道トンネルを掘ったものの，坑道をいくら掘り進めてもトンネルが貫通しない。あわてて測量をやり直したところ，どちらの坑道も右へ逸れて掘り進められており，もう少しで水道トンネルが2本掘られるところであった。この出来事はローマ総督宛の報告書で記述されていたが，1860年にフランス技師たちがこのトンネルを発見し，延長450mと報告している。

　トンネルは直線形だけでなく，屈曲して掘ることもある。そうしたトンネルでは，鉱山の測量技術が用いられたと考えられる。18頁で紹介した深良（箱根）用水のトンネルは，図-75に示すように芦ノ湖側と深良側から掘り進められたが，岩質の軟らかい所を選んで掘ったものらしく，延長1,200mのトンネルは複雑に屈曲している。合流点では深良側が約1m落ち込んだ段差がついているが，左右の食い違いはなく，2本の屈曲坑道を見事に合致させている。

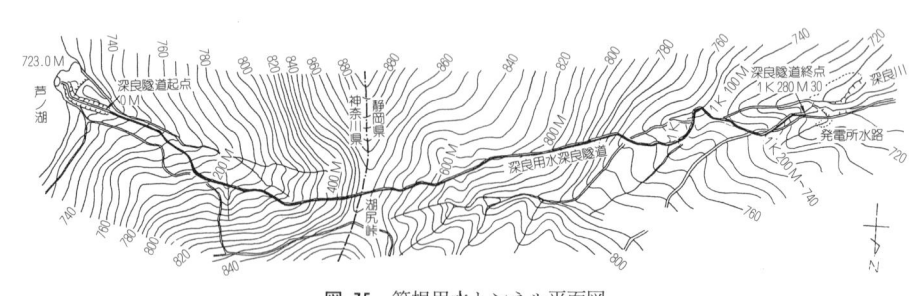

図-75　箱根用水トンネル平面図
(農業土木歴史研究会『大地への刻印』土地改良建設協会，1988年，p.166より)

トンネルの掘削技術

　岩を掘り進む技術は鉱山で生まれた。岩の掘削は，ノミとクサビとハンマーによる手作業であった。石灰岩のようにあまり硬くない石は，フリント（火打ち石）などの石のノミでも切り出すことができる。金属加工技術が普及するにつれ，青銅製や鉄製のノミが使われた。

　花崗岩のように硬い岩を掘削するときには，岩を火で焼いて熱し，そこへ水や酢をかけて岩を急冷させる方法が大昔から使われた。岩に亀裂が入り，クサビで容易に打ち割れるようになる。トンネル工事だけでなく，野中兼山の津呂港の岩盤掘削（79頁）や，角倉了以の保津川の水路開削（81頁）でもこうした方法が用いられた。

　火薬による岩の破砕は，1627年にハンガリーの鉱山で始められた。1670年代のミディ運河（89頁）の工事では，トンネル掘削に黒色火薬を使用する先鞭をつけた。やがて，アルフレッド・B・ノーベルがダイナマイトを1866年に発明すると，直ちにトンネル掘削に用いられるようになった。

　火薬や爆薬は，あらかじめ岩に穴を開けて装塡しなければ効果が上がらない。そのために削岩機が使われ，19世紀前半に蒸気駆動の削岩機が発明された。1861年には圧縮空気で駆動する削岩機が登場し，アルプス山脈を貫く鉄道トンネル工事の完成に大きく貢献した。

長大トンネルの掘進

　産業革命が最初に進行したイギリスでは，18世紀末の運河建設ブームに伴って運河トンネルが各地で掘削された。また，1840年代の鉄道建設ブームも鉄道トンネルの掘削を必要とした。こうしたトンネルは手掘りが主体であり，硬い岩には黒色火薬を張り付けて破砕した。19世紀以降の代表的なトンネル掘削工事を**表-7**に示す。19世紀の陸上・山岳トンネルは鉄道用であり，長大道路トンネルは1930年代以降である。

　19世紀前半には全長2～3kmが長大トンネルといわれたが，後半に入ると10～20km級のトンネル工事が始まる。アメリカでは，ボストン市とハドソン川沿いのアルバニー市を結ぶ鉄道路線で，その途中のフーザック山を貫く全長7.7kmのトンネル工事が1851年に開始された。また，フランスとイタリアの国境であるモン・スニ峠では，その西でアルプス山脈を貫く鉄道トンネル工事が

表-7 長大トンネルの年表（地下鉄用トンネルを除く）

トンネル名	建設時期	延長(m)	場　所（国　名）	備　　考
陸上・山岳トンネル					
キルスビー	1835～1838	2,233	ノーサンプトン（イギリス）	鉄道用（地下水を含む砂層）
ボックス	1836～1841	2,937	バース（イギリス）	同　上
フーザック	1851～1875	7,700*	マサチューセッツ（アメリカ）	同　上
モン・スニ	1857～1871	12,700	（フランス-イタリア）	同　上
サン・ゴタール	1872～1882	14,980	（スイス）	同　上
シンプロンⅠ	1895～1906	20,036	（スイス-イタリア）	同　上
リョッホベルク	1906～1913	14,612	（スイス）	同　上
丹那	1918～1934	7,800	静岡県	同　上（数度の大湧水）
アペニン	1920～1934	18,518	プラト（イタリア）	同　上
ジオビ	1932～1934	2,868	ミラノ-ジェノバ（イタリア）	道路用
サン・ベルナール	1959～1964	6,600	（スイス-イタリア）	同　上
モン・ブラン	1959～1969	12,650	（フランス-イタリア）	同　上
六甲	1967～1971	16,250	兵庫県	鉄道用（新幹線）
恵那山	1968～1985	8,625	長野・岐阜県	道路用
グランサッソ	1968～1977	10,173	（イタリア）	同　上
サン・ゴタール	1969～1977	16,918	（スイス）	同　上
大清水	1971～1980	22,271	群馬・新潟県	鉄道用（新幹線）
ゼーリスベルク	1972～1980	9,280	（スイス）	道路用
アールベルク	1974～1978	13,972	（オーストリア）	同　上
関越	1977～1985	10,926	群馬・新潟県	同　上
水底トンネル					
テムズ川	1825～1842	360*	ロンドン（イギリス）	道路用（最初のシールド工法）
セバーン川	1873～1886	6,900*	ブリストル（イギリス）	鉄道
ハドソン川	1874～1908	1,600*	ニューヨーク（アメリカ）	道路用（圧気工法）
ロザハイズ	1904～1908	2,095	ロンドン（イギリス）	同　上（シールド工法）
マーシー川	1925～1934	3,425	リバプール（イギリス）	同　上（シールド工法）
リンカーン	1934～1939	2,729	ニューヨーク（アメリカ）	同　上（シールド工法）
関門	1936～1942	3,614	下関・門司市	鉄道用（シールド工法）
青函	1971～1988	53,850	青森・函館市	同　上
ユーロ（ドーバー）	1986～1994	50,000*	（イギリス-フランス）	同　上（シールド工法）

注：＊印の数値は概略値である。
[K. チェッキー著・島田隆夫訳『トンネル工学』鹿島出版会（1971年），土木学会『土木工学ハンドブック』（1992年）その他より編集]

1857年に始まった．全長が12.7 kmであり，しかも山頂から1,600 mも下で大きな地圧のかかる岩盤の掘削であった．当初は50年以上かかるといわれたが，ダイナマイトと削岩機の登場によって1871年に貫通させることができた．フーザック鉄道トンネルは1875年に完成した．

　日本人による近代的トンネル工事は，1880（明治10）年の逢坂山トンネル（全長665 m）が最初である．以来，各地で鉄道トンネルが掘削されてきたが，なかでも1918（大正7）年から16年がかりで完成させた丹那トンネルは，世界でも稀な難工事であった．全長は7.8 kmであったが，地層が複雑であって多数

の断層が高圧地下水を含んでいたため，数度にわたる大出水事故があり，多くの犠牲者を出した．しかし，この難工事の経験によって，日本のトンネル建設技術は大きく前進した．湧水対策としては，掘削箇所の前方の地層にあらかじめセメントミルク（セメントを水に溶いてミルク状にしたもの）や薬液を注入し，地下水脈を固結させる方法が用いられるようになった．

世界最長のトンネルは，津軽海峡の下を通る青函トンネル（全長53.9 km）である．このトンネルは山岳トンネルと同様に，削岩機とダイナマイトで掘削されたが，無数に走る断層から噴き出す水をくい止めるのに最大の努力が払われた．本工事が開始されて5年経った1976（昭和51）年には，異常出水で北海道側の坑道が水没し，排水に2カ月を要した．これ以降は湧水対策のため，まず地層の状況を調べるための先進導坑を掘り進め，やや遅れて本坑の作業を円滑に進めるための作業坑，そのやや後から本坑を掘削するという，3本のトンネルの平行掘削を行った．完成は1988（昭和63）年であり，本工事だけで17年，その前の試掘調査などを含めると24年を費やした大工事であった．

鉄道トンネルに比べて，自動車を通す道路トンネルには排気ガスを排出するための換気装置や換気用立坑が必要である．例えば，1985（昭和60）年に開通した中央自動車道の恵那山トンネルは全長約8.6 kmであるが，内径6.2 mの立坑を山の中腹からトンネルまで深さ620 mも掘り下げている．また，東京湾を横断して川崎と木更津を結ぶアクアライン（1997年12月開通）は，船舶の航行を妨げないように9.5 kmの区間を海底トンネルとしているが，途中の換気を主目的とする川崎人工島が航路中央にまず建設されたのである．

さまざまなトンネル工法

トンネルの建設方法にはいろいろなものがある．図-76はこれらを模式的に示したものである．(1)の素掘り(すぼ)は古代からの方法であり，岩盤など地層がしっかりしていれば特別の補強を行わない．大分県北部の耶馬渓(やばけい)に残る「青の洞門」も素掘りトンネルである．これは長さが約180 mあり，僧禅海が1735～50（享保20～寛延3）年の16年かけて1人で掘り抜いたといわれる．

地層が丈夫でない箇所や，トンネルの断面が大きい場合には，素掘りのままでは掘削した空洞が周囲の地山からの圧力で押し潰される．そのため，木製支柱で掘削途中の断面を支え，坑口が先へ進むとその背後でトンネル内面に煉瓦を巻き

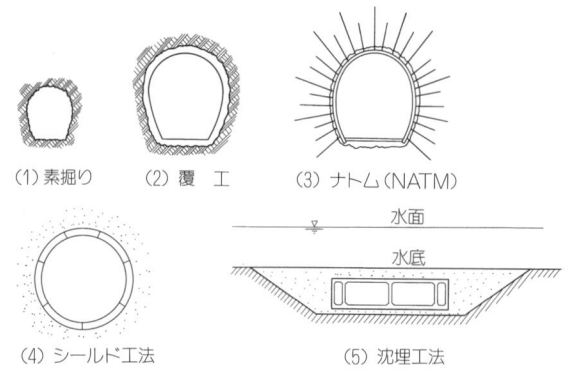

図-76 トンネル工法のいろいろ

(1) 素掘り　(2) 覆工　(3) ナトム(NATM)　(4) シールド工法　(5) 沈埋工法

立て，アーチを形成して地山の圧力に対抗させる。これが(2)の覆工である。現代は，煉瓦の代わりにコンクリートを巻き立てて覆工を形成している。また支保工もH型鋼や鋼管をトンネルの形に合わせて曲線状に加工したものを用い，アーチ状に組み立てている。鋼製アーチは 0.9～1.5 m ほどの間隔で設置し，コンクリート覆工の中に埋設する。

覆工の施工は時間がかかり，工費もかさむ。このため，近年は(3)のナトム（新オーストリア式トンネル工法の頭文字 NATM による）の方式が普及している。これは，トンネル断面掘削の直後に周囲の岩盤に多数の細い孔を穿ち，そこに鋼棒を差し込んでセメントミルク注入で岩盤と一体化する。すなわち，岩盤を鋼棒で補強し，岩盤そのもので地山からの圧力に対抗させるものである。トンネル内面にはコンクリートを吹き付けて成形する。

ナトム工法は1960年代の初めにオーストリアで開発され，日本では1977年，上越新幹線の中山トンネル（延長 14.8 km）の掘削工事に初めて導入された。現在は山岳トンネルだけでなく，地下発電所その他の大断面の掘削にも広く用いられている。

シールド工法とその発展

図-76(4)はシールド工法といわれるものである。川底や海底のトンネル工事では，万一にも水底が破れるとトンネル全体が水没してしまい，工事が完全に中断する。また，川底には泥や砂が厚く堆積し，堅固な岩盤層はかなり深い位置にあるのが普通である。軟弱な地層では，トンネルを掘ってもすぐ崩れてしまう。こ

の問題を解決したのはマーク・I・ブルネルであった。

　ブルネルはテムズ川の下に有料の道路トンネルを建設することを構想し，出資者を募って1825年に道路トンネル会社を発足させ，掘削工事を開始した。泥層の掘削には，その先端部分に3階建ての大きな鋳鉄製補強枠を据え付けた。これは高さ6.5 m，幅10.8 mで上下左右を鋳鉄の板で覆った矩形の箱であり，横方向は0.9 mずつ12台に分割されていた。

　補強枠の前面には，何枚もの厚い木の盾（シールド）をはめ込んで土圧を支えた。掘削するときには，木の盾を1枚外して前面の泥を掘り出し，少し掘ったところで木の板を前に押し出し，ジャッキで支える。これを繰り返して補強枠前面の土が一様に掘り進められたところで，各盾のジャッキを緩めながら補強枠全体を別の大きなジャッキで前進させる。そして，その背後の隙間に煉瓦を積み上げて覆工をつくり，掘削した壁面を安定させた。

　テムズ川トンネル工事では，テムズ川の底が抜けてトンネル全体が水没する事故が5回も起きた。そのたびに，川底に粘土を詰めた袋を積んで水の流入をくい止め，ポンプでトンネル内の水を汲み出して工事を再開した。トンネルは1842年に完成したものの，十分な通行料収入が得られず，1865年に地下鉄会社に売却された。このトンネルは地下鉄用として現在も供用されている。

　シールド工法は，1869年にジェームズ・H・グレートヘッドが円形のシールドマシーンを考案したことで発展し始めた。彼は，ジャッキを備えた円形の補強枠を製作した。背後には隔壁を設け，必要なときには圧縮空気を掘削前端部に送り込んで気圧を高め，水圧に対抗できるようにした。前面を掘削して補強枠を前進させると，あらかじめ用意した，セグメントと呼ばれる円弧状の覆工版（鋳鉄製）を円周上にはめ込んで円形リングを形づくり，土圧を支えた。**図-77**は，ドーバー海峡の下を通るユーロ・トンネル（1994年5月開通）のセグメント説明図である。頂部の楔形のキー・セグメントを最後に押し込むことで，円形リングが完成する。

　グレートヘッドが円弧状セグメントを使うシールド工法を開発したことで，やがてチューブと呼ばれるロンドンの地下鉄（166頁）が次々に建設されるようになった。当時は掘削先端で作業員が直接に手掘りしたが，やがて無人のマシーンが登場し，効率が高まるとともに安全性も向上した。

　現在のシールドマシーンは，**図-78**のように前面に超硬合金の刃を無数に植え

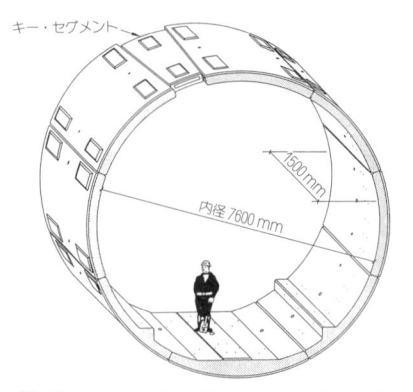

図-77　ユーロ・トンネルのシールド・セグメント
(Inst. Civil Engrs. " The Channel Tunnel Part 1 " 1992年，p.130 より)

図-78　東京湾アクアライン建設に使われた世界最大のシールドマシーン
(提供：東京湾横断道路㈱)

込んだ円盤を備え，これをゆっくりと回転させて地層を掘削する．その背後には前面のシールドプレートを固定するジャッキがあり，中央部に機械全体を推進するためのジャッキがある．その背後の円筒部分は肉厚がやや薄くなっており，その内側でセグメントが自動的に組み上げられる．シールドマシーンはこの組み上がったセグメントの円形リングの端部にジャッキを押しつけ，全体を前進させ

る．それによってセグメントが周囲の土の壁に向き合い，土圧を受けるようになる．**図-78** は東京湾アクアラインの海底トンネルの掘削に使われたマシーンで，直径が 14.1 m と世界最大である．シールド工法の技術は日本が最も進んでおり，ユーロ・トンネルにも日本製のシールドマシーンが使用された．シールドマシーンはトンネルごとに特別に製作され，トンネル貫通後は分解して撤去する．

沈埋工法によるトンネル建設

水底トンネルの建設方法としては，**図-76**(5)の沈埋(ちんまい)工法もある．これは，トンネル予定地点の水底をあらかじめ平らに浚渫しておき，そこへトンネル本体となる鋼殻函(こうかくかん)あるいは鉄筋コンクリート函を沈設し，その上を砂や砂利で覆う方法である．沈埋函の幅は道路の車線数で決まり，長さは 100 m 前後のものが多い．既存あるいは臨時のドライ・ドックで製作し，両端には水密構造の隔壁を設けておく．隔壁を密閉すると水に浮くのでこれを沈設予定地点に曳航し，浮力調節室に水を注入してゆっくりと沈める．沈埋函が順に埋設され，上に砂・砂利の層がかぶせられたならば，各函両端の隔壁を取り除き，トンネルとして通行できるようにする．

沈埋工法は，1893〜94 年にボストン港で下水管を通すトンネル建設に用いられたのが最初である．日本では，1973 年に知多湾の衣浦(きぬうら)港において複数の沈埋函を海底で連結して道路用トンネルを完成させている．そのころから東京港をはじめとして，港湾区域ではいくつもの沈埋トンネルが建設されてきている．また，鉄道や地下鉄用のトンネルも沈埋方式で建設されることもある．

【検討課題】
① 現代の鉄道・道路トンネルに必要な付帯設備について考えてみよ．
② **表-7** から，トンネルの掘削速度の推移を分析し，工事の難易度を考察せよ．

14
建設材料の開発

土と木

　われわれの扱う技術分野は「土木工学」と呼ばれるように，大昔から土と木を主材料としてきた。大地の与える素材をそのまま利用した。しかし，それを取り扱う方法には，時代による発展がある。

　土については，9頁で紹介したように古墳の築造において版築工法が使われた。これは，土を数 cm から 10 cm ほどの薄い層ごとに突き固めて建物の基壇や城壁を築く方法であり，中国の殷代早期の遺跡で見出されるように，中国では一般的な建築法である。城壁や築地塀をつくるときは壁の両側に板枠を固定し，その中で土を突き固めるところから版築の名がある。古墳の場合には，盛土の強度をもたせるための粘土分の多い土の層と，雨水が浸透しても排水がよい砂分の多い土の層を交互に重ねて全体を構築している。

　一見して普通の地盤に大きな構造物を築いたとき，最初は安定していた構造物が時の経過とともに傾いたり，沈下したりすることがある（ピサの斜塔が典型）。また，粘土質の地盤の軟らかい場所では，盛土をして道路，鉄道などを通すときに土や石をいくら投入しても地盤が沈下し，ときには途中までできた盛土が全体として横へすべり出して崩壊することがある。

　こうした問題は，地盤の土の性質に起因するもので，昔は経験的にしか処理できなかった。しかし，次第に土の力学的性質の研究が進められ，1930年代にはカール・テルツァギが地盤沈下を説明する理論を提出した。すなわち，地表の構造物の重量で地中圧力が増加すると，粘土を構成する粒子間の水分が次第に抜け出し，粘土粒子間の距離が小さくなることで体積が減少する。このために地層の厚さが減って地盤が沈下するのである。これを圧密の現象という。圧密による沈下量は，現在では，的確な地質調査で現地の土の性質を把握し，土質試験で圧密特性を調べることで予測することができる。また，軟弱地盤での盛土の崩壊は，地盤中の土の強度が荷重に耐えられるだけの強度がないために発生する。

圧密による地盤沈下に対しては，粘土中の水分を早期に絞り出し，あらかじめ最終的な地盤沈下を起こさせてしまう方法などが用いられる。162頁で説明したサンドドレーン工法はその一つである。また，地盤中の土の強度についても土質調査を行って把握し，地盤の支持力が不足なときには強度の増強策が講じられる。

また，砂地盤であって地下水位の高い所では，地震によって地盤が液状化し，埋設管が浮き上がったり，港の岸壁が倒壊したりすることがある。このような圧密，地盤支持力，液状化その他の諸問題は，20世紀後半から研究が進展しており，地盤工学という分野を形成している。

木材は古代から橋の基本材料として使われてきたが，現代の土木事業では仮設材，あるいは土留めの矢板として使われる程度である。コンクリートを打ち込む型枠には厚い合板が使われるが，寸法の決まった構造物では鋼製型枠が多用されている。

煉　瓦

人類は極めて古くから煉瓦を使用してきた。土器の製作と同じころから製造されてきたのであろう。日乾煉瓦は，粘土と土砂とつなぎ材としての繊維質材料（スサという）をこね混ぜ，型枠に入れて天日で乾燥させたものである。紀元前5000年頃のメソポタミアの遺跡で発掘されており，以後，世界各地で使われてきた。古代エジプトやギリシャは石造建造物で有名であるが，普通の建造物は日乾煉瓦でつくられた。中国でも殷代から日乾煉瓦を使用してきた。なお，中国では古来から煉瓦を磚と呼び，寺院の床にも使用してきた。また，漢代の墓室の天井にアーチ構造の素材として磚を用いたことは178頁で紹介した。

焼成煉瓦は紀元前3000年頃のメソポタミアの遺跡から発掘されている。48頁で述べたように，インダス文明の諸都市では長さ・幅・厚さの割合が4：2：1に揃った焼成煉瓦を使用していた。両文明とも石材に乏しかったため，煉瓦は重要な建設材料であった。中世ヨーロッパでは，オランダなどで13世紀から建築に煉瓦をよく使用するようになり，16世紀にはオランダが煉瓦生産の中心地として標準寸法21 cm×10 cm×6 cm前後のものを多く製造した。また，各国でもそれぞれ煉瓦を生産するようになった。

イギリスの運河狂時代や鉄道狂時代には，橋の橋脚やトンネル覆工その他の土

木工事に無数の煉瓦が使用された。日本では明治の文明開化とともにもたらされ，赤煉瓦の製法が研究されて大量に供給した。琵琶湖疏水の分水路である南禅寺門前の水路閣や群馬県松井田町の旧碓氷線第三橋梁など，煉瓦造によって優れた景観を形づくったものが少なくない。なお，前者は国指定史跡，後者は国指定重要文化財となっている。ただし，関東大震災によって多くの煉瓦建築が倒壊し，一方で鉄筋コンクリートの設計理論が確立したこともあって，煉瓦は建設材料としては使用されなくなっている。

セメント

　セメントはものを接着する物質を総称するが，建設の分野ではコンクリートを固結させるための微粉末を指す。エジプトのピラミッドでは，焼石膏と砂を混ぜたモルタルを石材の目地に使用していた。これに対して，現在の石灰系のセメントは，少なくとも古代ギリシャの時代にさかのぼる。

　ローマ人は石灰石を焼いて細かく砕き，この粉末にポッゾラーナと呼ばれる特殊な火山灰を混ぜ，これを水で練ってモルタルとして使用した。しばらく放置すると硬くなり，水中でも崩れない。積み石の間にモルタルを挟んで施工すると，石と石とがしっかりと結合する。また，所定の形に作った枠の中にモルタルを小さな石と混ぜて充塡しておくと，全体が一つの丈夫な塊となる。これがコンクリートである。港の岸壁や水中の橋脚は，このようなコンクリートを使用して建設された。紀元前1世紀の優れた技術者ウィトルウィウスは『建築十書』という書物を著しており，そのなかで水中でコンクリートを作る方法を詳しく述べている。

　セメントを人工的に作る試みは，18世紀後半に始まった。粘土質を含む石灰岩を焼いて塊とし，これを細かく砕いて粉末としたものを天然セメントと称した。1797年にイギリスでジェームズ・パーカーがこの製造法の特許を取得している。しかし，天然セメントは原材料とする粘土質石灰岩によって成分が変動し，セメントが固まったときの強度が安定しなかった。この短所を改良したのがイギリスの煉瓦職人ジョゼフ・A・アスプジンである。彼は1824年に，硬質の石灰岩を焼いて作った消石灰の微粉末と粘土を混ぜ，これを高い温度で焼いてクリンカーと呼ばれる塊を作り，これを再び粉砕して成分が一定のセメントを製造する特許を取得した。このセメントが硬化したときの色がポートランド島の石材に似て

いたところから、ポルトランドセメントと名づけたといわれる。

1845年にはアイザック・C・ジョンソンが製造法を改良したことで、品質が一段と向上し、ポルトランドセメントが各国で製造されるようになった。フランスでは1848年、アメリカでは1871年に工業生産が開始された。日本でも1875（明治8）年から深川の官営工場で生産を始めた。1884（明治17）年には渋沢栄一と浅野総一郎に払い下げられ、浅野セメント深川工場となった。

こうした近代のセメントとは別に、漆喰(しっくい)も古くから用いられてきた。石灰石や貝殻を焼いて作った消石灰が壁材などの左官材料として使われた。漆喰の耐久力を増すため、消石灰にまさ土、砂をよく混ぜ、水で硬練りして叩き締める三和土(たたき)が江戸時代に考案され、土間床のたたきとして用いられた。明治時代中期に服部長七はこの方法を発展させ、広島の宇品築港の堤防や三河湾の神野新田の干拓堤防その他を築いた。

鉄筋コンクリート

前述のようにコンクリートはローマ時代にさかのぼる古いものであるが、引っ張りや梁としての曲げに弱いのがコンクリートの欠点である。これを大幅に改善したのが鉄筋コンクリートであり、19世紀末近くようやく登場した。すなわち、コンクリートを打ち込む型枠の中にあらかじめ丸い鋼棒（鉄筋）を並べておくと、硬化したコンクリートの中にこれらの鋼棒が固定される。完成した部材が受ける曲げや引っ張りには鉄筋が抵抗し、圧縮にはコンクリートが抵抗するという複合構造である。

1867年、フランスの植木職人ジョセフ・モニエは強い鉄線を編んで植木鉢の骨格をつくり、それをセメントモルタルで包んで植木鉢を製造する特許を取得した。それ以前にも、コンクリートに鉄筋を挿入することが一部で行われ、2,3の特許も取られていたが、注目されずに終わっている。

モニエは植木鉢の特許が世間の注目を集めたことに自信を得たのか、1868年には貯水槽、1869年には床版の特許を取り、さらに1873年にはアーチ橋の特許を取り、これらの特許を使う建設業に乗り出した。しかし事業は失敗し、モニエ式特許は1884年にドイツの会社に譲渡された。ドイツでは鉄筋コンクリートを普及させるための強度試験がいろいろ繰り返され、鉄筋コンクリートの設計法が研究された。フランスやアメリカでも独自の研究や施工実績が積み重ねられ、鉄

筋コンクリート工事が次第に普及していった。しかし，初期の段階では設計の考え方が人によって異なり，鉄筋の配置方法もさまざまであった。鉄筋コンクリートの力学的性質について基本的理解が得られるようになったのは20世紀に入ってからであり，1904年にはドイツのベルリン官庁が設計計算法の基準を提示している。この頃から設計法を解説した技術書が出回るようになり，一般の土木技術者でも安心して鉄筋コンクリート構造物を設計・施工できるようになったのである。

鉄筋としては丸い棒鋼が使われてきたが，コンクリートとの付着力を増すために表面に突起を付けた異形棒鋼が19世紀末にアメリカで考案された。日本では1960年代から異形鉄筋が製造され，使用されるようになり，今ではほとんどが異形鉄筋である。高強度の鋼棒あるいはピアノ線の束を挿入し，コンクリートを引っ張って内部に圧縮力を作用させておく工法がプレストレストコンクリートであり，これについては188頁に述べたところである。

鉄筋コンクリートの普及とともに，コンクリートの性能も次第に向上した。例えば，1914（大正3）年にコンクリートの設計技術の基準（示方書という）が初めて制定されたころは，圧縮強度10 MPa級が普通であった。しかし現在では，各種の用途に応じて圧縮基準強度18〜40 MPaのコンクリートを使い分けている。高層建築などには，60〜80 MPa級の高強度コンクリートも使われる。また，施工のときに粘り気が十分にあってモルタルが分離せず，しかも型枠の隅々まで自然に入り込むような高流動コンクリートが開発され，普及が始まっている。こうしたコンクリートの性能向上は，セメントの品質向上と相まって，混和剤と呼ばれる種々の添加材料の開発によるところが大きい。しかし，基本的にはコンクリートが比較的新しい材料であって，改良・開発の余地が大きいためといえよう。

鉄と鉄鋼

鉄は地球の地核中に5.6％も含まれ，酸素，珪素，アルミニウムに次いで多い物質である。しかし，酸素などと固く結合した化合物となっているため，鉄を製錬できるようになるまでには長い時間を要した。最初に鉄の製錬に成功したのは，紀元前17世紀にアナトリア地方に興隆したヒッタイト帝国であった。製錬した鉄で製造した鋭利な剣や槍を武器として，ヒッタイト帝国はこれ以降，前

12世紀までの間オリエント世界で勢力をふるい，シリアの地の覇権をめぐってエジプト新王国と激しく争った。

ヒッタイト帝国の鉄の製錬技術はやがて周辺諸国から世界中に広まった。日本には弥生時代に鉄がもたらされ，武器としてばかりでなく，鋤などの農具に加工されて生産効率を高めるのに貢献した。

鉄の製錬技術は，中国で早くから発達した。紀元前には鋳物用の銑鉄（炭素分を2～4％含む）を生産し，これを再度製錬して炭素を除去し，錬鉄（炭素分0.05％程度）に変えていた。鋳鉄は溶融温度が1,200℃と低く，成型が容易であるがもろい欠点がある。これに対して錬鉄は粘り強く，いろいろな構造部材として適していた。鉄の製錬では大量の燃料および木炭を必要とするため，製鉄業が盛んになると森林が大規模に伐採され，土地が荒廃することが多かった。しかし中国では，既に4世紀には石炭を燃料として使い始め，13世紀には木炭の代わりにコークスを使用する技術を開発していた。

こうした中国の先進的技術は西欧に伝えられ，やがて15世紀には高炉（溶鉱炉）を築いて溶融した銑鉄を生産できるようになった。ベルギーのリエージュ製鉄工場が最初とされる。耐火煉瓦で炉を築き，鉄鉱石，木炭，石灰石をその中に入れて点火し，水車で駆動する強力なふいごで空気を送り込んだ。炉内が高温になるにつれて鉄鉱石が溶解して還元され，不純物は石灰石に吸収されて浮き上がり，炉内には溶融状態の銑鉄が生成される。

製鉄業が早期に導入されたイギリスでは，森林からの木炭の供給が追いつかなくなり，18世紀には森林が豊富に残るスウェーデンやロシアから大量の鉄を輸入しなければならなくなった。こうした状況で石炭を高炉の燃料に使うことに成功したのが，セバーン川上流でコールブルックデール製鉄所を経営していたエイブラハム・ダービーであった。1709年のことである。やがて，その孫のダービー3世が世界最初の鉄のアーチ橋，アイアンブリッジを建設する（181頁）。

銑鉄に含まれる炭素分を除去して錬鉄をつくるには，精錬用の反射炉で銑鉄を再溶解し，空気を吹き込んで炭素分を燃やしてやる必要がある。1784年には炉の羽口から長い鉄棒を突っ込んで溶融銑鉄をこねまわすパドル法が発明され，錬鉄の生産効率が高まった。それでも錬鉄は高価であり，銑鉄の約2倍の価格であった。もっとも，ジョージ・スチーブンソンが1825年に世界最初のストックトン・ダーリントン鉄道を建設したときには，それまでの鋳鉄レールに代えて錬鉄

レールを採用したけれども，重量が 1/2 で済んだのでレール延長当りの費用としてはほぼ同額であった。イギリスにおける 19 世紀前半の鉄道ブームや，メナイ橋，ブリタニア橋などの建設事業は，こうした製鉄産業の発展によって可能となったのである。表-8 は 18 世紀末からの各国の銑鉄・粗鋼の生産量を記載したものである。イギリスの銑鉄生産量がいち早く増大したのは，産業革命の先進国として鉄の需要が多かったことを反映している。

表-8 年代別各国の銑鉄・粗鋼生産量（単位：万 t）

年	連合王国		フランス		ドイツ		ロシア		アメリカ合衆国		日本	
	銑鉄	粗鋼	銑鉄	粗鋼	銑鉄	粗鋼	銑鉄	粗鋼	銑鉄	粗鋼	銑鉄	粗鋼
1788	7	—	…	—	…	—	13	—	…	—	—	—
1796	13	—	…	—	…	—	12	—	…	—	—	—
1806	25	—	…	—	…	—	15	—	…	—	—	—
1818	33	—	11	—	…	—	13	—	…	—	—	—
1825	59	—	20	—	10	—	16	—	…	—	—	—
1830	69	—	27	—	11	—	19	—	17	—	—	—
1840	142	—	35	—	19	—	19	—	29	—	—	—
1850	229	—	41	—	21	—	23	—	57	—	—	—
1860	389	…	90	…	53	…	30	…	84	…	—	—
1870	606	30	118	8	126	13	36	1	169	7	…	0
1880	787	132	173	39	247	69	45	31	390	127	1	0
1890	803	364	196	68	410	214	93	38	935	435	2	0
1900	910	498	271	157	755	646	294	222	1401	1035	2	0
1910	1017	648	404	341	1311	1310	305	331	2774	2651	19	25
1920	816	921	343	271	704	928	12	19	3752	4281	52	81

［マクミラン歴史統計 I．ヨーロッパ編 1750-1975』原書房，『International Historical Statistics: The Americas 1750-1988』M Stockton Press，および『数字でみる日本の 100 年』国勢社による］

錬鉄は銑鉄よりも優れているものの，強度は鋼鉄に及ばない。鋼鉄は炭素分 0.1〜2％およびその他の元素を含むものであり，適切な焼入れによって強度が高まるところから刀剣その他の素材として用いられてきた。炭素量の調整がむずかしいために鍛冶師が少量生産してきたが，1856 年になってイギリスのヘンリー・ベッセマーが新しい製鉄法の原理を発明した。その 2 年後にはスウェーデンのゲラン・F・ゲランソンがベッセマー法の工業化に成功し，これによって鋼鉄の大量生産が可能になった。表-8 で粗鋼の生産量が 1870 年から急増するのは，ベッセマー法の普及によるものである。

鉄鋼の大量供給は，長大橋梁の設計を変革させた。ニューヨークのブルックリン橋（185 頁）は鋼鉄ワイヤーを使用した最初の長大吊橋であり，スコットランドのフォース橋（185 頁）は 5 万 t もの鋼材を使用した。また，橋梁などの構造

設計事務所を開いていたグスタフ・エッフェルは，1889年のパリ万国博覧会で高さ300 mのエッフェル塔を建設したが，これも鋼鉄の供給があって初めて可能となったのである。

【検討課題】
① 未来の建設材料としてどのような素材がどのように使われるかを考察してみよ。

15
地図と測量技術の発達

測量と地図の始まり

　古代エジプトのベイスン農法では，ナイル川の毎年の氾濫水を農地に溜め，水が引いた後に残る泥土の肥料分で翌年の作物を育てた。このためエジプトでは，毎年水の引いた土地で測量を行い，耕地の区画を引き直すことを続けてきた。メソポタミアでも，低平な土地に広がる農地や運河・水路を管理する上で，測量は不可欠な技術であった。

　メソポタミアでは粘土板に地図を刻んだものがいくつも発掘されており，紀元前2300年までさかのぼる。前1300年のニップールの粘土板地図には，運河や水路で仕切られた数人の私有地が明確に描かれており，地籍図としての目的が明瞭である。また，都市を計画的に建設するには正確な測量技術が要求される。紀元前2000年代のインダス文明の諸都市をはじめとして，碁盤目状の都市建設では測量の専門家が活躍したことは間違いない。

　地図はまた，行政や軍事のためにも必要である。中国では早くから測量の技術が発達していた。前2世紀の馬王堆3号漢墓からは，絹布に描かれた長沙侯国南部の地形図が発見された。200 km近い方形の範囲について，山脈・河川流路・道路などを綿密に記載しており，正確な測量に基づいて地図が作製されていたことが推測できる。戦国時代の『書経』禹貢編は，洪水を治め夏王朝を開いたとされる禹にちなんだ最初の地理書である。漢代には，班固（32〜92）が『漢書』地理志を著した。そのなかには河川の流路長なども記載されていて，中国全土の地理状況が把握されていたことがうかがえる。3世紀に入ると，裴秀（223〜271）が測量と地図作製の基本6原則を解説するとともに，『禹貢地域図』という一定縮尺の地図集を編集した。ただし，地図そのものは伝えられていない。中国全土の地図で現存するのは12世紀以降のものである。

　わが国の測量の始まりについては記録が残されていない。しかし，図-8（15頁）に示した難波大路ほかの直線道路が適切な測量に基づくことが明らかであ

り，何よりも農地を6町四方に区切った条里制（8世紀前半に施行）は，高度な測量技術を前提とした。

『続日本紀』聖武天皇の天平10年（738年）8月の項には，諸国に命じて国郡の地図を作らせ，進上させたことが記されている。ただし，これらの地図は伝えられていない。奈良時代には律令政府が新田開発を奨励したが，開発された田は地図として記録されたようで，8世紀の古地図20点以上が正倉院その他に収蔵されている。縮尺1/1,000前後の大きなものが多い。また，荘園制度が広まるにつれて，境界争いを防ぐための絵図も数多く作成された。こうした古地図は算師と呼ばれる専門家が測量し，製作した。暦法その他とともに中国から伝来した技術によるものである。

古代の測量器具

『史記』夏本紀によると，禹は左手に準縄（じゅんなわ）（水準器と間縄（けんなわ）），右手に規矩（き く）（製図用コンパスと曲尺（かねじゃく））をもって洪水を治めたという。少なくとも，司馬遷が執筆した紀元前100年頃には，この4点が測量の基本器具として認知されていた。紀元前15世紀のエジプトの耕地管理書記の墓には，縄を持つ本人とポールを携える従者が描かれている。また，水準器や三角定規その他の器具を使ったことが知られている。

エジプトの測量精度が高かったことは，クフ王のピラミッドで知ることができる。すなわち，正方形の底面の縦と横の長さは，平均230.0 mに対してわずか0.2 mしか異ならない。また，ピラミッドは真北の方位に合わせて築かれたが，誤差が2～5分にすぎない。距離測定には，円輪の回転数を数えたようで，ピラミッドの底辺長は高さの$\pi/2$倍に合致する。なお，円輪の回転数で距離を測る測距車はローマ人技術者ウィトルウィウスの『建築十書』にも記載され，レオナルド・ダ・ヴィンチがこれを復元した。

ローマ人が帝国内に無数の土木施設を建設したときは，グロマと呼ばれる直交方位を見通すための器具と，コロバテスという水準器（55頁参照）を使用した。グロマは，ポールの頂部から水平に出した腕木に，それと直交する第二の腕木が固定され，2本の腕木の両端からおもり付きのひもが垂らしてある。この2組のひもを照準として見通すことで，直角の方位を合わせることができた。

こうした測量の基本器具は若干の改良はあったものの，近世に至るまで洋の東

西を問わず使用されてきた。太閤検地の絵図などでも，細見竹（さいみ）と水縄（距離測定用の麻縄）が使われている。

なお，中国では磁針が極を指すことを紀元前から発見していた。やがて，指南針として11世紀頃から航海に利用されるようになり，1100年頃には船に装備されて方位を知るのに利用されるようになった。羅針盤はこれを発展させ，磁針を取り付けた方位盤が常に水平に保持される機構を備えたものである。また，指南針がヨーロッパへ伝えられると，ピボットで磁針を支える乾式羅針盤が考案され，やがて陸上における方位測定にも使われるようになった。

測量の算法

古代の数学は測量の必要性から生まれた。面積の計算から始まり，比例関係を応用して直接には近づけない地点までの距離や高さを求める方法など，解くべき問題は多かった。直角三角形に関するピタゴラスの定理（斜辺の長さの2乗は他の2辺の長さの2乗の和に等しい）に基づく整数の辺長比3：4：5の関係は，大地の上で直角を割り出すときにも活用されたであろう。ユークリッドが図形に関する古代エジプトの測量の経験的知識を論理的に整理し，紀元前300年頃に『原論』または『幾何学原本』として集大成したことはよく知られている。

中国でも，秦・漢代に数学の専門書が著述された。そのうちで現代にまで伝えられているのが『九章算術』であり，わが国へも早くから伝来されていた。そのうちの第1章は「方田」と名づけられ，田地の面積を求める38問題とその解法が示されている。また，第4章の「小広」は面積や体積を与えて辺長を求める24問である。第5章の「商功」28問では土木工事に関わる体積計算で，土工量や作業員数などの求め方が述べられている。さらに，第9章は「句股」（こうこ）といい，句股定理（ピタゴラスの定理に同じ）を応用して，土地の遠近，山の高低を測量し，計算する問題など24問がある。この九章算術は1人の著述ではなく，年月をかけて多くの人々が加筆修正して出来上がったものである。

わが国古代の算師たちは，こうした測量の算術を勉強し，土地の測量を進めていったのである。

子午線長と経緯度の測定

広い範囲の地図を作製するには，地球の形状を正しく認識する必要がある。古

代ギリシャ人は地球が球形であると考えており，紀元前4世紀のアリストテレスもそのように述べている。地球の大きさの測定を試みたのは，アレクサンドリアの図書館長であったエラトステネスが最初であり，紀元前220年頃とされる。

エラトステネスは，シュエネ（現在のアスワン）がアレクサンドリアの真南にあり，しかも夏至の正午に深い井戸の底に太陽の光が射し込むということを聞いた。アレクサンドリアでそのときの太陽の角度を測り（オベリスクがつくる影の長さを利用），シュエネまでの距離を知れば，地球の円周の長さが算出できる。彼はアレクサンドリアの太陽の鉛直角を$7°12'$と測定し，距離はラクダの隊商の話から25万スタディアであるとして，地球の円周を46,000 kmと推定した。結果として，真値に対する誤差は15％にすぎなかった。

次に地球の円周，言い換えれば子午線に沿う緯度$1°$の長さの測定を行ったのはフランスの医学者ジャン・F・フェルネルで，1525年頃のことである。パリから北へ$1°$離れたアミアンまでの距離を，馬車の円輪の回転数を数えることで計算し，真値と0.1％しか違わない結果を得た。

やがて，光の屈折で知られるヴィレブロルト・スネルほか多くの科学者が，子午線$1°$の弧長測定を行った。しかし，地球が完全球体ではなくて偏平楕円体であるとの議論が起こり，フランス科学アカデミーは1735～36年に赤道付近の現在のエクアドルの地と，北緯$66°$のフィンランドで弧長測定を実施した。前者は110.58 km，後者は111.95 mとなり，偏平楕円体であることが結論づけられた。

こうした子午線弧長の測定の経験は，フランス大革命後の度量衡統一，すなわちメートル法制定に生かされた。1790年にフランス科学アカデミーは，1メートルの長さを北極から赤道に至る子午線長の1,000万分の1と定め，質量，体積などの単位もメートル単位を用いて定義した。この時代には三角測量の技術が普及していたので，緯度が$10°$異なり，経度が同一のダンケルクとバルセロナ間の距離の精密測量を1793～98年に実施し，この結果に基づいてメートル原器を製作した。

なお，概略値としては緯度$1°$が111 km（$=10,000$ km$/90°$）である。この関係は，小縮尺の地図から距離を概算するときに利用できる。また，海上の速さの単位として用いられる1ノット（$=0.514$ m/s）は，毎時1海里の速度であり，1海里は平均子午線長$1'$に相当する長さ1,852 mとして定められている。

ある地点の緯度は，太陽や星の高度を六分儀や経緯儀で測定して求めることが

できる。しかし経度は，基準となる地点との時間差を精密に測定しなければならない。ジャン・ドミニク・カッシニは，ガリレオ・ガリレイが発見した木星の4衛星の詳細な運行表を1676年に作成した。これはパリ時間に基づいており，衛星が木星の陰に入る（掩蔽）現象を離れた土地で観測し，その時刻をその場所の時計で読みとれば，パリとの時間差が求められる。17世紀末にはこの方法でヨーロッパ各地の経度が算出され，正確な世界地図が刊行されるようになった。

　一方，外洋を航行する船の上では振り子時計の調整がむずかしく，経度の測定が困難であった。イギリスは軍艦の座礁事故を契機として，1714年に正確な機械式ゼンマイ時計の製作者に賞金を与えることにした。これに成功したのがジョン・ハリソンで，1760年にようやく所定の条件を満たすクロノメーターの製作に成功した。これ以降は，太陽の南中時刻を観測することで，地球上のどこでも経度を知ることが可能になったのである。

測量機器の発達

　中世の停滞を脱して科学技術の進歩が始まった16世紀には，新しい測量機器がいろいろ発明された。磁針を組み込んだ乾式羅針盤は，磁極からの方位を測定する器具として改良された。また，目標点の仰角（視線と水平面となす角）を測る器具も登場した。視線の位置を確定するため，照準として毛髪の十字線を張り，角度を精密に読みとるために，副尺（バーニヤ）を添えるようになった。

　17世紀に入ると，クリスタルガラスから研磨したレンズで望遠鏡がオランダで作られた。ガリレイはそれを知って1609年に望遠鏡を自作し，木星の衛星や土星の輪を観察した。望遠鏡はやがて測量の照準器として組み込まれ，測定の精度を著しく向上させた。望遠照準器は水平・鉛直の2軸に自由に回転できるように工夫され，水平角と鉛直角の両方を測定できるようになった。これは一般に経緯儀と呼ばれる。地上測量用のものはトランシットと称するのが普通である。

　水平面を求めるための器具は，ローマではコロバテスであり，わが国では水準と称した。細長くて浅い木箱に水を入れ，水面から一定の高さで水糸を張り，この水糸を基準にして水平面を見通した。この作業を水盛りという。しかし，17世紀半ばに気泡水準器が発明され，測量作業が能率化された。これはガラス管内に気泡を残してアルコールを密封したものである。望遠鏡に気泡水準器を取り付け，望遠鏡を水平にセットできるようにした機械を水準器またはレベルという。

距離の測定には，走行距離計（ホドメータ。車輪の回転数から距離を算出）が多用されたが，正確さが求められるときには鉄製のガンター測鎖が使われた。これは1620年にイギリスのエドモンド・ガンターが発明したもので，1本の測鎖の長さが66フィート（20.12 m）に仕上げられ，80本つなげると1マイルの長さとなった。その後，スチール製の巻きテープが標準となったが，現在は直接測定がほとんど行われず，光波測距儀の使用が一般的である。

　平面上の各地点の位置を迅速に測定し，記録する器具として，「平板」が16〜17世紀に考案された。これは，滑らかに仕上げられた画板を三脚の上に固定できるようにしたもので，目標点を照準するための金属器具（アリダード）が付随する。測定地点に平板を固定し，アリダードで方向線を引き，測鎖などで距離を測って適切な縮尺で画板上の紙に目標点を記録する。この作業を測量しようとする地形の代表地点に対して繰り返すと，画板上に地形の骨格が正確に再現される。これを平板測量という。

　距離を直接に測れない地形では，三角測量が行われる。三角形の一辺を基線としてその長さを求めておき，両端から目標点への角度を測定することで目標点の位置を確定することができる。基線の両端および目標点を三角点という。位置の確定した三角点からは，次々に新しい三角点を展開して三角網を形成する。

　三角測量の原理は1533年に発表されたが，実際の適用では三角関数の計算を幾度も繰り返さなければならない。このため，三角関数表が作成され，またジョン・ネーピアが1614年に対数を発見したことによって三角関数の対数表が1617年に作成され，測量計算に汎用されるようになった。1615年には，ヴィレブロルト・スネルが子午線弧長の測定のために，128 kmの距離にわたる三角測量を実施した。これによって広域の三角測量が実用化されたのである。

全国地図の作製

　三角測量の技法が普及するにつれ，広い範囲に三角網を張り巡らして広域の地図を作製する考えが生まれる。フランスのルイ14世の財務総監コルベールは，フランスに帰化したイタリア人ジャン・ドミニク・カッシニに全国の地図作りを委ねた。カッシニは211頁に紹介したように各地の経度測定を開始しており，三角測量で得られたフランス各地の地図を正しい緯度・経度でつなぎ合わせていった。1682年には，フランス王国の輪郭をほぼ正しく示す地図がまずラ・イールに

よって作成され，以後，次第に精密なものへと改定されていった。

　ジャン・ドミニク・カッシニは1712年に87歳で世を去ったが，地図作製の仕事は息子のジャック，孫のセザール・フランソワ（後に伯爵に叙せられてカッシニ・ド・テュリ），曾孫のジャック・ドミニクと，カッシニ家4代にわたって続けられた。フランス全土の地図（縮尺1/86,400で全182葉）が完成したのは1793年のことである。『カッシニ図』とも呼ばれる。

　地図測量の基礎となった三角点の測量成果のデータは記録保存され，地上には石柱を地面に埋める（標石）などしてその位置が固定される。わが国でも一等三角本点（332点）が約45 kmの間隔で全国を覆い，その中に次第に細かくなる網を形成する下位の四等三角点までを設定している。

　フランスの三角網は，イギリス側との共同観測作業によってドーバー海峡を越えてイギリスの三角網と連結された。1787年のことである。

　イギリス国内の三角測量と地図作製作業は1784年に開始された。アイルランドを含むイギリス全土の主要三角測量が完成したのは1852年のことであった。18世紀後半から19世紀前半にかけて，ヨーロッパ諸国で三角測量が開始され，地図作りが始められた。また，イギリスはインドの植民地経営のために測量に力を注ぎ，1840年までにインド亜大陸南端のコモリン岬からヒマラヤ山脈に至る大三角網をつくりあげた。

伊能図と日本の地図測量

　日本全土の地図としては，行基和上が作成したと伝えられる海道図（行基図）がある。七海道沿いに諸国の地名を配置した略図であり，地形はかなりゆがんで描かれている。

　戦国時代には，各地の大名が自国内の地図を作製した。豊臣秀吉は1591（天正19）年，日本全土掌握の一環として諸大名に命じて国絵図を提出させた。徳川家康も江戸幕府成立の翌1604（慶長9）年，諸大名に国絵図の作製・提出を命じている。

　1644（正保元）年と1697（元禄10）年には国絵図の改定が行われ，諸国の国絵図をつなぎ合わせて日本総図が編集された。元禄日本総図は，1702年に縮尺1/324,000で調製された。また，第八代将軍吉宗のときの1728（享保13）年には編集方法を改め，縮尺1/216,000の享保日本図が作成された。

17世紀半ばには，すでに南蛮流と称するヨーロッパの測量術が伝えられ，小方儀と呼ばれる照準器付きの磁針方位盤が用いられた．一つの測点から次の測点までの距離を測るとともに，磁北からの方位を求めておき，この作業を道筋に沿って繰り返す．野帳に記載したこれらのデータを使い，後に測線の形状を図面上に再現する．これを「道線法」という．ただし，これだけでは誤差が累積して地形にゆがみが生じる．このため，所々で遠方の山など目標点を定めてその方位を測定しておき，縮図上で目標点を見通す線が1点で正しく交わることを確認する方法が用いられた．これを「交会法」と呼んだ．離島などの位置を定めるにも，交会法は重要であった．

鎖国を続けていた江戸幕府にとって，正確な全国地図の必要性は薄かった．享保日本図の編集担当者であった建部賢弘（たけべかたひろ）（数学者，関孝和の弟子）は，精度向上のためには天体観測による緯度・経度の測定が必要なことを認識していたが，実行には至らなかった．天測を併用し，精密な日本地図を初めて作製したのが伊能忠敬（いのうただたか）である．

伊能忠敬は，上総国佐原の造り酒屋伊能家の養子として家業を守り，名主を勤めて50歳で家督を長男に譲った．その後一念発起し，江戸で天文方高橋至時（よしとき）に師事して西洋天文学の勉学を開始した．至時から，子午線弧長の正確な値の決定が懸案事項であると聞いた忠敬は，私財を投じて奥州街道沿いの測量作業に乗り出した．そのころ江戸幕府は，ロシアが開国を求めてしばしば蝦夷地に接近したところから，蝦夷測量の重要性を考えて忠敬の測量事業を承認した．

1800（寛政12）年，忠敬は奥州街道から蝦夷地東南岸を測量して縮尺1/36,000の大図21枚，全体を縮尺1/432,000でまとめた小図1枚を幕府に提出した．その出来映えに感嘆した幕閣は，それ以降，伊能忠敬に全国沿岸の地形測量を命じた．やがて，忠敬は幕臣に登用され，測量隊は御用旗を掲げて全国を巡った．測量は1816（文化13）年，忠敬が72歳まで続けられ，踏破距離は4万kmに近かった．

伊能測量隊の最終成果は，1821（文政4）年に『大日本沿海輿地全図（よ）』の名称で幕府に提出された．大図214枚，中図（縮尺1/216,000）8枚，小図3枚からなっており，『伊能図』と略称される．ただし，伊能図には幕府に提出された正本のほかに，副本，写本その他数多くある．

伊能忠敬は，高橋至時に学んだ天測技術を用いて各地の緯度を綿密に測定し

た。測量事業の端緒となった子午線1°の弧長としては，28里7町12間（110.75 km）の値を得た。忠敬は，ラランデ歴書に基づいて作成した木星の衛星掩蔽の表と対比しながら掩蔽観測を行い，経度の算出を行っている。

　この時代にはヨーロッパの三角測量法が伝えられておらず，忠敬は道線法と交会法のみを用い，測定精度に細心の注意を払うことで全国地図の作製を遂行した。大局的には，北海道から東北地方にかけて東方にずれているなどの問題はあるものの，細部地形は極めて正確に測量されている。明治政府が陸軍陸地測量部を組織し，近代測量機器・方法を導入して全国測量を開始した際にも，伊能図などを基礎としてまず縮尺1/200,000図を作成し，それから日本全土の縮尺1/50,000図の作製にとりかかった。後者のうち，本州・四国・九州の部分が出来上がったのは1925（大正14）年であり，北海道は1929（昭和4）年の完成である。伊能図は，明治時代になってその効用を十分に発揮したのである。

水準測量と高度測定

　測量では平面地形とともに，高度の測定も重要である。高さの測定法は，208頁に紹介した中国秦・漢代の数学書『九章算術』にも述べられているように，古くから知られていた。トランシットなどの測量機器が発明されるに従い，測定精度が向上した。例えば，エベレスト（インド測量局長の名に由来）はインドの大三角網測量の解析によって世界最高峰であることが発見された。1852年のことである。1865年には6観測点からの測定結果を平均して標高8,840 mとされたが，現在は8,848 mに改定されている。

　また，気圧測定によって高度の概略値を求める方法が18世紀から用いられた。しかし，高度を正確に測定するときには直接水準測量を行う。2地点間の中央に水準儀（レベル）を設置し，水準儀で両地点に鉛直に立てた標尺の値を読みとると，2地点の高さの差が求められる。標尺を交互に移動して高さの差を求め，それを加算していけば，離れた2地点間の標高差を計算することができる。ただし，誤差が累積しやすいので，往路と復路のそれぞれで測定し，その差が許容範囲内であることを確認する。

　標高の絶対値を決めるためには，基準高が必要である。このため各国では水準原点を設置し，平均海面からの高さを定めている。わが国では，国会議事堂の前に日本水準原点があり，主要道路沿いに一等水準点（総数約18,000）を約2 km

ごとに設けている。

写真測量と測距儀の発達

　20世紀に入って飛行機が発明されると，空中写真を用いて測量を行う方法が発達した。第一次世界大戦中の各国は，軍事目的で膨大な枚数の空中写真を撮影した。地表の平面地形は鉛直真下の写真1枚でもわかるけれども，正確には各地点の高さの違いによる歪みを補正する必要がある。このため，飛行しながら撮影した2枚の写真を実体視することで，地形の立体像を浮かび上がらせ，三次元の計測を行う。このために図化機と呼ばれる装置を用い，カメラの傾きなどを補正しながら地図データを作成する。

　現代の地形図は，空中写真を基本として作成される。地上測量は写真に写される基線長や三角網の精密測定，あるいは縮尺1/1,000以下の大縮尺平面図の作製などに限られるようになっている。また，写真測量は地上の物体の測量にも使われる。仏像の立体図作製のように，2台のカメラで同時に撮影した写真を実体視し，解析する方式である。

　20世紀後半には，電波あるいは光波を使って距離を迅速かつ正確に測定する機器が開発された。一般に測距儀といい，1950年代に商品化された。電波の周波数あるいは光波の強度を変調させて発信し，目標地点に置いた鏡などで反射されて戻った波との位相差から距離を算出する。近年は，レーザー光を用いた測距装置と経緯儀（トランシット）を合体させた機器が開発され，トータルステーションなどの名称で広く用いられている。

宇宙からの測量

　1957年10月4日のソ連によるスプートニクの打ち上げは，人工衛星の時代の幕開けであった。米ソの軍事競争のなかから，アメリカ国防省はGPS（Global Positioning System）と呼ばれる汎地球測地システムを開発した。高度約2万kmの6本の軌道上を24個の人工衛星が約12時間周期で周回しており，それぞれが絶えず電波信号を発信している。これを受信して処理すると，特定の衛星との距離が算定される。同時に4個以上の衛星との距離および各衛星の軌道予測情報を与えると，受信地点の三次元座標が計算される。

　GPSはもともと軍事用であったが，アメリカは情報を全世界に公開した。こ

の結果，人工衛星の電波を受信できさえすれば，地球上のいかなる地点でも一瞬にして位置と高度が求められる。最近は，自動車のナビゲーション・システムとしても装備（カーナビ）されるようになっている。カーナビは受信機1台を使う単独方式であり，測定精度が10m単位の粗いものである。

こうしたGPSは，1990年頃から土木施工に活用されるようになった。受信機2台を使う干渉測位方式といい，あらかじめ正確な地上測量によって座標位置を確定した固定点に1台の受信機を置く。もう1台の受信機はアンテナとともに施工区域内を次々に移動し，電波を受信する。後にこれらのデータをパソコンなどでまとめて解析すれば，測定地点の平面位置と標高を誤差1cm以内で求めることができる。また，港湾の浚渫作業のように，リアルタイムで位置測定を行いたい場合には，詳細なデータを常時発信する固定局を設置する。海上を移動する受信局は，人工衛星のデータと合わせて固定局からの情報も解析し，自らの位置を算出する。

人工衛星による測地によって，日本とアメリカ大陸との距離も非常な高精度で算出されるようになった。この結果，これまでの天体観測で定めていた日本の経緯度もわずかながら修正されている。さらに将来的には，地震を引き起こす地核プレートの移動を直接観測することも計画されているのである。

【検討課題】
① 離れた塔の高さを求めるためには，どのような長さを測定し，どのような比例計算を行えばよいか考えてみよ（三角関数は使用しない）。
② 地図の利用目的を列挙し，それぞれに必要な情報・精度などを考えてみよ。
③ 『伊能図』の意義をどのように考えるか。

付図・付表

付図　世界の諸文明の変遷と

	アメリカ大陸	ヨーロッパ	地中海沿岸 （東ヨーロッパ）	北アフリカ	中近東
1700	スペイン・ポルトガル支配	西ヨーロッパ諸王国	東ヨーロッパ諸王国	オスマン・トルコ帝国	
1600					
1500	インカ帝国 / アステカ帝国		キプチャク汗国		チムール / イル汗
1400					
1300					
1200			イスラム王朝		イスラム諸王朝
1100	トルテカ文化				
1000			西ゴート		
	先インカ諸文化 / マヤ文化		東ローマ帝国	サラセン帝国	
500	テオティワカン文化				ササン朝ペルシア
1 AD	●A	西ローマ帝国 / ローマ帝国	プトレマイオス朝		
500 BC	オルメカ文化	エトルリア / カルタゴ・フェニキア / ギリシャ都市文明	アレクサンドロス帝国	ペルシャ / 新バビロニア / アッシリア帝国	
1000 BC			ミュケナイ文明	エジプト新王国	
1500 BC			ミノア文明 / トロイア文化	中王国	ヒッタイト王国
2000 BC	●B			古王国 ●E	古バビロニア / ウル / アッシ / シュメ諸王
3000 BC		●C	●D		●G シュメ都市
4000 BC					
5000 BC					
6000 BC					
7000 BC					●F

A. 太陽と月のピラミッド
　（メキシコ市郊外）
　（AD 150頃）

B. ストーンヘンジ
　（南イングランド）
　（BC2200～BC1500）

C. 巨石墓文化
　（スカンジナビア半島
　　～イベリア半島）
　（BC4000～BC3000）

D. 巨石神殿
　（マルタ島）
　（BC4000～BC3000）

E. ギゼの
　大ピラミッド
　（カイロ市郊外）
　（BC2530頃）

G. ジグラッド（神殿）
　（イラク南部）
　（BC3000～B○）

F. 最古の住居遺跡
　（イェリコ・パレ）
　（BC7300以前）

古代の土木遺跡

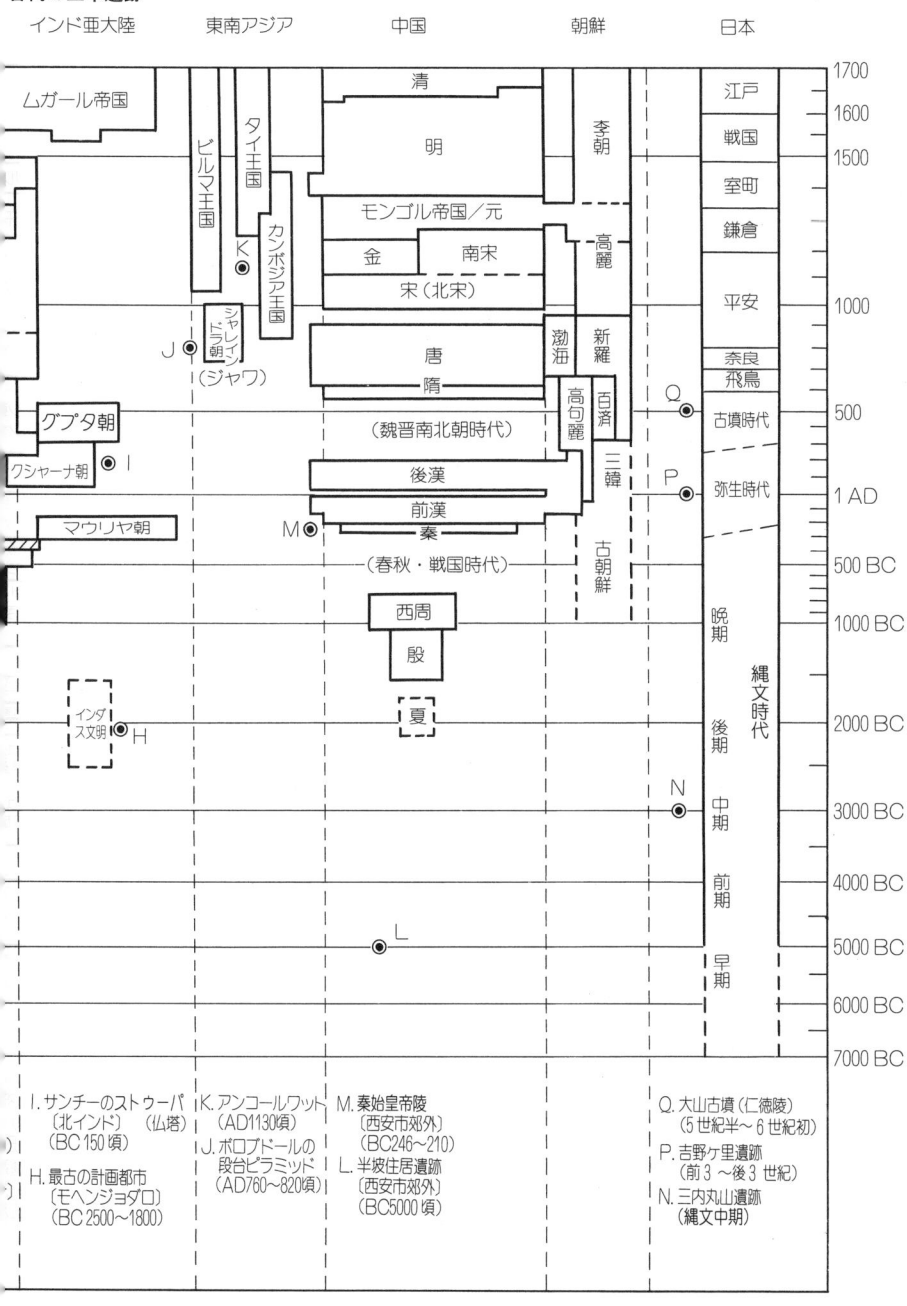

インド亜大陸	東南アジア	中国	朝鮮	日本	
ムガール帝国	ビルマ王国 / タイ王国 / カンボジア王国	清 / 明 / モンゴル帝国／元 / 金・南宋 / 宋（北宋） / 唐 / 隋	李朝 / 高麗 / 渤海・新羅 / 百済・高句麗	江戸 / 戦国 / 室町 / 鎌倉 / 平安 / 奈良・飛鳥 / 古墳時代	1700 / 1600 / 1500 / 1000 / 500
グプタ朝	シャレインドラ朝（ジャワ）J	（魏晋南北朝時代）	三韓	弥生時代 Q / P	1 AD
クシャーナ朝 I		後漢 / 前漢 / 秦	古朝鮮		500 BC
マウリヤ朝		（春秋・戦国時代）			1000 BC
		西周 / 殷		縄文時代 晩期	2000 BC
インダス文明 H		夏		後期	3000 BC
			N	中期	4000 BC
	L			前期	5000 BC
				早期	6000 BC / 7000 BC

I. サンチーのストゥーパ（仏塔）〔北インド〕（BC 150頃）
H. 最古の計画都市〔モヘンジョダロ〕（BC 2500～1800）
K. アンコールワット（AD 1130頃）
J. ボロブドールの段台ピラミッド（AD 760～820頃）
M. 秦始皇帝陵〔西安市郊外〕（BC 246～210）
L. 半坡住居遺跡〔西安市郊外〕（BC 5000頃）
Q. 大山古墳（仁徳陵）（5世紀半～6世紀初）
P. 吉野ヶ里遺跡（前3～後3世紀）
N. 三内丸山遺跡（縄文中期）

付表　世界・日本の

年　代	世　界　の　主　要　土　木　事　績		
	治水・灌漑・上下水道	都市建設・測量	道路・運輸
紀元前 8000 年		前 7300 以前　イェリコの集落遺跡	
紀元前 7000 年		前 6000 頃　トルコ南部チャタル・ヒュックの集落遺跡	
紀元前 6000 年			
紀元前 5000 年	・メソポタミアの氾濫原の定住開始 ・ナイル川流域への定住	前 4700 頃　中国の半坡遺跡	
紀元前 4000 年	前 3500 頃　メソポタミアの大規模灌漑農耕 前 3200 頃　エジプトの大規模灌漑農耕		
紀元前 3000 年		・シュメールの都市国家群出現 前 2950 頃　エジプト統一王朝成立	
	前 2500 頃　インダス川流域の大規模灌漑農耕	前 2300 頃　中国夏王朝の王城建設 ・インダス文明諸都市 ・クレタ島の首都クノッソス	・インダス文明のロータル港築造 ・クレタ島に石の舗装道路
紀元前 2000 年	前 1800 頃　黄河流域の大規模灌漑農耕	前 1600 頃　中国殷王朝の王城建設	前 1900 頃　「ファラオの運河」開削
紀元前 1500 年		前 1300 頃　ミュケナイの宮殿造営 前 1300 頃　ニップール粘土板地図	
紀元前 1000 年			
紀元前 800 年		・フェニキアの植民港湾都市建設 ・ギリシャの植民港湾都市建設 ・エトルリアの都市国家群出現	
	前 714　カナートへの言及記録 前 8 世紀末　エルサレムの水道トンネル掘削 前 701 頃　アッシリアの首都ニネベの水道建設		
紀元前 700 年		前 650 頃　エトルリア人によるローマ建設 前 600 頃　バビロニア再建	
紀元前 600 年	前 6 世紀末　サモス島水道トンネル掘削	前 6 世紀半ば　都市ローマのセルヴィウスの城壁築造	前 6 世紀末　ペルシャの王道整備
紀元前 500 年			前 5 世紀初　ダレイオス 1 世による「ファラオの運河」復活
紀元前 400 年	前 312　ローマのアッピア水道建設	前 332　フェニキアのテュロス陥落 前 331　アレクサンドリア建設 前 300 頃　ユークリッド「幾何学原本」	前 312　ローマのアッピア街道建設
紀元前 300 年	前 250 頃　秦国の都江堰建設 前 240 頃　秦国の鄭国渠開削	前 220 頃　エラトステネス子午線長測定 前 214　秦の始皇帝の長城修築	前 220-210　秦の始皇帝の馳道建設 前 214　始皇帝による霊渠開削

主要土木事績年表

土木構造・材料	日本の主要土木事績		年　代
	治水～都市～測量	道路・運輸・構造・材料	
			紀元前 8000 年
			紀元前 7000 年
			紀元前 6000 年
			紀元前 5000 年
			紀元前 4000 年
前 3500 頃　マルタの巨石神殿造営			
前 4 千年紀　メソポタミアでアーチ発明	縄文中期　三内丸山遺跡		
			紀元前 3000 年
前 2620 頃　ジェセル王の階段ピラミッド築造			
前 2540 頃　クフ王の大ピラミッド築造			
前 2100 頃　ウルナンム王のジグラッド築造			
前 2000 頃　ストーンヘンジの円柱列構築		前 2000 頃　丸太の木道（横浜）設置	
前 1700 頃　バビロンの川底トンネル建設			紀元前 2000 年
前 17 世紀　ヒッタイト帝国による製鉄法の発明			
前 1230 頃　エジプトに煉瓦アーチ積み倉庫建造			紀元前 1500 年
			紀元前 1000 年
			紀元前 800 年
			紀元前 700 年
前 6 世紀　アルバノ灌漑用水トンネル掘削			紀元前 600 年
			紀元前 500 年
			紀元前 400 年
	中期　水稲耕作の伝来 ・菜畑遺跡（最古の水田）		
前 279 頃　アレクサンドリアの大灯台建設			紀元前 300 年

年　代	世　界　の　主　要　土　木　事　績		
	治水・灌漑・上下水道	都市建設・測量	道路・運輸
紀元前200年	前180頃　ペルガモンの水道建設 （高圧逆サイフォン）	前191　漢の高祖の長安建設 前2世紀　馬王堆漢墓に地形図埋蔵 前146　カルタゴ壊滅	前129　漢の武帝の漕渠開削
紀元前100年			
西暦元年			
		1世紀　ロンディニウム（ロンドン）建設 1世紀　ルテティア（パリ）建設 64　ローマ大火（皇帝ネロ）	50頃　クラウディウス帝のオスティア港建設
100年		2世紀　中国『九章算術』完成	2世紀初頭　トラヤヌス帝のオスティア港とチビタ・ベッキア港建設
200年		3世紀　裴秀『禹貢地域図』編集	
300年		330　コンスタンティノポリス建設	
400年		447　コンスタンティノープルの大城壁築造	
500年			
600年		613　隋の煬帝の長安再築 660頃　唐の長安完成	605-08　隋の煬帝の大運河建設
700年			
		762-766　バグダード建設	
800年		811　ベネチアがリアルト島に首都建設 9世紀　ロンドン城壁修復	
900年			
1000年		10世紀初頭　宋の国都開封修築	・中国大運河に閘門を導入
1100年			
		1190　フィリップ2世によるパリ市壁築造	

土木構造・材料	治水～都市～測量	道路・運輸・構造・材料	年代
	日本の主要土木事績		
			紀元前200年
前1世紀 ウィトルウィウス『建築十書』 前51 カエサルのライン川架橋 前19頃 ポン・デュ・ガール建設 紀元前後 アウグストゥス帝の道路トンネル掘削	・吉野ヶ里遺跡（環濠集落）		紀元前100年
			西暦元年
78 フロル峠トンネル掘削 1世紀 テオティワカンの太陽の神殿建設 1世紀 中国で錬鉄鎖の吊橋架橋 1世紀末 セゴビアの水道橋建設			
101 トラヤヌス帝のドナウ川架橋（木造アーチ） 106 アルカンタラ市の石造円形アーチ橋建設	2世紀前半 瓜生堂遺跡（洪水痕跡）		100年
	3世紀前半 登呂遺跡（大規模水田）		200年
4世紀 中国で製鉄に石炭使用			300年
	4世紀末 裂田溝（灌漑水路）開削		400年
		古墳中期 大山古墳（仁徳陵）築造	500年
		6世紀初頭 難波の堀江（津）開削 同　上　難波大道，大津道，丹比道建設	600年
605頃 李春による安済橋建設（偏平アーチ）	7世紀初頭 古市大溝開削，狭山池築造 664 太宰府の水城建設 684-94 藤原京造営（持統天皇） 7世紀末 条里制の部分的施行	7世紀初頭 上・中・下ツ道建設 646 道照による宇治橋架橋 672 壬申の乱で瀬田橋上で戦闘 7世紀末 古代の七道の整備完了	700年
	703頃 満濃池築造 708-10 平城京造営（元明天皇） 731 行基による狭山池の修築 738 聖武天皇国郡の地図収集 784 長岡京遷都と造営（桓武天皇） 794-804 平安京遷都と造営（桓武天皇）	726 行基による山崎橋その他の架橋 8世紀後半 「五泊の制」整備	800年
	821 空海による満濃池の修築		900年
			1000年
	・紀伊国綾井（灌漑水路）開削		1100年
	1128 大和川の大門池土堰堤築造（高32m） ・干潟干拓の活発化 1192 源頼朝の鎌倉都市建設	1173-80 平清盛の大輪田泊の経ヶ島築造 12世紀末 鎌倉街道の整備	

年　代	世 界 の 主 要 土 木 事 績		
	治水・灌漑・上下水道	都市建設・測量	道路・運輸
1200年		13世紀　アムステルダム建設	1269　ミラノのナヴィリア・グランデ運河開通
1300年			1391-98　独国シュテックニッツ運河開削
1400年	1413　パリに小規模環状下水道 15-17世紀　風車利用によるオランダの干拓事業	1421　元の永楽帝の北京建設 1453　コンスタンティノープル陥落	1411　中国大運河の山越えルート開発 15世紀後半　新世界独自のインカ道整備
1500年	1532　ロンドンの小規模下水道 1581　テムズ川の水道汲み上げ 1594　スペインで石積みダム（高41 m）	1525　フェルネルの子午線長測定	1517　パリ-オルレアン間に駅馬車運行
1600年	1608　セーヌ川の水道汲み上げ 1613　ロンドンの上水道通水	17世紀初頭　望遠鏡付きトランシットの開発 1615　スネルによる遠距離三角測量の実行 1620　ガンター測鎖の発明 1666　ロンドン大火 1670　ルイ14世パリ市壁をブールバールに改造 1676　木星衛星の掩蔽観測による経度測定	1604-42　仏国ブリアール運河開削 1663　英国最初の有料道路認可 1666-81　仏国ミディ運河開削 1667　ル・アーブル港にウェット・ドック整備 17世紀末　仏国の主要都市間に駅馬車運行 1695　英国ターンパイク法令
1700年	1740　ルイ15世のパリ大規模環状下水道	1787　ドーバー海峡越えの三角測量網 1793　フランス全土地図（カッシニ図）完成 1793-98　メートル原器製作のための子午線長精密測量	1748　英国王室郵便馬車に旅客を受入れ 1758　英国最初の馬車軌道認可 1761　英国ブリッジウォーター運河開通 1764　トレサゲの砕石道路舗装 1792-97　英国「運河狂時代」 1799-1804　ナポレオンによるシンプロン峠越え道路

付　表

土木構造・材料	日本の主要土木事績		年代
	治水～都市～測量	道路・運輸・構造・材料	
			1200年
13世紀　中国で製鉄にコークス使用	1276　元寇の文永の役後，博多海岸に石の防塁築造	1226以前　甲州の猿橋架橋 1232　鎌倉沖に和賀江島（港）築造	
			1300年
1345　フィレンツェのベッキオ橋建設（偏平アーチ）	1391　大内義弘の堺の防塞都市化		
			1400年
15世紀　ヨーロッパで高炉による製鉄開始			
			1500年
	1532　石山本願寺（大坂）の寺内町建設 1541　武田信玄の釜無川大改修 1586　豊臣秀吉の京都大改造 1590-1600　江戸の第一次建設と神田上水	1502　首里城の天女橋建設（石造アーチ）	
			1600年
1627　ハンガリーの鉱山で黒色火薬による岩盤掘削	1603-14　江戸の第二次建設 1604　諸国の国絵図の調進 1616-35　江戸の第三次建設 1621-30　大坂城再建と大坂市街地開発 1632　板屋兵四郎による金沢の辰巳用水開削 1635-41　利根川本流を江戸川へ切替え 1654　赤堀川通水による利根川東遷 1654　玉川上水通水 1657　明暦の大火（江戸）	1606　角倉了以の大堰川開削（保津川） 1611　角倉了以の高瀬川（運河）開削 1623-26　川村孫兵衛の北上川河口付替 1634　本邦初のアーチ橋建設（長崎の眼鏡橋） 1652-55　野中兼山の手結港築造 1661　野中兼山の津呂港築造 1670　箱根用水トンネル貫通 1671-72　河村瑞賢の東・西廻り航路開設 1673　岩国の錦帯橋建設 1674　下総国の椿海干拓	
			1700年
1709　ダービーの石炭による高炉精錬開始	1704　大和川付替え 1728　享保日本図の編集 1753-55　木曽三川治水工事	1735-50　耶馬渓の「青の洞門」掘削 1736-38　日岡峠の車道（牛車用）建設	
1776-79　アイアンブリッジ建設（最初の鉄アーチ橋） 1784　パドル法による錬鉄生産開始			

年　代	世界の主要土木事績		
	治水・灌漑・上下水道	都市建設・測量	道路・運輸
1800年			1804-22　英国カレドニア運河開削
			1805　テルフォードの砕石舗装
			1815　マカダムの舗装工法
			1817-25　米国エリー運河建設
			1825　ストックトン・ダーリントン鉄道開業
		1832　ニューヨークに馬車鉄道開業	1830　リバプール・マンチェスター鉄道開業
	1837-42　ニューヨークのクロトン水道建設		1840年代　英国「鉄道狂時代」
	1843　仏国南部に石積みアーチダム築造		
1850年			
	1855　ロンドンの本格的下水道網建設開始	1859-63　ロンドン地下鉄建設（蒸気機関車方式）	1857-71　モン・スニ鉄道トンネル（アルプス縦貫）掘削
	1865　パリのマルヌ川上水道通水		1859-69　スエズ運河開削
			1869　米国大陸横断鉄道完成
	1874　パリのヨンヌ川上水道通水	1881　ベルリンで路面電車営業運転	
	1889　ロンドン下水一次処理	1887-90　シールド工法の地下鉄建設（電気機関車方式）	
			1895　北海・バルト海間にキール運河開通
1900年		1900　パリ地下鉄開通	
	1905-13　ロサンゼルス水道建設	1902　ベルリン地下鉄開通	1907-14　パナマ運河建設
	1907　ニューヨークの新クロトン・ダム完成（高91m）	1904　ニューヨーク市地下鉄開通	1910頃　アスファルト舗装工法確立
	1927-32　ゾイデル海締切堤防築造	1920-40年代　ニューヨーク州大規模公園造成	1925　ニューヨークにフリーウェー建設
	1931-35　米国フーバー・ダム建設	1920年代　空中写真測量開始	
	1931-41　コロラド川水道建設		1933-42　独国アウトバーン建設
	1933-45　TVAの多目的ダム群建設		
	1935　ロンドン下水二次処理		1940-50年代　米国各地に自動車専用道路建設
1950年		20世紀後半　大都市への人口集中による交通・衛生・住宅・その他の諸問題	1956-75　米国インターステート・ハイウェー網建設
			1961-80　スエズ運河拡張工事
	1960-70　アスワン・ハイダム建設	1950年代　電波・光波測距儀の開発	
	1958-86　オランダ高潮対策のデルタ計画実施		
	1974-82　英国テムズ・バリア建設	1970年代　人工衛星測位方式の開発	
	1993〜　長江の三峡ダム建設		1992　マイン・ドナウ運河完成
			1986-94　ユーロ・トンネル（ドーバー海峡鉄道トンネル）掘削

付表

土木構造・材料	日本の主要土木事績		年代
	治水〜都市〜測量	道路・運輸・構造・材料	
	1800　伊能忠敬の子午線長測量		1800年
1819-26　メナイ橋（鉄鎖吊橋）建設	1821　「大日本沿海輿地全図（伊能図）」完成		
1824　アスプジンによるセメント特許		1840年代　鹿児島甲突川の多連アーチ群建造	
1825-42　ブルネルのシールド工法トンネル掘削（テムズ川底）			
1845-50　ブリタニア橋（箱桁橋）建設			1850年
1853-59　ロイヤル・アルバート橋（トラス橋）建設		1854　熊本県矢部町の通潤橋建造	
1856　ベッセマー製鋼法発明	1859　横浜に外人居留地造成		
1861　圧縮空気駆動削岩機の発明	1869　東京遷都		
1866　ノーベルがダイナマイト発明	1879-82　安積疏水工事	1870-72　新橋-横浜間の鉄道建設	
1867　モニエによる鉄筋コンクリート特許	1882　東京で馬車鉄道営業	1870-74　大阪-神戸間の鉄道建設	
1869　グレートヘッドによる円形シールド工法開発	1885-90　琵琶湖疏水工事	1875　国産セメント生産開始	
1869-83　ブルックリン橋（ワイヤー・ケーブル吊橋）建設	1885-87　横浜に近代式水道工事	1878-82　野蒜港建設（'84暴浪で壊滅）	
1889　エッフェル塔構築	1891　琵琶湖疏水の蹴上で水力発電開始	1880　逢坂山トンネル完成	
1882-90　フォース橋（ゲルバー・トラス橋）建設	1895　京都で路面電車営業運転	1881-91　上野-青森間の鉄道建設	
	1896　河川法に基づく洪水対策事業開始	1889　新橋-神戸間の鉄道全線開通	
		1889-96　横浜港第1期修築工事	
			1900年
1927-31　ゴールデン・ゲート橋建設	1900-30　利根川大改修工事		
1928　フレシネーのプレストレストコンクリート工法発明	1909-22　大河津分水工事（'27倒壊、'31復旧）	1918-34　丹那鉄道トンネル工事	
		1925-27　上野-浅草間の地下鉄工事	
1940　タコマ・ナロウズ橋が強風で落橋	1923-30　関東大震災復興事業（隅田川鋼橋群を含む）	1930-33　梅田-心斎橋間の地下鉄工事	
	1934　京都で活性汚泥法の下水処理場		
	1943　鴨緑江水豊ダム完成	1936-42　関門鉄道トンネル工事	
	1946以降　各都市で戦災復興事業		1950年
1950年代　ライン川の近代鋼斜張橋群建設	1950年代　佐久間ダム他の大型ダム建設	1957-65　名神高速道路工事	
		1962　若戸大橋建設で長大吊橋の端緒	
		1959-64　東海道新幹線工事	
		1963-69　掘込み港湾の鹿島港建設	
		1964-88　青函鉄道トンネル工事	
		1969　東名高速道路全線開通	
		1975　山陽新幹線全線開通	
		1988　本四連絡道路（児島〜坂出）開通	
	1990年代　GPSによる土木施工の普及	1987-94　関西国際空港建設	
		1985-98　明石海峡大橋架橋工事	
		1988-97　東京湾アクアライン建設	

227

索　引

アルファベット
AASHO（全米・州道路行政協会）155
BART（サンフランシスコ湾域高速鉄道）167
GPS測量　215
ICAO（国際民間航空機関）161
PC橋　188
TVA（テネシー川流域開発公社）150

あ
アースダム　148
アーチ
　　──橋　174, 177, 201
　　──ダム　148
　　──の起源　176
　　円形──　177
　　尖頭──　177
　　扁平──　177, 178
アイアンブリッジ　181
アウグストゥス帝　107, 189
アウトバーン（高速道路）156
青の洞門　193
明石海峡大橋　187
安積疏水　132
浅野総一郎　136, 201
アスファルト舗装　155, 161
アスプジン, ジョゼフ・A　200
アスワン・ハイダム　169
アッピア街道　105
アッピア水道　52
アッピウス・クラウディウス・カエクス　52, 105
圧密現象　198
アテナイ（都市名）51
アムトラック（米国鉄道旅客輸送公社）87, 95
アムステルダム　87, 95
アメリカ
　　──土木学会　93
　　──の上水道　59
　　──の下水道　63
　　──の鉄道　63
綾井（潅漑水路）16
アルバノ湖疏水トンネル　189
アレクサンドリア　27, 67, 69, 209
　　──の大灯台　69
安済橋　178

い
イェリコ（都市名）22
囲郭都市　23, 29, 30, 32, 39
井沢弥惣兵衛　144
石造アーチ橋　53, 177, 179, 180
石山本願寺　40
イスラム文明　29, 86, 177
板屋兵四郎　57
一里塚　112

緯度測定　209, 210
伊奈（関東）流　144
伊奈忠次　84, 144
伊能忠敬　213
イムヘテップ（宰相・技術者）4
岩永三五郎　180
インカ帝国　103
インカ道　103
インクライン（運河施設）132
インターステート・ハイウェー　157
インダス文明　48, 68

う
ウィーン　30
ウィトルウィウス（建築家）200
ウェット・ドック　95
上ツ道　110
ヴェルニー, フランソワ・L　95
ウル（都市名）6, 23, 176
運河
　　──開削　72, 74, 81, 88, 91, 92, 97, 99
　　──トンネル　91, 191
　　海面式──　98
　　閘門式──　98
　　山越え──　75, 88
運河狂時代　91

え
英国土木学会　115
エキスプレスウェー（道路）156
駅伝制　102, 107, 108, 111
駅馬　111
駅馬車　114, 115
エジプト文明　4, 11, 68, 176, 207
エッフェル塔　205
江戸　65, 81
　　──上水道　56
　　──都市建設　41-45
エトルリア人の土木技術　18, 26, 52, 177, 189
恵那山トンネル　193
エラトステネス（科学者）209
エリー運河　93
エルサレム　50
沿岸海運　75, 83
エンジニア（主任技師）90

お
逢坂山トンネル　125
王の道　102, 103
大堰川開削　81
大河津分水工事　145
大坂　40, 41, 81, 64
大阪　62, 65, 138, 140, 167
　　──の地下鉄　140
大清水トンネル　127
大路（藤原・平城京）36, 37
大津道　109

大輪田泊　78
オスティア港　70
オスマン男爵　30
小樽港建設　136
汚泥掃除法　65
お土居（京都）41

か
海岸法　151
開削工法（地下鉄）166
街道　111
開封（都市名）34
海面上昇　170
海洋運河論　136
河港道路修築規則　131
河岸　43, 85
カステルウム（配水槽）52
河川法　137
カッシニ, ジャン・ドミニク　210
カッシニ図　212
活性汚泥法　64
滑走路舗装　154, 161
　　──の長さ　161
加藤清正　17
カナート（地下用水道）50
金沢　57
鎌倉　39, 64
　　──街道　111
　　──の湊　78
釜無川の洪水制御　16
火薬による岩の破砕　90, 191
火力発電　141
河村瑞賢　82
川村孫兵衛　83
潅漑　10, 11, 49
　　──水路　11, 13, 14
環濠集落　23
関西国際空港　162
幹線道路　109, 111, 113, 155, 159
ガンター測鎖　211
神田川開削　43
干拓技術（オランダ）19
神田上水（江戸）56
関東大震災　140
岩盤の砕き方　79, 81, 191
咸陽（都市名）33, 108

き
幾何学原本　208
軌間（ゲージ）118
規矩（コンパスと曲尺）207
紀州流　144
木曽三川治水工事　144
狭軌　118
行基　14, 77, 212
京都　39, 41, 64, 65, 138, 140, 167
巨石神殿（マルタ島）2
巨石の運搬　3

索　引　229

巨大古墳　7, 8
ギリシャ文明　51
キルスビー・トンネル　121
錦帯橋　176
く
九章算術　208
国絵図　207, 212
クラウディウス帝　71
グレートヘッド，ジェームズ・H　195
クレタ島　25, 101
クロトン水道　60
　　──ダム　149
グロマ（測量器具）　207
け
経緯儀　210
下水処理　64, 66
下水道　25, 48, 51, 52, 62-66
　　──処理　64, 66
　　──網　41, 64
　　──合流式　65
　　──分流式　63
　　──埋設　63
下水道法　65
桁橋　173, 175
ゲルマン民族大移動　28, 58, 86
ケルン（都市名）　30, 87
原子力発電　142
建築十書　200, 207
こ
交会法（測量）　213
高架鉄道　139, 165
杭州（都市名）　35
高水工事　137, 145
洪水被害　137, 143, 144, 147, 150
高速鉄道　127
甲突川アーチ橋群　180
工部大学校　125
工部省鉄道寮　125
神戸　129, 138, 140
閘門　75, 98
　　貯水型──　75, 88, 89
　　放水型──　75, 88
国鉄（日本国有鉄道）　126
黒曜石の交易　7, 68
小路（藤原・平城京）　37, 38
五泊の令　77
琥珀の道　101
古墳　7
　　──の一覧表　8
小牧ダム　141
ゴールデン・ゲート橋　186
コルドバ（都市名）　29
コールブルックデール製鉄所　181, 203
コルベール（財務総監）　89, 113, 211
コレラ発生　59, 62, 65
コロパテス（水準器）　55
コロラド川水道　61
コンクリート　200, 202
　　──舗装　155, 161
コンスタンティノーブル　27, 29

さ
堺　18, 40
削岩機　191
裂田溝（潅漑水路）　14
佐久間ダム　142
鎖国体制　129
佐久間ダム　142
札幌　140
砂漠化防止　171
狭山池　14
猿橋　175
三角関数表　211
三角測量　211, 212
三角網　211
三峡ダム　150
算師（測量専門家）　207, 208
酸性雨　171
桟道（山中道路）　108
サンドドレーン工法　162
三内丸山遺跡　1
サンパウロ　164
サンフランシスコ　167, 186
山陽新幹線　127
三陸沖地震津波　151
し
シールド工法　166, 194
シールドマシーン　195
市街地建築物法　138, 141
市街電車　132, 139, 167
支間（スパン）　174
紫禁城　35
司空（職名）　108, 143
ジグラッド（神殿）　6
始皇帝　13, 33, 72
子午線弧長の測定　209
七道（日本の古代道路）　110
自治都市　29, 40
漆喰　7, 201
私鉄　139
自動車専用道路　156-159
自動車保有台数の推移　153
地盤沈下　162, 198
地盤の液状化　199
シビルエンジニア　107
下ツ道　36, 110
写真測量　215
斜張橋　174, 188
上海　164
重力式ダム　148
宿駅　105, 109
シュテックニッツ運河　88
シュメール文明　6, 11, 23
　　──都市国家　23
準縄（水準器と間縄）　207
蒸気機関車　117, 119, 123, 165
蒸気船　95
上水　56
上水道　50, 52
焼成煉瓦　6, 48, 199
条坊制　36, 38
条里制　14, 207
ジョージ・ワシントン橋　186
植民都市　26

新幹線　127
信玄堤　17
人工衛星測地　216
人口（国別）　5, 33, 92, 122
　　──（世界）　168
　　──（日本）　168
新田開発　18, 130
す
水洗便所　25, 63, 66
水道　50, 52, 56-62
　　──会社　59
　　──橋　50, 53, 56
　　──（逆サイフォン式）　51, 57, 180
　　──トンネル　50, 51, 57, 190
水道条例　62
水豊ダム　141
水力発電　141, 149, 150, 170
スエズ運河　97
朱雀大路　36, 37, 39
鈴木雅次　136
スチーブンソン，ジョージ　117, 119
　　──，ロバート　119, 121, 183
ストックトン・ダーリントン鉄道　2
ストーンヘンジ　2
砂濾過池　59
スネル，ヴィレブルト　211
スパン（支間）　174
角倉了以　80
せ
青函トンネル　193
世界最古の集落遺跡　22
世界最古の水道　50
世界最古の鉄橋　189
世界最古の舗装道路　101
世界最初の運河トンネル　90
世界最初の地下鉄　165
世界最初の鉄橋　181
世界最大の空港　161
世界最長の山岳トンネル　126
世界最長の吊橋　187
世界最長のトンネル　193
世界人口の推移　168
関一　140
セグメント（覆工版）　195
セゴビアの水道橋　55
瀬田橋　175
セメント　200
磚（大型タイル）　178, 199
禅海　193
潜函工法　184
全国地図　206, 211, 213
潜水病　184
仙台　140
銑鉄　203
前方後円墳の一覧表　8
そ
ゾイデル海締切堤防　20
漕渠（水路）　13, 73
測距儀　211, 215
続日本紀　144, 207
測量器具　207

粗朶沈床　137
側溝（排水路）　36, 37, 39
た
ターンパイク　115, 157
大運河（中国）　74
大深度地下掘削　167
大山古墳（仁徳陵）　7
大都（北京）　35
大日本沿海輿地全図　213
平清盛　78
高潮災害・対策　19, 151
高瀬川開削　81
武田信玄　17
タコマ・ナローズ橋　186
三和土　201
丹比道　109
辰巳用水（金沢）　57
伊達政宗　83
田辺朔郎　131, 132
玉川上水（江戸）　56
ダム　90, 141, 169
　──の種類　148
丹那トンネル　192
ち
地下鉄　139, 165
地球環境の保全　170
馳道（秦の幹線道路）　108
チビタ・ベッキア港　72
チャタル・ヒュユク（集落名）　22
中国文明　11, 32, 72, 108, 143, 177, 206, 208
　──の水路網　72
　──の製鉄技術　203
　──の大運河　74
鋳鉄　181, 203
チューブ（地下鉄）　167
長安　33, 67
長大トンネルの年表　192
沈埋工法　197
つ
通潤橋　180
津波災害　151
津波防波堤　152
椿海干拓　17
吊橋　174, 182, 185
津料（入港税）　77
吊りロープ橋　174, 181
津呂港　79
て
デ・レーケ（技師）　137, 145
鄭国渠（潅漑水路）　13
貞山堀　83
鄭州（都市名）　32
低水工事　137, 145
帝都復興事業　140
手結港　79
テオティワカン文明　7
鉄筋コンクリート　201
　──橋　187
鉄道　117-128
　──営業キロ数の推移　120
　──橋　182
　──経営　121, 124

──憲章（フランス）　122
──高速運転　121
──トンネル　191
──敷設権　121, 124
鉄道狂時代　120, 125
鉄道敷設法　126
鉄道国有法　126
鉄の製錬　202
鉄の生産量の推移　204
テムズ川トンネル　195
デルタ計画（オランダ）　21
テルフォード工法　115
テルフォード，トーマス　181, 182
電気機関車　166
電源開発促進法　142
と
東海道新幹線　126
東海道膝栗毛　112
東京　38, 62, 65, 140, 147, 164, 167, 168
東京市区改正条例　138
東京湾アクアライン　193, 197
道線法　213
道中奉行　111
東名高速道路　159
道路長官（フランス）　113
道路トンネル　189, 193
道路の分類　114, 131
道路法　113, 141
道路舗装　35, 101, 114, 115, 154, 158
徳川家康　42
特定多目的ダム法　150
都江堰　12
都市計画法　138
都市
　──計画　26, 34, 36, 38, 39, 41, 43
　──人口　23, 25, 27, 29, 30, 32, 33, 35, 38, 44, 45, 60, 164
　──人口年表　46
　──人口密度　47
　──と疫病　51, 59, 62, 65
　──内交通機関　167
　──の攻防戦　24, 28
　──の物資輸送　41, 43, 67, 71, 75, 81, 85
ドック　95
ドナウ川架橋　175
利根運河　131
利根川改修工事　147
　──の東遷事業　84
土木学校（エコール・デ・ポンゼ・ショッセ）　107
土木技術将校　24, 107
土木公団（フランス）　107, 122
土木司（官署名）　130
豊臣秀吉　41, 212
トラス橋　174, 184
トラヤヌス帝　71, 72, 175
トランシット　107
度量衡統一　209
トレサゲ工法　114

トレント・マージー運河　91
富田林　40
トンネル　51, 189-197
　──の掘削技術　191
　──の測量技術　190
な
内陸水運　80, 90
ナヴィリオ・グランデ運河　88
長岡京　38
長崎　61, 129, 180
　──空港　162
中ツ道　36, 110
名古屋　138, 140, 151
ナトム工法　194
難波大路　109
難波の堀江　76
難波京　36, 38
に
新潟　129, 145, 146
二酸化炭素濃度　170
西廻り航路　82
ニネベ（都市名）　24, 50
日本
　──古代の七道　110
　──最初の水力発電所　132
　──最初の地下鉄　139
　──人口の推移　168
　──鉄道会社　125, 139
　──道路公団　159
　──の囲郭都市　39, 41
　──の石橋　180
　──の宮都　36, 38
　──の近代水道　61
　──の下水道　64
　──の初等教育　130
　──の水運　162
　──の田畑面積　16
　──の農地開拓　13, 15
日本書紀　13, 76, 175
ニューマチック・ケーソン工法　184
ニューヨーク　59, 92, 139, 154, 155, 164, 167, 185
如定（架橋者）　180
ぬ
ヌイイ橋　179
ね
ネマウスス（都市名）　53
粘土板地図　206
の
野中兼山　79
野蒜港　132
乗合蒸気バス　153
乗合馬車　114, 138
は
パークウェー（道路）　155
裴秀（地理学者）　206
バグダート　29
函館　28, 62, 129
箱根の坂道　112
箱根用水　18
　──トンネル　190
橋の形式　173

索 引

馬車軌道　117
馬車鉄道　138
服部長七　201
パナマ運河　96
刎木橋　175
バビロン(都市名)　25, 189
パーマー, ヘンリー・S　62
浜名大橋　188
早川徳次　139
パリ　29, 58, 63, 64, 154, 164, 167
バルトン, ウィリアム・K　62
ハンザ同盟　87
版築工法　9, 198
半坡遺跡　23
ハンブルグ　59, 87
ハンムラビ王　11, 24, 102
ひ
控え壁構造　5
東インド会社　94
東廻り航路　82
干潟干拓　16, 18, 130
干潟造成　171
飛脚　105, 112
ヒッタイト帝国　202
日岡峠の車道　112
標準軌間　118, 126
平板(測量器具)　211
平田勒負　145
ピラミッド　3, 7, 207
——の一覧表　4
広島　62, 140, 201
琵琶湖疏水　132
ふ
ファラオの運河　68
ファン・ドールン(技師)　137
フィラデルフィア　59, 92, 95,154
フーザック鉄道トンネル　192
フーバー・ダム　61, 149
ブールバール　30
フォース橋　184, 204
深良(箱根)用水　18
福岡　140
覆工(トンネル工法)　194
富士川開削　81
藤原京　36
伏せ越し(逆サイフォン)　58
武帝　13, 73
ブラントン, リチャード・H　88
ブリアール運河　88
フリーウェー(道路)　155
ブリタニア橋　183
ブリッジウォーター運河　91, 119
古市大溝(潅漑水路)　14
ブルックリン橋　184, 185, 204
ブルネル, イサムバード・K　184
——, マーク・I　195
フルロ峠トンネル　189
プレストレストコンクリート　188, 202
へ
平安京　38
平城京　36

ベイスン(溜池)農法　11, 206
北京　35
ベッセマー法　204
ベネチア　86
ペルガモン(都市名)　51
ペルシャの大道　102
ベルリン　156, 164, 167
ペンシルバニア・ターンパイク　157
ほ
ポインティンガー図　107
坊　34, 36, 37, 38
褒斜漕道(水路)　73
防潮堤　144, 151
舗装構造　107
北海運河　96
ポッゾラーナ(火山灰)　200
ホドメータ(走行距離計)　210
ポルトランドセメント　201
ポン・デュ・ガール(水道橋)　53
ポンペイ遺跡　52
ま
マカダム工法　115, 155
マルタ島の巨石神殿　2
満濃池　14
み
水資源の配分　169
水城(太宰府防衛用)　39
水準　210
水準器　210
水準原点　214
水準測量　214
三田善太郎　62, 65
ミディ運河　89
ミノア文明　25, 51, 101
ミレトス(都市名)　26
民営鉄道　125, 139
明暦の大火　43
め
明治以前日本土木史　16, 56
名神高速道路　159
眼鏡橋　180
メソアメリカ文明　7
メソポタミア文明　6, 11, 24, 102, 176, 206
メトロ(地下鉄の呼称)　167
メトロポリタン鉄道　165
メナイ橋　182
メラン式アーチ橋　188
も
モーゼス・ロバート　156
モニエ, ジョゼフ　201
物部長穂　141, 149
モレル, エドモンド　125, 131
モン・スニ鉄道トンネル　192
や
山手線　139
ゆ
有料道路　114, 154, 157
ユーロ・トンネル　195
よ
煬帝　33, 74
ヨーロッパ

——の下水道　62
——の高速鉄道網　128
——の上水道　58
——の中世都市　29, 86
——の内陸運河　88
横大路　110
横浜　101, 125, 129, 138, 140
——港修築　134
——水道　62
ら
洛陽　39, 67
羅城門　39
羅針盤　208, 210
り
リアルト橋　178
陸地測量部　214
リケ, ピエール=ポウル　89
李春(工匠)　177
里程標　104, 107
リバプール　94, 119
——マンチェスター鉄道　119
李冰(郡守)　12
琉球の石橋　180
臨海工業地帯　136
れ
霊渠(運河)　72
霊台橋　180
レール　203
レオナルド・ダ・ヴィンチ　88, 207
歴史　103, 189
レセップス, フェルディナンド・ド　96, 98
レニー, ジョン　179, 181
レベル(測量器具)　210
煉瓦　199, 200
錬鉄　181, 182, 183, 203
ろ
ロイヤル・アルバート橋　184
ロケット号　119
ロータル(港)　68
ローマ　26, 67, 70
——帝国の道路網　106, 113
——の下水道　52
——の上水道　52, 53
ロサンゼルス　60, 149, 156, 164, 167
ロサンゼルス水道　60
路線バス　168
ロックフィルダム　148
路面電車　167
ロンドン　20, 28, 31, 58, 63, 64, 94, 154, 164, 165, 168
——大火　32
わ
ワイヤー・ケーブルの吊橋　186
和賀江島(港)　78
渡良瀬遊水池　147

著者略歴

合田良實（ごうだ　よしみ）

- 1935 年 2 月　札幌市に生まれる
- 1957 年 3 月　東京大学工学部土木工学科卒業
- 1967 年 5 月　運輸省港湾技術研究所水工部波浪研究室長
- 1980 年 6 月　同所水工部長
- 1986 年 5 月　運輸省港湾技術研究所長
- 1988 年 4 月　横浜国立大学工学部教授
- 2000 年 4 月　横浜国立大学名誉教授
- 2000 年 4 月　(財)沿岸技術研究センター技術顧問
  - (株)エコー技術顧問
- 2012 年 1 月　逝去
  - 土木学会論文奨励賞受賞（1968 年）
  - 土木学会論文賞受賞（1977 年）
  - 土木学会著作賞受賞（1987 年）
  - 米国土木学会国際海岸工学賞受賞（1989 年）
  - 土木学会出版文化賞受賞（1997 年）
  - 交通文化賞受賞（運輸大臣，1999 年）
- 主な著書　『港湾構造物の耐波設計―波浪工学への序説―』
  - （鹿島出版会，1977 年，1990 年）
  - 『土木と文明』（鹿島出版会，1996 年）
  - 『耐波工学』（鹿島出版会，2008 年）
  - "Random Seas and Design of Maritime Structures (2nd Ed.)" (World Scientific, 2000)

土木文明史概論──土木教程選書

2001 年　4 月 10 日　第 1 刷発行
2018 年 12 月 10 日　第 4 刷発行

著　者　合　田　良　實
発行者　坪　内　文　生

発行所　〒104-0028 東京都中央区　　鹿島出版会
　　　　八重洲 2-5-14
　　　　電話 03-6202-5200　振替 00160-2-180883

印刷・創栄図書印刷　製本・牧製本

©Toshiko GODA 2001, Printed in Japan
ISBN 978-4-306-02235-5 C3352

落丁・乱丁本はお取り替えいたします。
本書の無断複製（コピー）は著作権法上での例外を除き禁じられています。また、代行業者等に依頼してスキャンやデジタル化することは、たとえ個人や家庭内の利用を目的とする場合でも著作権法違反です。

本書の内容に関するご意見・ご感想は下記までお寄せ下さい。
URL: http://www.kajima-publishing.co.jp/
e-mail: info@kajima-publishing.co.jp